普通高等学校"十四五"规划生命科学类特色教材

普通高等教育新形态一体化教材

# 生物统计学——生物大数据的概率统计模型与机器学习方法

主 编　宁　康

编　委　白　虹　计　磊

　　　　钟朝芳　张宇昊

华中科技大学出版社

http://press.hust.edu.cn

中国·武汉

# 内 容 简 介

本书主要基于作者近年来教授本科生"生物统计学"和研究生"生物信息学"等课程资料,同时参考了国内外众多顶级教学和科研资料编写而成。本书共分为5章:第1章介绍生物统计学的基础概念和基本研究方法;第2章介绍传统生物统计学方法及其应用,包括试验资料的搜集与整理、生物统计量的计算和表征、假设检验及其应用等;第3章介绍生物大数据的特征与挑战,包括生物大数据的特征、生物大数据分析的常规方法、生物大数据经典案例分析等;第4章介绍生物大数据与概率统计模型,包括大数据机器学习基础、聚类降维、概率统计模型方法等;第5章介绍面向生物大数据挖掘的深度学习,包括深度学习的概念及方法、深度学习应用于生物大数据分析的基本流程和经典案例等。每章都附有练习题,供读者参考。

本书具有一定的深度和广度,可以作为生物统计学、生物大数据及机器学习相关课程的教学参考书,也可供生物学、统计学、机器学习、生物大数据等领域的科学工作者阅读。

**图书在版编目(CIP)数据**

生物统计学:生物大数据的概率统计模型与机器学习方法/宁康主编. —武汉:华中科技大学出版社,2023.7

ISBN 978-7-5680-8635-6

Ⅰ.①生… Ⅱ.①宁… Ⅲ.①生物统计-概率统计-统计模型 ②生物统计-机器学习 Ⅳ.①Q-332

中国国家版本馆 CIP 数据核字(2023)第 126863 号

生物统计学:生物大数据的概率统计模型与机器学习方法　　　　　　　　　　宁　康　主编
Shengwu Tongjixue:Shengwu Dashuju de Gailü Tongji Moxing yu Jiqi Xuexi Fangfa

策划编辑:王汉江
责任编辑:余　涛
封面设计:廖亚萍
责任监印:周治超
出版发行:华中科技大学出版社(中国·武汉)　　　电话:(027)81321913
　　　　　武汉市东湖新技术开发区华工科技园　　　邮编:430223
录　　排:武汉市洪山区佳年华文印部
印　　刷:武汉市籍缘印刷厂
开　　本:787mm×1092mm　1/16
印　　张:15.5
字　　数:357千字
版　　次:2023年7月第1版第1次印刷
定　　价:49.80元

# 线上作业及资源网使用说明

建议学员在 PC 端完成注册、登录、完善个人信息及验证学习码的操作。

一、PC 端学员学习码验证操作步骤

1. 登录

（1）登录网址 http://bookcenter.hustp.com/，完成注册后单击"登录"按钮。输入账号、密码（学员自设）后，提示登录成功。

（2）完善个人信息（姓名、学号、班级等信息请如实填写，因线上作业计入平时成绩），将个人信息补充完整后，单击"保存"按钮即可完成注册登录。

2. 学习码验证

（1）刮开本书封底所附学习码的防伪涂层，可以看到一串学习码。

（2）在个人中心页单击"学习码验证"按钮，输入学习码，单击"验证"按钮，即可验证成功。单击"学习码验证"→"已激活学习码"按钮，即可查看刚才激活的图书学习码。

3. 查看课程

在图书搜索框中搜索书名，并单击图书详情页右上角的"加入课程"按钮，返回个人中心，单击"我的课程"按钮，即可看到新激活的课程，单击"课程"按钮，进入课程详情页。

4. 做题测试

在课程详情页可查看相关资源，进入习题页，选择具体章节开始做题。做完之后单击"我要交卷"按钮，随后学员即可看到本次答题的分数统计。

二、手机端学员扫码操作步骤

1. 手机扫描二维码，提示登录；新用户先注册，然后再登录。

2. 登录之后，按页面要求完善个人信息。

3. 按要求输入本书的学习码。

扫码做题

4. 学习码验证成功后，即可扫码看到对应的习题。

5. 习题答题完毕后提交，即可看到本次答题的分数统计。

任课老师可根据学员线上作业情况给出平时成绩。

若在操作上遇到什么问题可咨询陈老师（QQ：514009164）。

作为研究生命科学最基础的工具性课程之一,"生物统计学"越来越被从事生物学基础教学、生命科学研究的教师和科技工作者高度重视。随着生物学的不断发展,对生物体的研究和观察已不再局限于定性的描述,而是需要针对大量调查和测定的数据,应用统计学方法,分析和解释其数量的变化,以制订正确的实验计划,科学地对实验结果进行分析,进而作出符合科学实际的推断。

随着组学技术的快速发展,生命科学所涉及的生物大数据不论从数量上还是类型上,都有了质的飞跃。要从海量异质性的生物大数据中挖掘重要的规律,统计和机器学习方法是非常有效的手段之一。

然而,针对当前"生物统计"领域所要解决的生物大数据挖掘的众多问题,目前的《生物统计学》教材还存在着一系列局限性,例如,部分方法不适应大数据的研究特征,部分内容理论和实践结合不强,部分案例的代表性不强,概率统计模型与机器学习方法的介绍较为粗浅,等等。

本书主要基于作者近年来教授本科"生物统计学"和研究生"生物信息学"等课程资料,同时参考了国内外众多顶级教学和科研资料编写而成。本书共分为5章:第1章和第2章介绍生物统计学的基础及其应用,包括生物统计学的基本概念和基本研究方法、试验资料的搜集与整理、生物统计量的计算和表征等;第3章介绍生物大数据的特征与挑战,包括生物大数据的特征、生物大数据分析的常规方法、生物大数据经典案例分析等;第4章介绍生物大数据与概率统计模型,包括大数据机器学习基础、聚类降维、概率统计模型方法等;第 5 章介绍面向生物大数据挖掘的深度学习,包括深度学习的概念及方法、深度学习应用于生物大数据分析的基本流程和经典案例等。每章都附有练习题,供读者参考。

本书通俗易懂,具有一定的深度和广度,可以作为"生物统计学""生物大数据"及"机器学习"相关课程的教学参考书,也可供生物学、统计学、机器学习、生物大数据等领域的科学工作者参考。

限于作者水平和掌握资料的局限性,本书难免存在疏漏和不妥之处,欢迎各位专家和广大读者给予批评指正。

宁　康

2023 年 6 月于华中科技大学

# 前言

随着组学技术的不断进步,大量不同类别的生物大数据已经产生。合理地分析这些生物大数据,构建可靠的数据模型,将有望发掘重要的生物学规律,指导具体应用。

"大数据开启了一次重大的时代转型。就像望远镜让我们能够感受宇宙,显微镜让我们能够观测微生物一样,大数据正在改变我们的生活以及理解世界的方法,成为新发明和新服务的源泉,而更多的改变正蓄势待发",互联网专家维克托·迈尔·舍恩伯格在《大数据时代》一书中这样描述大数据。面对海量数据,谁能更好地处理、分析数据,谁就能真正抢得大数据时代的先机。大数据分析对生物医疗行业的发展非常重要。生物医疗行业早就遇到了海量数据和非结构化数据的挑战,大数据分析技术的发展让这些数据的价值得以充分发挥,其中,基因组学是大数据在医疗行业的经典应用。以云计算为基础的大数据分析技术不仅加速了基因序列分析的速度,也让其成本不断降低。

机器学习(machine learning)经常与人工智能(AI)一起讨论,它将是第四次工业革命的主要推动元素。许多专家都提醒我们不能忽视机器学习带来的巨大影响力。在生物医疗领域,机器学习为医疗保健提供者提供了开创性的工具。

本书对学习思维和分析策略的培养,如同传统生物数学和生物信息学的逻辑思维意向,是沿着"实际问题→抽象出的统计问题→统计建模"这条脉络展开。统计分析和深度学习,不是简单地罗列现有的算法技术，而是试图强调"如何观察问题的结构"、强调"如何基于问题的结构进行统计建模"。求解问题的过程，不应当只是逐个尝试各个模型和技术，也不是纯粹依赖于灵感，而是应该依赖于我们对需要进行统计分析的问题的认识；我们对问题结构认识得越深入，越有助于统计模型的设计和分析。

只讲清楚统计模型和深度学习模型本身不算太困难的任务，但要想讲清楚模型背后的观察、思考和设计过程，却相当困难，当然也是非常重要的一个任务。在本书中，我们常常采用"观察统计问题的结构，先设计一个初步模型，然后观察建模的过程以及问题结构，进而改进模型设计"的方式，试图展现出统计模型背后的思考过程。

基于上述逻辑思维，本书内容组织如下：首先，介绍生物统计学基础概念，传统生物统计学的方法及其应用方法；然后，进入生物大数据与概率统计模型章节，通过贝叶斯推断、隐马尔可夫模型、最大似然推断等方法的层层推进，配合翔实的用例，完整地介绍统计建模方面的知识；最后将统计建模方法延展到面向生物大数据挖掘的深度学习，并介绍相关应用。

编　者

2022 年 9 月

CONTENTS
# 目录

第1章

# 生物统计学基础

　　"对统计学的一知半解常常会造成一些不必要的上当受骗，对统计学的一概排斥往往会造成某些不必要的愚昧无知。"

——C. R. Rao

　　"在终极的分析中，一切知识都是历史；在抽象的意义下，一切科学都是数学；在理性的基础上，所有的判断都是统计学。"

——C. R. Rao

　　生物统计学是生物数学中最早形成的一大分支，它是在用统计学的方法和原理研究生物学的客观现象及问题的过程中形成的，生物学中的问题又促使生物统计学中大部分基本方法得到进一步发展。生物统计学是应用统计学的分支，它将统计方法应用到医学及生物学领域。

　　生物统计学的内容包括试验设计和统计分析。试验设计是指应用数理统计的原理与方法，制定试验方案，选择试验材料，合理分组，降低试验误差，使我们可以利用较少的人力、物力和时间，获得丰富而可靠的数据资料。统计分析是指应用数理统计的原理与方法对数据资料进行分析与推断，认识客观事物的本质和规律性，使我们对所研究的资料得出合理的结论。由于事物都是相互联系的，统计不能孤立地研究各种现象，而必须通过一定数量的观察，从这些观察结果中研究事物间的相互关系，揭示事物客观存在的规律性。统计分析与试验设计是不可分割的两部分。试验设计必须以统计分析的原理和方法为基础，而正确设计的试验又为统计分析提供了丰富、可靠的信息，两者紧密结合以推断出合理的结论，并不断地推动应用生物科学研究的发展。

生物统计学已在科学研究和生产实践中得到极为广泛的应用，其基本功能有：

（1）为科学地整理、分析数据提供方法。

我们做任何工作，都必须掌握基本情况，做到心中有数，才能有的放矢，提高工作质量。在生物学研究中也不例外，必须有计划地搜集资料并进行合理的统计分析，通过调查得到数据，经过加工整理，从中归纳出事物的内在规律性，用于指导相关试验。

（2）判断试验结果的可靠性。

由于存在试验误差，从试验得到数据资料必须借助统计分析方法才能获得可靠的结论。

（3）通过统计模型预测发展趋势。

建立统计模型的核心目的，是达成预测效果，尤其是预测事物发展的规律。以疾病的发展趋势为例，针对人群分类、疾病发生发展、术后恢复等生物学领域关键问题，进行统计建模和预测，具有较高的实用价值。

（4）提供试验设计的原则和方法。

做任何调查或试验工作，事先必须有周密的计划和合理的试验设计，它是决定科研工作成败的一个重要环节。一个好的试验设计可以用较少的人力、物力和时间，最大限度地获得丰富而可靠的资料，尽量降低试验误差。

（5）为学习其他课程奠定基础。

我们要学好遗传、育种学等学科，就必须学好生物统计学。例如，数量遗传学就是应用生物统计方法研究数量性状遗传与变异规律的一门学科，如果不懂生物统计学，则很难完全掌握遗传学。此外，阅读中外科技文献也常常会碰到统计分析问题，有生物统计的基础知识才能更容易地理解文献的实验结果。因此，生物科学工作者必须学习和掌握统计方法，才能正确认识客观事物存在的规律性，提高工作质量。

生物统计学通常被应用于样本间的比较和分布分析等，包括统计量的计算和表征、数据的分布分析、数据的分组和比较、假设检验等。

# 1.1　生物统计学的概念

生物统计学是数理统计在生物学研究中的应用，它是应用数理统计的原理和方法来分析、解释试验调查资料，以及生物界各种现象的一门科学。随着生物学研究的不断发展，应用统计学方法来认识、推断和解释生命过程中的各种现象，也越来越广泛。尽管生物统计学在应用过程中曾经受到过一些批评，但绝大多数生物学家、农学家、园艺学家、育种学家、畜牧学家、医学工作者以及人口学家还是越来越普遍地在自己的研究领域里应用生物统计学方法。

生物学研究的对象是复杂的有机体，与非生物相比，它具有更加特殊的复杂性。有机体本身的生理活动和生化变化,以及有机体受外界环境因素的影响等,都使生物学研究的试验结果产生许多较大的差异性,这种差异性往往会掩盖生物体本身的特殊规律。在生物学研究中,大量试验资料内在的规律性,也容易被杂乱无章的数据所掩盖,容易被人们所忽视。因而,应用统计方法对生物学研究进行分析就显得特别重要。生物学研究的实践证明,只有正确地应用统计原理和分析方法对生物学试验进行合理设计,对数据进行客观分析,才能得出科学的结论。

在对事物的研究过程中,人们往往是通过某事物的一部分(样本),来估计事物全部(总体)的特征,目的是以样本推断总体,从特殊推导一般,对所研究的总体作出合乎逻辑的推论,得到对客观事物本质的和规律性的认识。在生物学研究中,我们所期望的是总体,而不是样本。但是在具体的试验过程中,我们所得到的却是样本而不是总体。因此,从某种意义上讲,生物统计学是研究生命过程中以样本来推断总体的一门学科。

生物统计学是在生物学研究过程中,逐渐与数学发展相结合而形成的,它是应用数学的一个分支,属于生物数学范畴。生物统计学以数学的概率论为基础,涉及数列、排列、组合、矩阵等知识,生物统计学作为一门重要的工具课,一般不过多讨论数学原理,主要偏重于统计原理的介绍和具体分析方法的应用。

## 1.2　生物统计学的主要内容

生物统计学的基本内容,概括起来主要包括试验设计和统计分析两大部分。在试验设计中,主要介绍试验设计的有关概念、试验设计的基本原则、试验设计方案的制定、常用试验设计方法。试验设计主要有对比试验设计、随机区组试验设计以及正交试验设计等。统计分析主要包括数据资料的搜集和整理、数据特征的度量、统计推断、方差分析、回归和相关分析、协方差分析、主成分分析、聚类分析等。

从生物统计学的基本作用上来讲,其任务可以概括为以下几个方面:

(1)提供整理和描述数据资料的科学方法。确定某些性状和特性的数量特征。一批试验或数据资料,若不整理则杂乱无章,不能说明任何问题,统计方法提供了整理资料、化繁为简的科学程序,它可以从众多的数据资料中,归纳出几个特征数或绘出一定形式的图表,使试验研究者能从少数的特征数或一些简单的图表中了解大量资料所隐藏的信息。

(2)判断试验结果的可靠性。一般在试验中要求除试验因素以外,其他条件都应控制一致,但在实践中无论试验条件控制得如何严格,其试验结果总是受试验因素和其他偶然因素的影响。偶然因素的影响是造成试验误差的重要原因。要想正确判断一个试验结果是由试验因素造成的还是试验误差造成的,就必须应用统计分析方法。

(3)提供由样本推断总体的方法。试验的目的在于认识总体规律,但由于总体庞大,一般无法实施,在研究过程中都是抽取总体中的部分作为样本,用统计方法以样本来推断总体的规律性,在这种推断中,统计原理和方法提供了理论依据。

(4) 提供试验设计的一些重要原则。为了以较少的人力、物力和财力获取较多的试验信息和较好的试验结果,在一些生物学研究中,就需要科学地进行试验设计,如对样本容量的确定、抽样方法、处理设置、重复次数的确定以及试验的安排等,都必须以统计学原理为依据。从统计分析和试验设计的关系来看,统计学原理可以为试验设计提供合理的依据,而试验设计又是统计分析方法的进一步运用。以统计学原理为指导,进行科学合理的试验设计,可以在较少人力、物力、时间等条件下,得出可靠而准确的数据和信息。以往有一些试验资料,由于设计不当而丧失了大量的试验信息,其原因多半是由于缺乏一定的统计知识,使试验的效率大大降低。当然,统计原理和分析方法对试验设计有着积极的指导意义,但它绝对不可能代替试验设计。如果试验目的、要求不明确,设计不合理,试验条件不合适,统计数据不准确,这种试验也绝对不会成功,统计原理和分析方法也不可能挽救试验的失败。

# 1.3　生物统计学发展概况

现代统计学起源于 17 世纪,它主要有两个来源:一是政治的需要;二是当时贵族阶层对概率数学理论很感兴趣而发展起来的。另外,研究天文学的需要也促进了统计学的发展。瑞士数学家 J. Bernouli(1654—1705 年)系统地论证了大数定律。后来 Bernouli 的后代 D. BernDouli(1700—1782 年)将概率论的理论应用到医学和人类保险。

统计学用于生物学的研究,开始于 19 世纪末。1870 年,英国遗传学家 Galton(1822—1911 年)在 19 世纪末叶应用统计方法研究人种特性,分析父母与子女的变异,探索其遗传规律,提出了相关与回归的概念,开辟了生物学研究的新领域。尽管他的研究当时并未获得成功,但由于他开创性应用统计方法来进行生物学研究,后人推崇他为生物统计学的创始人。

在此之后,Galton 和他的继承人 K. Plarson(1857—1936 年)经过共同努力,于 1895 年创建了伦敦大学生物统计实验室,于 1889 年出版了《自然的遗传》一书。在该书中 Plarson 首先提出了回归分析问题,并给出了计算简单相关系数和复相关系数的公式。Plarson 在研究样本误差效应时,提出了测量实际值与理论值之间偏离度的指数卡方($\chi^2$)的检验问题,它在属性统计分析中有着广泛的应用。例如,遗传研究中的孟德尔豌豆杂交试验,高品质豌豆与低品质豌豆杂交后,它的后代理论比率应该是高 3：低 1,但实际后代数是否符合 3：1,需通过 $\chi^2$ 进行检验。

Plarson 的学生 Gosset(1876—1937 年)对样本标准差进行了大量研究,于 1908 年以笔名"Student"在《生物统计学报》(Biometrika)上发表论文,创立了小样本检验代替大样本检验的理论和方法,即 $t$ 分布和 $t$ 检验法。$t$ 检验已成为当代生物统计工作的基本工具之一,它也为多元分析的理论形成和应用奠定了基础。

英国统计学家 Fisher 于 1923 年发展了显著性检验及估计理论,提出了 $F$ 分布和 $F$ 检验。他在从事农业试验及数据分析研究时,创立了正交试验设计和方差分析。在生物统计中,方差分析有着广泛的应用,特别是在他出版了《试验研究工作中的统计方法》专著后,对推动和促进农业科学、生物学和遗传学的研究与发展,起到了奠基作用。自 Fisher 方差分析问世以来,各种数理统计方法不但在实验室成为研究人员的析因工具,而且在田间试验、饲养试验、临床试验等农学、医学和生物学领域也得到了广泛应用。

Neyman(1894—1981 年)和 S. Pearson 进行了统计理论的研究工作,分别于 1936 年和 1938 年提出了一种统计假设检验学说,即假设检验和区间估计,作为数学上的最优化问题,对促进统计理论研究和对试验作出正确结论具有非常实用的价值。

另外,P. C. Mabeilinrobis 对作物抽样调查、A. Waecl 对序贯抽样、Finney 对毒理统计、K. Mather 对生统遗传学、F. Yates 对田间试验设计等都做出了杰出的贡献。

国内对生物统计学的应用始于 19 世纪 30 年代。新中国成立后,许多生物学研究工作者积极从事统计学理论和实践的应用研究,使生物统计学在农业科学、医学科学、生物学、遗传学、生态学等学科领域发挥了重要作用。应用试验设计方法和统计分析理论,进行农作物品种产量比较试验、病虫害的预测预报、动物饲养试验、饲料配方、毒理试验、动植物资源的调查与分析、动植物育种中遗传资源和亲子代遗传分析等都取得了较好的成果。

近年来,生物统计学发展迅速,从中又分支出生统遗传学(群体遗传学)、生态统计学、生物分类统计学、毒理统计学等。由于数学在生物学和农学中的应用,使生物数学成为一门新的学科,生物统计学只是它的一个分支学科。1974 年,联合国教科文组织在编制学科分类目录时,第一次把生物数学作为一门独立的学科列入生命科学类。随着计算机的普及和生物学研究的不断深入,生物统计的研究和应用必将越来越广泛和深入。

# 1.4　常用统计学术语

## 1.4.1　总体与样本

总体是指研究对象的全体,而组成总体的基本单元称为个体。总体按总体单位的数目可分为有限总体和无限总体。个体有限的总体称为有限总体,如对某一班学生身高进行调查,这时总体是指这一班中每一名学生的身高。个体极多或无限多的总体称为无限总体,例如,某一地区棉田棉铃虫的只数,可以认为是无限总体。另外,也可从抽象意义上来理解无限总体,比如通过临床试验来推断某一种药品比另一种药品的治愈率高,这里无限总体指的是一个理论性总体。

一般情况下,我们无法对总体中的全部个体进行调查或研究。因为在实际研究过程中,我们常常会遇到两种难以克服的困难:一是总体的个体数目较多,甚至无限多;二是有时总体的数目虽然不多,但试验具有破坏性,或者试验费用很高,不允许做更多的试验,因而只能采取抽样的方法,从总体中抽取一部分个体进行研究,作为统计的依据。从总体中抽出的若干个个体称为样本,构成样本的每个个体称为样本单位,样本个体数目的大小称为样本容量。通过从样本计算出来的统计数,如平均数、标准差等,对该总体在一定可靠程度上进行推断。样本的作用在于估计总体。例如,调查某一地区棉田 100 株棉花上的棉铃虫只数,来推断该地区棉铃虫的发生状况,以采取相应的对策。一般在生物学研究中,样本容量在 30 个以下的称为小样本,30 个以上的称为大样本。在某些情况下,大样本和小样本的计算和分析检验方法是不相同的。

## 1.4.2  变量与常数

相同性质的事物间表现差异性或差异特征的数据称为变量或变数,它是表示在一定范围内变动的性状数值。自然界同类事物中,都存在着一定的变异,如人的身高、体重,棉花的株高、分枝数、衣分(皮棉占籽棉的比重),同窝动物的身长及生理指标等都会存在一定的差异,所有这些差异均可用量来表示,通常记为 $x$,如 10 个人的身高在 155~180 cm,共有 158 cm、167 cm、173 cm、155 cm、180 cm、165 cm、175 cm、178 cm、170 cm、162 cm 10 个变量值,记作 $x_i(i=1,2,3,\cdots,10)$,表示 $x_1$ 到 $x_{10}$ 之间任一数值,亦称 $x_i$ 为随机变量。

变量按其性质可分为连续变量和非连续变量。连续变量表示在变量范围内可抽出某一范围的所有值,这种变量之间是连续的、无限的。如小麦的株高为 80~90 cm,在此范围内可以取得无数个变量。非连续变量,也称为离散变量,表示在变量数列中,仅能取得固定数值,如菌落中的菌数、单位面积水稻的茎数、小白鼠每胎产仔数等。

变量可以是定性的,也可以是定量的。定性的变量往往表示某个体属于几种互不相容类型中的一种,例如,果蝇的翅膀有长翅与残翅,人的血型有 A、B、AB 和 O 型,豌豆花的颜色有白色、红色和紫色,等等。定量的变量是指可测量的,如出栏时猪的重量、花生的百仁重(百仁重 50 克以下的花生为小粒种花生)、电泳酶谱上的带数等。

常数表示能代表事物特征和性质的数值,通常由变量计算而来,在一定过程中是不变的,如某样本平均数、标准差、变异系数等。

## 1.4.3  参数与统计数

参数也称变量,是对一个总体特征的度量,如总体平均数、总体标准差等。因为总体一般都很大,有的甚至不可能取得,所以总体参数一般不可能计算出来。可以通过对总体抽取样本,计算样本的特征数来估计总体参数。从样本中计算所得的数值称为统计数,它是总体参数的估计值。

## 1.4.4　效应与互作

引起试验差异的作用称为效应,如不同饲料使动物的体重增加表现出差异,不同品种的玉米产量不同等。互作,也称连应,是指两个或两个以上处理因素间的相互作用产生的效应,如氮、磷肥共施会对作物产量产生互作效应。互作有正效应,也有负效应,如果氮、磷肥共施的产量效应大于氮、磷肥单施效应之和,则说明氮磷互作为正效应;如果氮、磷肥共施的产量效应小于氮、磷肥单施效应之和,则说明氮磷互作为负效应。

## 1.4.5　机误与错误

机误,也叫试验误差,是指试验中由于无法控制的随机因素所引起的差异。如在抽样中,会出现较大或较小的数据,这是由于总体中的个体间存在一定的差异,它是不可避免的,试验中只能设法减小,而不能完全消除。增加抽样或试验次数,可以降低机误的数值。错误是指在试验过程中,人为的作用所引起的差错。如试验人员粗心大意、使用仪器校正不准、药品配制比例不当、称量不准确、将数据抄错、计算错误等,都是由于人为因素造成的,在试验中是完全可以避免的。

试验误差可以分为随机误差(random error)和系统误差(systematic error)两类。随机误差也称为抽样误差(sampling error)、偶然误差(accidental error),是由试验中许多无法控制的偶然因素所造成的试验结果与真实值之间的差异,是不可避免的。统计上的试验误差通常就是指随机误差。我们可以通过增加抽样或试验次数降低随机误差,但不能完全消除随机误差。系统误差也称为片面误差(lopsided error),是由于试验处理以外的其他条件明显不一致所产生的带有倾向性或定向性的偏差。系统误差主要是由一些相对固定的因素引起的,如仪器调校的差异、各批次药品的差异、不同操作者操作习惯的差异等。系统误差在某种程度上是可以控制的,只要试验工作做得精细,在试验过程中是可以避免的。

## 1.4.6　准确性与精确性

准确性又称为准确度(accuracy),是指在调查或试验中某一试验指标或性状的观测值与真值接近的程度。精确性也称为精确度(precision),是指调查或试验中同一试验指标或性状的重复观测值彼此接近程度的大小。

统计工作是用样本的统计数来推断总体参数的。我们用统计数接近参数真值的程度，来衡量统计数准确性的高低，用样本中的各个变量间变异程度的大小来衡量该样本精确性的高低。因此，准确性不等于精确性。准确性是说明测定值对真值符合程度的大小，而精确性则是多次测定值的变异程度。

不同研究对精确度的要求是不一样的。一般来说，化学测量应当有较高的精确性，而动物实验或医学临床试验由于试验对象个体差异及测定条件的影响，较难控制精确性，但应尽量将其控制在专业规定的允许范围内。

# 习 题 1

1. 选择题（课堂完成，扫右边二维码做题）

2. 名词解释

（1）准确性　　　　（2）精确性

（3）变量　　　　　（4）常数

（5）随机误差　　　（6）系统误差

（7）参数　　　　　（8）试验误差

3. 简答题

（1）生物统计学的主要内容和作用是什么？

（2）举例说明总体和样本的定义。

（3）什么是机误？什么是错误？如何减小统计学的随机误差？如何避免试验错误的发生？

（4）随机误差与系统误差有何区别？

（5）什么是参数？什么是统计数？二者有何联系和区别？

（6）举一生物学研究中的例子，描述统计学中的常数和变量的概念。

（7）举一生物学研究中的例子，描述统计学中的准确性和精确性的概念。

# 第2章

# 传统生物统计学及其应用

"不能解决问题的调查是无用的调查。"

"生物统计学者是我们的可贵盟友。生物统计学不是远离我们的数学,而是现代医学的一门基础学科,就像大厦中的一个支柱。"

传统上的生物统计学,通常被应用于生物样本间的比较和分布分析等,包括生物样本统计量的计算和表征、生物数据的分布分析、生物数据的分组和比较、针对生物数据的假设检验等。由于生物统计学在研究对象上的特点,本章将会着重介绍生物统计学的独特性,以及生物统计学的应用。

## 2.1 试验资料的搜集与整理

在生物学试验及调查中,能够获得大量的原始数据,这是在一定条件下,对某种具体事物或现象观察的结果,我们称之为试验资料。这些资料在未整理之前,一般是分散的、零星的和孤立的,是一堆杂乱无章的数字。统计分析就是要依靠这些资料,通过整理、分析进行归类,使其系统化,列成统计表,绘出统计图,计算出平均数、变异系数等特征数。

### 2.1.1　试验资料的类型

对试验资料进行分类是统计归纳的基础，若不进行分类，大量的原始资料就不能系统化、规范化。对试验资料进行分类整理时，必须坚持"同质"的原则。只有"同质"的试验数据，才能根据科学原理来分类，使试验资料正确反映事物的本质和规律。

对于生物学试验及调查所得的资料，由于使用方法和研究的性状特性不同，其资料性质也不相同。根据生物的性状特性，大致可分为数量性状和质量性状两大类，因而，我们所得到的资料有时是定量的，有时则是定性的，分别称之为数量性状资料和质量性状资料。

#### （一）数量性状资料

数量性状资料一般是由计数、测量或度量得到的。由计数法得到的数据称为计数资料，也称为非连续变量资料，如鱼的尾数、田地里玉米的棵数、种群内的个体数、人的白细胞计数等。计数资料的变量值以正整数出现，不可能带有小数，如鱼的尾数只可能是 1，2，3，$\cdots$，$n$，绝对不会出现 2.6、4.5 等这样的数据。

由测量或度量所得的数据称为计量资料，也称为连续变量资料，数据通常用长度、质量、体积等单位表示，如人的身高、一亩水稻的收成、仔猪的体重、奶牛的产奶量等。计量资料不一定是整数，在相邻值之间有微小差异的数值存在，如小麦的株高为 80~95 cm，可以是 83 cm，也可以是 86 cm，甚至可以是 86.5 cm 或 86.54 cm 等变量值，随着小数位数的增加，可以出现无限个变量值，至于小数位数的多少，要依试验的要求和测量仪器或工具的精度而定。

#### （二）质量性状资料

质量性状资料，也称属性性状资料，是指对某种现象只能观察而不能测量的资料。如牵牛花的颜色、果蝇的长翅与残翅、人的血型（分为 A、B、AB、O 型）、动物的雌雄、疾病治疗的疗效（痊愈、好转、无效等）。为了统计分析，一般需先把质量性状资料数量化，可以采取以下两种方法。

（1）统计次数法。在一定总体内，根据某一质量性状的类别统计其次数，以次数来作为质量性状的数据。在分组统计时可按质量性状的类别进行分组，然后统计各组出现的次数。因此，这类资料也称次数资料。例如，红花豌豆与白花豌豆杂交，统计 $F_2$ 代不同花色的植株时，在 1000 株植株中，有红花 266 株、紫花 494 株、白花 240 株，可以计算出三种颜色花出现的次数百分率分别为 26.6%、49.4% 和 24.0%。

（2）评分法。这种方法是用数字级别表示某现象在程度上的差别，如小麦感染锈病的严重程度可划分为 0（免疫）、1（高度抵抗）、2（中度抵抗）、3（感染）四级；食用油的品质通常分为一级、二级、三级、四级 4 个等级，并且可以根据品质给每级打分。这样，就可以将质量性状资料数量化了。经过数量化的质量性状资料的处理方法可以参照计数资料的处理方法。

## 2.1.2  试验资料的搜集

从统计学意义上讲,生物学所研究的一切问题,归根结底是用样本来估计总体的问题。因此,搜集样本资料是统计分析的第一步,也是全部统计工作的基础。资料的来源一般有两个:一是调查;二是试验。无论调查还是试验,统计学对原始资料的要求都是完整、准确。

### (一)调查

资料的调查方法有两种:一种是普查;另一种是抽样调查。普查是指对研究对象的每个个体都进行测度或度量的一种全面调查,如人口普查、土壤普查等。普查一般要求在一定的时间或范围进行,主要目的是摸清研究对象的家底情况。在生物学研究中,普查仅仅是在极少数情况下才能进行,多数情况还是抽样调查。例如,某一地区的生物资源调查、棉田某一病害发病率调查等,都需要抽样调查。

抽样调查是一种非全面调查,它是根据一定的原则对研究对象抽取一部分个体进行测量或度量,把得到的数据资料作为样本进行统计处理,然后利用样本特征数对总体进行推断。要使样本无偏差地估计总体,除了样本容量要大之外,重要的是采用科学的抽样方法,抽取有代表性的样本,取得完整而准确的数据资料。实践证明,正确的抽样方法不仅能节约人力、物力和财力,而且与相应的统计分析方法相结合,可以做出比较准确的估计和推断。

生物学研究中,由于研究的目的和性质不同,所采取的抽样方法也各不相同,以概率论和数理统计的原理为依据,用来推断总体的样本必须是随机样本,就是用随机抽样方法所得到的样本才能正确估计出抽样误差,才能用来准确地推断总体。随机抽样必须满足三个条件:① 总体中每个个体被抽中的机会是均等的;② 总体中任意一个个体是否被抽中是相互独立的,即个体是否被抽中不受其他个体的影响;③ 适合于无限总体。但对生物学研究来说,部分研究的抽样对象属于有限总体,要完全符合随机样本的理论要求就非常困难。

### (二)试验

在生物学研究中,对于一些理论性的无限总体,一般需要通过设置各种类型的试验来获取样本资料,设置这些试验时,要遵循随机、重复和局部控制三项基本原则。常见的试验设计方法主要有单因子随机区组试验、复因子随机区组试验、裂区设计试验、正交设计试验、拉丁方设计试验等。

## 2.1.3 试验资料的整理

### （一）原始资料的检查与核对

通过调查或试验取得原始数据资料后，要对全部数据进行检查与核对，才能进行数据的整理。对原始资料进行检查与核对应从数据本身是否有错误、取样是否有差错和不合理数据的订正三方面进行。数据的检查与核对，在统计处理工作中是一项非常重要的工作。只有经过检查与核对的数据资料，并保证数据资料的完整、真实和可靠，才能通过统计分析真实地反映出调查或试验的客观情况。

### （二）次数分布表

调查或试验所得的数据资料，经过检查与核对后，根据样本资料的多少确定是否分组。一般样本容量在 30 以下的小样本不必分组，可直接进行统计分析。如果样本容量在 30 以上时，就必须将数据分成若干组，以便进行统计分析。数据经过分组归类后，可以制成有规则的次数分布表，作出次数分布图。

#### 1. 计数资料的整理

计数资料基本上采用单项式分组法进行整理，它的特点是用样本变量自然值进行分组，每组均用一个或几个变量值来表示，分组时，可将数据资料中每个变量分别归入相应的组内，然后制成次数分布表。例如，从某鸭场调查 100 只白鸭每个月的产蛋数，原始数据结果如表 2-1 所示。

**表 2-1　100 只白鸭每月的产蛋数**

| | | | | | | | | | |
|---|---|---|---|---|---|---|---|---|---|
| 15 | 17 | 12 | 14 | 13 | 14 | 12 | 11 | 14 | 13 |
| 16 | 14 | 14 | 13 | 17 | 15 | 14 | 14 | 16 | 14 |
| 14 | 15 | 15 | 14 | 14 | 14 | 11 | 13 | 12 | 11 |
| 13 | 14 | 13 | 15 | 14 | 13 | 15 | 14 | 13 | 14 |
| 15 | 16 | 16 | 14 | 13 | 14 | 15 | 13 | 15 | 13 |
| 15 | 15 | 15 | 14 | 14 | 16 | 14 | 15 | 17 | 13 |
| 16 | 14 | 16 | 15 | 13 | 14 | 14 | 14 | 14 | 16 |
| 12 | 13 | 12 | 14 | 12 | 15 | 16 | 15 | 16 | 14 |
| 13 | 14 | 16 | 15 | 15 | 15 | 13 | 13 | 14 | 14 |
| 13 | 15 | 17 | 14 | 13 | 14 | 12 | 17 | 14 | 15 |

每月产蛋数变动范围为 11~17，把 100 个观测值按照每月产蛋数加以归类，共分 6 组，这样经整理后可得出每月产蛋数的次数分布表，如表 2-2 所示。

表 2-2　100 只白鸭每月产蛋数的次数分布表

| 每月产蛋数 | 次数 $f$ | 频率 |
|---|---|---|
| 11 | 3 | 0.03 |
| 12 | 7 | 0.07 |
| 13 | 19 | 0.19 |
| 14 | 34 | 0.34 |
| 15 | 21 | 0.21 |
| 16 | 11 | 0.11 |
| 17 | 5 | 0.05 |

从表 2-2 可以知道,一堆杂乱无章的原始数据资料经初步整理后,就可了解这些资料的大概情况,其中以每月产蛋数为 14 的最多。这样,经过整理的资料也就便于进一步的分析。对于变量较多而变异范围较大的计数资料,若以每一变量值划分一组,则显得组数太多而每组变量数目较少,看不出数据分布的规律性。例如,研究不同小麦农家品种的每穗粒数为 18～62 粒,如果按一个变量分为一组,需要分 45 组,显得十分分散。为了使次数分布表表现出规律性,可以按 5 个变量分为一组,共分 18～22、23～27、28～32、33～37、38～42、43～47、48～52、53～57、58～62 九个组,取 300 个麦穗的资料,进行整理,结果如表 2-3 所示,就可明显表示出其分布情况,大部分麦穗的粒数为 28～52。

表 2-3　小麦农家品种 300 个麦穗每穗粒数的次数分布表

| 每穗粒数 | 次数 $f$ | 频率 |
|---|---|---|
| 18～22 | 3 | 0.0100 |
| 23～27 | 18 | 0.0600 |
| 28～32 | 38 | 0.1267 |
| 33～37 | 51 | 0.1700 |
| 38～42 | 68 | 0.2267 |
| 43～47 | 53 | 0.1766 |
| 48～52 | 41 | 0.1367 |
| 53～57 | 22 | 0.0733 |
| 58～62 | 6 | 0.0200 |
| 合计 | 300 | 1.0000 |

### 2. 计量资料的整理

计量资料的整理不可能按计数资料的归组方法进行,一般采用组距式分组法。分组时必须先确定全距组数、组距、各组上下限,然后按观测值的大小来归组。下面以 150 尾秋刀鱼的体长资料(见表 2-4)为例,说明计量资料的整理方法和具体步骤。

(1) 求全距。全距是样本数据资料中最大观测数与最小观测数的差值,它是整个样本的变异幅度。由表 2-4 可以看出,秋刀鱼体长最大值为 85 cm,最小值为 37 cm,因此,全距为(85－37) cm＝48 cm。

（2）确定组数和组距。组数是根据样本观测数的多少及组距的大小来确定的,同时也考虑到对资料要求的精确度以及进一步计算是否方便。组数与组距有密切的关系。组数多些,组距相应就变小,组数越多所求得的统计数就越精确,但不便于计算;组数太少,组距就相应增大,虽然计算方便,但所计算的统计数的精确度较差。为了使两方面都能够协调,组数不宜太多或太少。在确定组数和组距时,应考虑样本容量的大小、全距的大小、便于计算、能反映出资料的真实面貌等因素。通常划分组数可根据样本容量与分组数的关系来确定,如表 2-5 所示。

表 2-4　150 尾秋刀鱼的体长　　　　　　　　　　　　单位:cm

| 56 | 49 | 62 | 78 | 41 | 47 | 65 | 45 | 58 | 55 |
|----|----|----|----|----|----|----|----|----|----|
| 52 | 52 | 60 | 51 | 62 | 78 | 66 | 45 | 58 | 58 |
| 56 | 46 | 58 | 70 | 72 | 76 | 77 | 56 | 66 | 58 |
| 63 | 57 | 65 | 85 | 59 | 58 | 54 | 62 | 48 | 63 |
| 58 | 52 | 54 | 55 | 66 | 52 | 48 | 56 | 75 | 55 |
| 63 | 75 | 65 | 48 | 52 | 55 | 54 | 62 | 61 | 62 |
| 54 | 53 | 65 | 42 | 83 | 66 | 48 | 53 | 58 | 57 |
| 60 | 54 | 58 | 49 | 52 | 56 | 82 | 63 | 61 | 48 |
| 70 | 69 | 40 | 56 | 58 | 61 | 54 | 53 | 52 | 43 |
| 58 | 52 | 56 | 61 | 59 | 54 | 59 | 64 | 68 | 51 |
| 55 | 47 | 56 | 58 | 64 | 67 | 72 | 58 | 54 | 52 |
| 46 | 57 | 38 | 39 | 64 | 62 | 63 | 67 | 65 | 52 |
| 59 | 60 | 58 | 46 | 53 | 57 | 37 | 62 | 52 | 59 |
| 65 | 62 | 57 | 51 | 50 | 48 | 46 | 58 | 64 | 68 |
| 69 | 73 | 52 | 48 | 65 | 72 | 76 | 56 | 58 | 63 |

表 2-5　样本容量与分组数的关系

| 样 本 容 量 | 分 组 数 |
|-----------|---------|
| 30～60 | 5～8 |
| 60～100 | 7～10 |
| 100～200 | 9～12 |
| 200～500 | 10～18 |
| 500 以上 | 15～30 |

组数确定好后,还必须确定组距。组距是指每组内的上下限范围。分组时要求各组的距离相同。组距的大小是由全距和组数所确定的:

$$组距＝\frac{全距}{组数}$$

表 2-4 中秋刀鱼体长的样本容量为 150,查表 2-5,组数为 9～12 组,这里取 10 组,则

组距应为

$$\frac{48}{10} = 4.8$$

为分组方便,以 5 cm 作为组距。

(3)确定组限和组中值。组限是指每个组变量值的起止界限。每个组有两个组限,即一个下限和一个上限。在确定下限时,必须把资料中最小的数值包括在内,因此,下限要比最小值小些。为了计算方便,组限可取到 10 分位或 5 分位数上,如表 2-4 中最小值为 37 cm,第一组的下限可定为 35 cm,上限定为 40 cm,即 35～40 cm 为第一组,凡大于35 cm、小于 40 cm 的变量均归于这一组,等于或大于 40 cm 的变量列入下一组。确定最末一组的上限时,必须大于资料中的最大值。为了使各组界限明确,避免重叠,目前在写法上,每组只写下限,不写上限,如表 2-4 资料分组写成 35－,40－,45－,…,75－,80－。

组中值是两个组限下限和上限的中间值,在分组时,为了避免第一组中观测数过多,一般第一组的组中值最好接近或等于资料中的最小值。其计算公式为

$$组中值 = \frac{下限 + 上限}{2}$$

或

$$组中值 = 下限 + \frac{1}{2}组距$$

(4)分组,编制次数分布表。确定好组数和各组上下限后,可按原始资料中各观测数的次序,把各个数值归于各组,一般用画"正"字来统计各组的观测数次数。全部观测数归组后,即可求出各组的次数,制成一个次数分布表(见表 2-6)。这种次数分布表不仅便于观察,而且可根据它绘制成次数分布图,计算平均数和标准差等特征数。

表 2-6    150 尾秋刀鱼体长的次数分布表

| 组限/cm | 组中值/cm | 次数 $f$ | 频率 |
|---|---|---|---|
| 35－ | 37.5 | 3 | 0.0200 |
| 40－ | 42.5 | 4 | 0.0267 |
| 45－ | 47.5 | 17 | 0.1133 |
| 50－ | 52.5 | 28 | 0.1867 |
| 55－ | 57.5 | 40 | 0.2666 |
| 60－ | 62.5 | 25 | 0.1667 |
| 65－ | 67.5 | 17 | 0.1153 |
| 70－ | 72.5 | 6 | 0.0400 |
| 75－ | 77.5 | 7 | 0.0467 |
| 80－ | 82.5 | 2 | 0.0133 |
| 85－ | 87.5 | 1 | 0.0067 |

# 2.2 生物统计量的计算和表征及其应用

由次数分布，我们可以看出变量的分布具有两种明显的基本特征，即集中性和离散性。集中性指变量在趋势上有着向某一中心聚集，或者说以某一数值为中心而分布的性质，离散性指变量有着离中心分散变异的性质。为了反映变量分布的这两个基本性质，必须计算它们的特征数。反映集中性的特征是平均数，其中应用最普遍的是算术平均数，此外还有几何平均数、中位数和众数等。反映离散性的特征数为变异数，其中最为常用的是标准差，它是变量平均变异程度的度量，此外还有方差、极差、变异系数等。

## 2.2.1 平均数

平均数是计量资料的代表值，表示资料中观测数的中心位置，并且可作为资料的代表与另一组资料相比较，以确定二者相差的情况。

平均数的种类较多，主要有以下四种：

（1）算术平均数。总体或样本资料中各个观测数的总和除以观测数的个数所得的商，称为算术平均数（arithmetic mean）。对于一具有 $N$ 个观测数的有限总体，其观测数为 $x_1, x_2, \cdots, x_N$，则该总体算术平均数为

$$\mu = \frac{x_1 + x_2 + \cdots + x_N}{N} = \frac{1}{N} \sum_{i=1}^{N} x_i \tag{2.1}$$

（2）加权平均数。将各数值乘以相应的权数，然后加总求和得到总体值，再除以总的单位数，称为加权平均数。加权平均值的大小不仅取决于总体中各单位的数值（变量值）的大小，还取决于各数值出现的次数（频数），由于各数值出现的次数对其在平均数中的影响起着权衡轻重的作用，因此称为权数。若 $n$ 个数 $x_1, x_2, \cdots, x_n$ 的权分别是 $w_1, w_2, \cdots, w_n$，则

$$\bar{x} = \frac{x_1 w_1 + x_2 w_2 + \cdots + x_n w_n}{w_1 + w_2 + \cdots + w_n} \tag{2.2}$$

称为这 $n$ 个数的加权平均值。

（3）中位数。将资料中所有观测数依大小顺序排列，居于中间位置的观测数称为中位数（median），以 $M_d$ 表示。当观测值个数 $n$ 为奇数时，中位数是第 $\frac{n+1}{2}$ 位置的观测值；当观测值个数 $n$ 为偶数时，中位数是第 $\frac{n}{2}$ 和 $\frac{n}{2}+1$ 位置的两个观测值之和的 $\frac{1}{2}$。

（4）众数。资料中出现次数最多一组的数值称为众数（mode），以 $M_o$ 表示。

（5）几何平均数。资料中有 $n$ 个观测数，其乘积开 $n$ 次方所得数值，称为几何平均数（geometric mean）。其计算公式为

$$G = \sqrt[n]{x_1 \cdot x_2 \cdot \cdots \cdot x_n} = \sqrt[n]{\prod_{i=1}^{n} x_i} \qquad (2.3)$$

上述四种平均数中，算术平均数是最常用的平均数，中位数、众数和几何平均数使用较少。

【例 2.1】　在农田里随机抽取 25 株水稻，其株高（cm）分别为 82，79，82，85，84，86，84，83，82，84，83，83，84，81，80，85，81，82，81，83，82，82，83，82，80，要求利用加权平均法，求水稻的平均株高。

**解**　首先整理 25 个水稻株高数据，如表 2-7 所示。

表 2-7　水稻 25 个株高（cm）数据的次数分布

| 株高 $x$ | 次数 $f$ | $f_x$（株高×次数） |
|---|---|---|
| 79 | 1 | 79 |
| 80 | 2 | 160 |
| 81 | 3 | 243 |
| 82 | 7 | 574 |
| 83 | 5 | 415 |
| 84 | 4 | 336 |
| 85 | 2 | 170 |
| 86 | 1 | 86 |
| | $\sum f = 25$ | $\sum f_x = 2063$ |

由公式得：

$$\bar{x} = \frac{1}{25}(79 \times 1 + 80 \times 2 + \cdots + 86 \times 1)\ \text{cm} = 82.52\ \text{cm}$$

求得 25 株水稻的平均株高为 82.52 cm。

## 2.2.2　变异数

前已述之，变量的分布具有集中性和离散性两方面特征，因而只有表示集中性的平均数是不够的，还必须计算变异数以度量其离散性（变异性）。用来表示变异性的指标较多，常用的有极差、标准差、方差和变异系数等，其中以标准差和变异系数应用最为广泛。

### 1. 极差（range）

极差又称全距，它是样本变量中最大值和最小值之差，一般用 $R$ 表示。

$$R = \max\{x_1, x_2, \cdots, x_n\} - \min\{x_1, x_2, \cdots, x_n\} \tag{2.4}$$

例如，表 2-4 资料中 150 尾秋刀鱼体长的极差 $R = (85-37)\ \text{cm} = 48\ \text{cm}$。极差在一定程度上能说明样本波动的大小，但它只受样本中两个极端数据的影响，它不能代表各个观测数的变异程度，因而，它只能在研究小样本的波动时使用，具有一定的局限性。

### 2. 方差（variance）

设含有 $n$ 个观测数 $x_1, x_2, \cdots, x_n$ 的样本。为了度量其变异程度，可以用各观测数离均差的大小来表示。离均差指个体距离其所属群体的平均值的差量，公式为

$$个体差异 = x_i - \bar{x}$$

式中：$x_i$ 表示一名个体的一项特质的表现程度；$\bar{x}$ 是一项特质在一个群体里的平均表现程度。但是由于 $\sum_i (x_i - \bar{x}) = 0$，不能反映其变异程度。若将离均差先平方再求和，即 $\sum_i (x_i - \bar{x})^2$，则可消除上述弊病。但这样还有一个缺点，就是离均差平方和常随样本容量的大小改变而改变。为便于比较，用样本容量 $n$ 来除离均差平方和，得到平均的平方和，简称方差或均方。对于样本来说，其方差 $s^2$ 为

$$s^2 = \frac{\sum_i (x_i - \bar{x})^2}{n-1} \tag{2.5}$$

$n-1$ 在统计上称为自由度，是指独立观测数的个数，在计算 $n$ 个观测数的样本标准差时，每个 $x_i$ 与 $\bar{x}$ 比较，虽有 $n$ 个离均差，但只有 $n-1$ 个是自由变动的，最后一个离均差由于受到 $\sum_i (x_i - \bar{x}) = 0$ 的限制而不能自由变动。例如，5 个观测数的样本，已知 4 个离均差为 2，3，1，$-2$，则第 5 个离均差必然为 $-4$，才能使 $\sum_i (x_i - \bar{x}) = 0$ 成立。由于能自由变动的离均差是 4，故自由度为 4，即自由度为 $5-1$。在计算其他统计数时，如果受到 $k$ 个条件的限制，则其自由度为 $n-k$。

对于总体，其方差 $\sigma^2$ 为

$$\sigma^2 = \frac{\sum_i (x_i - \mu)^2}{N} \tag{2.6}$$

式（2.5）中，$n-1$ 为自由度，式（2.6）中，$N$ 为有限总体容量。$s^2$ 是 $\sigma^2$ 的最佳估计值。样本方差不用 $n$，而是用 $n-1$ 为除数，这是因为 $\sum_i (x_i - \bar{x})^2$ 是一最小平方和。如果以 $n$ 为除数，则所得 $s^2$ 是 $\sigma^2$ 的偏小估计；如果用 $n-1$ 替代 $n$，则可避免偏小估计的弊端，提高用样本估计总体变异的精度。

**3. 标准差**(standard deviation)

方差虽能反映变量的变异程度,但由于离均差取了平方值,使得它与原始数据的数值和单位都不相适应,需要将方差开方还原,方差的平方根值就是标准差。样本的标准差 $s$ 为

$$s = \sqrt{\dfrac{\sum\limits_i (x_i - \bar{x})^2}{n-1}} \qquad (2.7)$$

总体标准差 $\sigma$ 为

$$\sigma = \sqrt{\dfrac{\sum\limits_i (x_i - \mu)^2}{N}} \qquad (2.8)$$

样本标准差 $s$ 是总体标准差 $\sigma$ 的最佳估计值。

**4. 变异系数**(coefficient of variation)

标准差是衡量一个样本变量分布变异程度的重要特征数,但当比较两个样本时,由于平均数的不同,用标准差来说明它们的变异程度就不合适了。为了克服这一缺点,将样本的标准差用样本的平均数相除,得出的比值就是变异系数,又称为相对标准偏差(relative standard deviation,RSD),一般用 CV 表示,其计算公式为

$$CV = \frac{s}{x} \times 100\% \qquad (2.9)$$

变异系数是样本变量的相对变异量,是不带单位的纯数。用变异系数可以比较不同样本相对变异程度的大小。

## 2.2.3　箱型图

箱型图(box-plot),又名箱线图,是一种用作显示一组数据分散情况资料的统计图,因形状似箱子而得名。箱型图多用于数值统计,虽然相比于直方图和密度曲线较原始简单,但是它不需要占据过多的画布空间,空间利用率高,非常适用于比较多组数据的分布情况。箱型图最大的优点就是不受异常值的影响,可以以一种相对稳定的方式描述数据的离散分布情况。

从箱型图(见图 2.1)中我们可以观察到:

- 一组数据的关键值:中位数、最大值、最小值等。
- 数据集中是否存在异常值,以及异常值的具体数值。
- 数据是否对称。
- 数据分布是否密集、集中。
- 数据是否扭曲,即是否有偏向性。

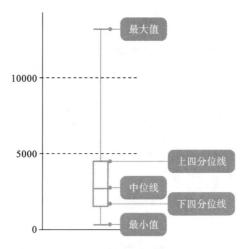

图 2-1　箱型图的构成

# 2.3　生物数据的分布分析及其应用

## 2.3.1　概率基础知识

### 一、概率的概念

#### 1. 事件

在自然界中，有许多现象在一定条件下是否会出现是可以预测的，例如，水在标准大气压下，加热到 100 ℃肯定会沸腾。这种在一定条件下必然出现的现象称为必然事件，以 $U$ 表示。必然事件的反面，即在一定条件下必然不出现的事件，称为不可能事件，以 $V$ 表示。

然而，在自然界中还有许多现象，它们在一定条件下可能发生，也可能不发生。例如，小麦种子在播种后可能发芽也可能不发芽。像这种在某些确定条件下，可能出现也可能不出现的现象，称为随机事件，简称事件。

#### 2. 频率

设事件 $A$ 在 $n$ 次重复试验中发生了 $m$ 次，其比值 $\dfrac{m}{n}$ 称为事件 $A$ 发生的频率，记为

$$W(A) = \frac{m}{n} \tag{2.10}$$

显然 $W(A)$ 是介于 0 和 1 之间的一个数，即

$$0 \leqslant W(A) \leqslant 1$$

【例 2.2】　为测定某批黑枸杞种子的发芽率，分别取 10 粒、20 粒、50 粒、100 粒、200 粒、500 粒、1000 粒，在相同条件下进行发芽试验，其结果如表 2-8 所示。

表 2-8　某批黑枸杞种子的发芽试验结果

| 种子总数 $n$ | 10 | 20 | 50 | 100 | 200 | 500 | 1000 |
|---|---|---|---|---|---|---|---|
| 发芽种子数 $m$ | 8 | 19 | 46 | 91 | 186 | 457 | 920 |
| 种子发芽率 $m/n$ | 0.800 | 0.950 | 0.920 | 0.910 | 0.930 | 0.914 | 0.920 |

从表 2-8 可以清楚地看出，试验中随 $n$ 值的不同，其种子发芽率也不同，当 $n$ 较小时，其发芽率波动较大；随着 $n$ 值增大，发芽率的波动性逐渐减小，当 $n$ 充分大时，其频率值就稳定在 0.92 这个数值上，对于 $n$ 为 1000 时，黑枸杞的发芽率为

$$W(A) = \frac{m}{n} = \frac{920}{1000} = 0.92$$

**3. 概率**

由上例可以引出概率的定义：某事件 $A$ 在 $n$ 次重复试验中，发生了 $m$ 次，当试验次数 $n$ 不断增大时，事件 $A$ 发生的频率 $W(A)$ 就越来越接近某一确定值 $p$，于是定义 $p$ 为事件 $A$ 发生的概率，记为

$$P(A) = p$$

显然，在一般情况下，不可能完全准确地得到 $P$，常以在 $n$ 充分大时，事件 $A$ 发生的频率作为事件 $A$ 发生的概率 $p$ 的近似值，即

$$P(A) = p = \lim_{n \to \infty} \frac{m}{n} \tag{2.11}$$

上述例子中 $n$ 为 1000 时，我们可以认为 $n$ 是充分大，则黑枸杞发芽的概率 $p$ 可以认为是 0.92，$p$ 表示了事件 $A$ 发生可能性大小。根据概率的定义，概率有以下基本性质：

(1) 任何事件的概率都在 0 和 1 之间，即 $0 \leqslant P(A) \leqslant 1$；

(2) 必然事件的概率等于 1，即 $P(U) = 1$；

(3) 不可能事件的概率等于 0，即 $P(V) = 0$。

## 二、概率的计算

**1. 事件的相互关系**

(1) 和事件。事件 $A$ 和事件 $B$ 至少有一件发生而构成的新事件称为事件 $A$ 和事件 $B$ 的和事件，以 $A + B$ 表示。例如，掷一枚骰子时，事件 $A$ 为骰子数为偶数，事件 $B$ 为骰

子数为奇数,现在掷一次骰子,则这一事件即为事件 $A$ 和事件 $B$ 的和事件。和事件的定义可推广到多个事件的和,可表示为 $A_1 \cdot A_2 \cdot A_3 \cdot \cdots \cdot A_n$。

(2) 积事件。事件 $A$ 和事件 $B$ 同时发生而构成的新事件称为事件 $A$ 和事件 $B$ 的积事件,以 $A \cdot B$ 表示。例如,在调查棉田病虫害发生情况时,以棉铃虫的发生为事件 $A$,以黄萎病的发生为事件 $B$,则棉铃虫和黄萎病同时发生的这一新事件为事件 $A$ 和事件 $B$ 的积事件,积事件的定义也可推广到多个事件的积,可表示为 $A_1 \cdot A_2 \cdot A_3 \cdot \cdots \cdot A_n$。

(3) 互斥事件。事件 $A$ 和事件 $B$ 不能同时发生,即 $A \cdot B = V$,那么称事件 $A$ 和事件 $B$ 互斥,例如,新生婴儿是男孩为事件 $A$,新生婴儿是女孩为事件 $B$,现有一刚出生的婴儿,不可能既是男孩又是女孩,所以新生婴儿是男孩和新生婴儿是女孩为互斥事件。这一定义也可推广到 $A_1, A_2, A_3, \cdots, A_n$ 多个事件。

(4) 对立事件。事件 $A$ 和事件 $B$ 必有一个事件发生,但二者不能同时发生,即 $A+B=U$,$A \cdot B=V$,则称事件 $B$ 为事件 $A$ 的对立事件,可表示为 $\overline{A}$。例如,大豆种子发芽为事件 $A$,不发芽为事件 $B$,一粒种子播种后可能发芽也可能不发芽,所以 $A+B=U$,是必然事件,$A \cdot B=V$,是不可能事件,则发芽和不发芽为对立事件,不发芽可记为 $\overline{A}$。

(5) 独立事件。事件 $A$ 发生的概率与事件 $B$ 的发生毫无关系,反之,事件 $B$ 发生的概率也与事件 $A$ 的发生毫无关系,则称事件 $A$ 和事件 $B$ 为独立事件。例如,播种玉米时,一穴中播种两粒,第一粒发芽为事件 $A$,第二粒发芽为事件 $B$,第一粒是否发芽不影响第二粒的发芽,第二粒是否发芽也不影响第一粒发芽,则事件 $A$ 和事件 $B$ 相互独立。如果多个事件 $A_1, A_2, A_3, \cdots, A_n$ 彼此独立,则称之为独立事件群。

(6) 完全事件系。如果多个事件 $A_1, A_2, A_3, \cdots, A_n$ 两两相斥,且每次试验结果必然发生其一,则称事件 $A_1, A_2, A_3, \cdots, A_n$ 为完全事件系。例如,抽取一位阿拉伯数字,抽取数字为 $0,1,2,\cdots,9$ 就构成完全事件系。

**2. 概率计算法则**

(1) 加法定理。互斥事件 $A$ 和 $B$ 的和事件的概率等于事件 $A$ 和 $B$ 的概率之和,即
$$P(A+B)=P(A)+P(B) \tag{2.12}$$
**推理 1** 如果 $A_1, A_2, A_3, \cdots, A_n$ 为 $n$ 个互斥事件,则其和事件的概率为
$$P(A_1, A_2, A_3, \cdots, A_n)=P(A_1)+P(A_2)+P(A_3)+\cdots+P(A_n)$$
**推理 2** 对立事件 $\overline{A}$ 的概率为
$$P(\overline{A})=1-P(A) \tag{2.13}$$
**推理 3** 完全事件系的和事件的概率等于 1。

(2) 乘法定理。如果事件 $A$ 和事件 $B$ 为独立事件,则事件 $A$ 与事件 $B$ 同时发生的概率等于事件 $A$ 和事件 $B$ 各自概率的乘积,即
$$P(A \cdot B)=P(A) \cdot P(B) \tag{2.14}$$
**推理 4** 如果 $A_1, A_2, A_3, \cdots, A_n$ 为彼此独立,则
$$P(A_1 \cdot A_2 \cdot A_3 \cdot \cdots \cdot A_n)=P(A_1) \cdot P(A_2) \cdot P(A_3) \cdot \cdots \cdot P(A_n) \tag{2.15}$$

### 三、概率分布

**1. 离散型变量的概率分布**

以某猴群的年龄组成为例进行离散型变量概率分布的讨论。

表 2-9 所示的为某猴群的年龄组成,其中某个年龄的频率,即为该年龄组的个体占猴群全部个体的比例。此表给出了该猴群年龄构成的全貌,我们称之为该猴群年龄的概率分布。设想从该猴群中任意抽出一只,那么所抽到每一个年龄的个体都有相应的概率。例如,抽到 16 岁猴的概率为 0.4596。若以随机变量 $x$ 表示年龄,则表 2-9 所示的称为 $x$ 的概率分布。

**表 2-9　某猴群的年龄的组成**

| 年龄 $x$ | 16 | 17 | 18 | 19 | 20 | 21 | 22 |
|---|---|---|---|---|---|---|---|
| 频率 $W$ | 0.4596 | 0.3336 | 0.1254 | 0.0506 | 0.0215 | 0.0081 | 0.0012 |

一般离散型随机变量,如 $n$ 粒棉花种子的发芽数、$n$ 枚种蛋的出雏数、$n$ 尾鱼苗的成活数等,其概率分布如表 2-10 所示。

**表 2-10　离散型变量的概率分布**

| 变量 $x$ | $x_1$ | $x_2$ | $x_3$ | $\cdots$ | $x_n$ |
|---|---|---|---|---|---|
| 概率 $p$ | $p_1$ | $p_2$ | $p_3$ | $\cdots$ | $p_n$ |

表 2-10 所示的离散型变量的概率分布也可表示为如下式子:

$$P(x=x_i)=p_i, \quad i=1,2,3,\cdots,n \tag{2.16}$$

式(2.16)中,$x_i$ 与 $p_i$ 为数值,等号右边表示事件"变量 $x$ 取值 $x_i$"的概率。

**2. 连续型变量的概率分布**

当试验资料为连续型变量时,一般通过分组整理成频率分布表。如果从总体中抽取样本的容量越大,则频率分布就趋于稳定,我们将它近似地看成总体概率分布。

对于一个连续型随机变量 $x$,取值于区间 $(x_1,x_2)$ 内的概率可表示为函数 $f(x)$ 的积分,即

$$P(x_1 \leqslant x \leqslant x_2)=\int_{x_1}^{x_2} f(x)\mathrm{d}x \tag{2.17}$$

式(2.17)即为连续型随机变量概率分布的表达式。由此可见,分布由概率密度函数所确定。

对于随机变量在区间 $(-\infty,+\infty)$ 内进行抽样,事件"$-\infty<x<+\infty$"为必然事件,所以,有

$$P(-\infty \leqslant x \leqslant +\infty)=\int_{-\infty}^{+\infty} f(x)\mathrm{d}x=1 \tag{2.18}$$

式(2.18)表示概率密度函数 $f(x)$ 与 $x$ 轴所围成的面积为 1。

## 四、大数定律

前面已经指出,当 $n$ 充分大时,事件 $A$ 发生的频率 $W(A)$ 就可代替概率 $P(A)$。频率和概率之间的关系,实际上也是统计数与参数的关系,频率 $W(A)$ 是一个统计数,概率 $P(A)$ 是一个参数。为什么可以用频率 $W(A)$ 来代替概率 $P(A)$,这是由于大数定律在起作用。

大数定律是概率论中用来阐述大量随机现象平均结果稳定性的一系列定律的总称,最常用的是贝努里大数定律,可描述为:设 $m$ 是 $n$ 次独立试验中事件 $A$ 出现的次数,而 $p$ 是事件 $A$ 在每次试验中出现的概率,则对于任意小的正数 $\varepsilon$ 有以下关系:

$$\lim_{n \to \infty} P\left\{\left|\frac{m}{n} - p\right| < \varepsilon\right\} = 1 \tag{2.19}$$

式(2.19)中,$p$ 为实现 $\left|\frac{m}{n} - p\right| < \varepsilon$ 这一事件的概率,$p = 1$ 为必然事件。

贝努里大数定律说明:当试验在不变的条件下,重复次数接近无限大时,频率 $\frac{m}{n}$ 与理论概率 $p$ 的差值,必定要小于一个任意小的正数 $\varepsilon$,即这两者可以基本相等,这几乎是一个必然要发生的事件,即 $P = 1$。

在大数定律中,辛钦大数定律是用来说明为什么可以用算术平均数 $x$ 来推断总体平均数 $\mu$ 的。它可描述为:设 $x_1, x_2, x_3, \cdots, x_n$ 是来自同一总体的随机变量,对于任意小的正数 $\varepsilon$,有以下关系:

$$\lim_{n \to \infty} P\left\{\left|\frac{1}{n}\sum_{i=1}^{n} x_i - \mu\right| < \varepsilon\right\} = 1 \tag{2.20}$$

式(2.20)阐述了当试验重复次数 $n$ 无限增大,随机变量的算术平均数与总体平均数之间的差一定小于任意小的正数 $\varepsilon$,也就是 $x$ 基本上与 $\mu$ 相等。

实际上,我们可以这样来理解大数定律:设一个随机变量 $x_i$ 是由一个总体平均数 $\mu$ 和一个随机误差 $\varepsilon_i$ 所构成,可以用下面的线性模型来表达:

$$x_i = \mu + \varepsilon_i$$

如果从同一总体抽取 $n$ 个随机变量,就构成一个样本,那么样本平均数可表示为

$$\bar{x} = \frac{1}{n}\sum_{i=1}^{n} x_i = \frac{1}{n}\sum_{i=1}^{n} \mu + \varepsilon_i = \mu + \frac{1}{n}\sum_{i=1}^{n} \varepsilon_i \tag{2.21}$$

从式(2.21)可以看出,当试验次数 $n$ 越来越大时,$\frac{1}{n}\sum_{i=1}^{n} \varepsilon_i$ 部分会变得越来越小。因为 $\varepsilon_i$ 有正有负,正负相互抵消,且随着 $n$ 的增大,$\frac{1}{n}\sum_{i=1}^{n} \varepsilon_i$ 会变得非常小,使 $\bar{x}$ 越来越接近 $\mu$。

有了大数定律作为理论基础,只要是从总体中抽取的随机变量相当多,就可以用样本的统计数来估计总体,尽管存在随机误差,但通过进行大量的重复试验,其总体特征是可以透过个别的偶然现象显示出其必然性,而且这种随机误差可以用数学方法进行测定,在一定范围内也可以得到人为控制,因此完全可以根据样本的统计数来认识总体的参数。

### 2.3.2　二项分布

二项分布是一种离散型随机变量的分布,生物学中经常碰到这种离散型的变量。例如,某个性状的资料常常可以分成两个类型,这两个类型的概率分布称为二项分布,如哺乳动物是雄性还是雌性、种子的发芽与不发芽、穗子有芒与无芒、后代的成活与死亡等。这样的结果只能是非此即彼两种情况,构成对立事件,我们把这种非此即彼事件所构成的总体,称为二项总体,其分布为二项分布。

对于二项总体,在进行重复抽样试验中,都具有如下共同特征:

(1) 每次试验只有两个对立结果,如大麦种子的发芽或不发芽,记作 $A$ 与 $\bar{A}$,它们出现的概率分别为 $p$ 与 $q(q=1-p)$。

(2) 试验具有重复性和独立性。重复性是指每次试验条件不变,即在每次试验中事件 $A$ 出现的概率皆为 $P$。独立性是指任何一次试验中事件 $A$ 的出现与其余各次试验中出现何种结果无关。

以 $x$ 表示在 $n$ 次试验中事件 $A$ 出现的次数。$x$ 是一个离散型随机变量,它的所有可能取值为 $0,1,2,\cdots,n$,其概率分布函数为

$$P(x)=\mathrm{C}_n^x p^x q^{n-x} \tag{2.22}$$

其中,$\mathrm{C}_n^x=\dfrac{n!}{x!\,(n-x)!}$,我们称 $P(x)$ 为随机变量 $x$ 的二项分布,记作 $B(n,p)$。

【例 2.3】　某高粱品种在田间出现自然变异植株的概率为 0.0035,试计算:调查 100 株,获得两株或两株以上变异植株的概率是多少?

**解**　本例中,出现变异植株的概率 $p=0.0035$,出现非变异植株的概率 $q=1-p=1-0.0035=0.9965,n=100$。

获得两株或两株以上变异植株的概率计算:

获得 0 株变异植株的概率为

$$P(0)=\mathrm{C}_{100}^0 p^0 q^{100}=1\times0.0035^0\times0.9965^{100}=0.7042$$

获得 1 株变异植株的概率为

$$P(1)=\mathrm{C}_{100}^1 p^1 q^{99}=100\times0.0035^1\times0.9965^{99}=0.2474$$

由于 $x=0,x=1$ 和 $x=2,3,\cdots,100$ 是互斥事件,且构成完全事件系,故得两株或两株以上变异植株的概率为

$$P(x\geqslant2)=1-P(0)-P(1)=1-0.7042-0.2474=0.0484$$

二项分布的形状是由 $n$ 和 $p$ 两个参数决定的。

(1) 当 $p$ 值较小且 $n$ 值不大时,图形是偏倚的。随着 $n$ 值的增大,分布逐渐趋于对称,如图 2-2 所示;

(2) 当 $p$ 值趋于 0.5 时,分布趋于对称,如图 2-3 所示。

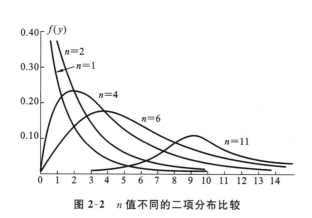
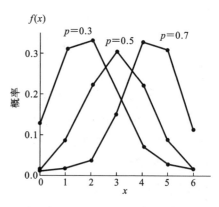

图 2-2　$n$ 值不同的二项分布比较　　　　图 2-3　$p$ 值不同的二项分布比较

### 2.3.3　泊松分布

在生物学研究中,有许多事件出现的概率很小,而样本容量或试验次数却往往很大,即有很小的 $p$ 值和很大的 $n$ 值。这时,二项分布就变成另外一种特殊的分布,即泊松(Poisson)分布。例如,显微镜视野内染色体有变异的细胞计数、由突变而引起的遗传病患者的分布、田间小区内出现变异植株的计数、作物种子内杂草的计数、单位容积的水或牛奶中的细菌数目分布、家畜产怪胎数、样方内少见植物的个体数等都属于泊松分布。

泊松分布也是一种离散型随机变量分布,其分布的概率函数为

$$P(x) = \frac{e^{-\lambda} \lambda^x}{x!} \qquad (2.23)$$

且有

$$\sum_{x=0}^{\infty} P(x) = e^{-\lambda} \sum_{x=0}^{\infty} \frac{\lambda^x}{x!} = e^{-\lambda} e^{\lambda} = 1 \qquad (2.24)$$

泊松分布的形状由参数 $\lambda$ 确定。当 $\lambda$ 较小时,泊松分布是偏倚的,如图 2-4 所示,随着 $\lambda$ 增大,分布逐渐对称,当 $\lambda$ 无限增大时,泊松分布逼近正态分布 $N(\lambda,\lambda)$,当 $\lambda=20$ 时,泊松分布已和正态分布非常接近,当 $\lambda=50$ 时,这两种分布除一种是离散型的和一种是连续型的之外,已没有多大区别。

泊松分布在生物学研究中有着广泛的应用。

(1) 在生物学研究中,有许多小概率事件,其发生概率 $p$ 往往小于 0.1,甚至小于 0.01。例如,两对交换率为 0.1 的连锁基因在 $F_2$ 代出现纯合新个体的概率只有 $2 \times 0.05^2 = 0.0050$;自花授粉植物出现天然异交或突变的概率往往小于 0.01,等等。对于这些小概率事件,都可以用泊松分布描述其概率分布,从而作出需要的频率预期。

(2) 由于泊松分布描述的是小概率事件,因而二项分布当 $p < 0.1$ 和 $np < 5$ 时,可用泊松分布来近似。

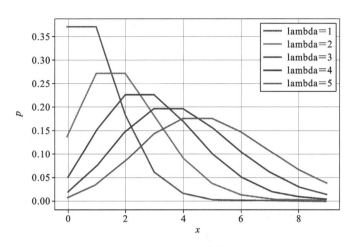

**图 2-4　λ 值不同的泊松分布**

### 2.3.4　正态分布

正态分布也称高斯(Gauss)分布,是一种连续型随机变量的理论分布。它的分布状态是多数变量都围绕在平均值左右,由平均值到高斯分布的两侧,变量数减少。正态分布是一种在统计理论和应用上最重要的分布。试验误差的分布一般服从于这种分布,许多生物现象的计量资料均近似服从这种分布。同时,在一定条件下,正态分布还可作为离散型随机变量或其他连续型随机变量的近似分布。例如,当 $n$ 相当大或 $p$ 与 $q$ 基本接近相等时,二项分布接近于正态分布;当 $\lambda$ 较大时,泊松分布也接近于正态分布。又如有些总体虽然并不服从正态分布,但从总体中随机抽取的样本容量相当大时,其样本平均数的分布也近似于正态分布。这样,就能用正态分布代替其他分布进行概率计算和统计推断。

正态分布的概率函数可由二项分布的概率函数在 $n \to \infty$ 时导出,其方程为

$$f(x) = \frac{1}{\sigma\sqrt{2\pi}} e^{-\frac{1}{2}\left(\frac{x-\mu}{\sigma}\right)^2} \tag{2.25}$$

式中:$f(x)$ 为正态分布的概率密度函数,表示某一定 $x$ 值出现的概率密度函数值;$\mu$ 为总体平均数;$\sigma$ 为总体标准差;$\pi$ 为圆周率,近似值为 3.14159;e 为自然对数底,近似值为 2.71828。

正态分布记为 $N(\mu, \sigma^2)$,表示具有平均数为 $\mu$、方差为 $\sigma^2$ 的正态分布。$\mu$ 和 $\sigma$ 是正态分布的两个主要参数,一个正态分布完全由 $\mu$ 和 $\sigma$ 来决定。正态分布的曲线如图 2-5 所示。

**【例 2.4】**　用例 2.1 的水稻株高资料,请计算:(1)水稻平均株高的 95% 正常值范围;(2)株高大于或等于 85 cm 的概率。

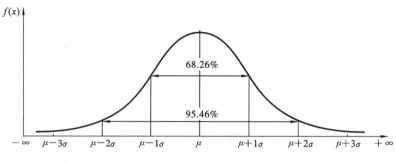

图 2-5　正态分布曲线

**解**　首先，假设水稻株高服从正态分布。因为总体平均数 $\mu$ 和总体标准差未知，所以我们用样本平均数 $\bar{x}$ 和样本标准差 $s$ 来估计 $\mu$ 和 $\sigma$。用例 2.1 可求得 $\bar{x}=82.52$ cm，$s=1.686$ cm。

（1）查附表 C-1，得概率显著水平 $\alpha=0.05$ 时的 $u_{0.05}=1.96$，于是：

上限为

$$(82.52+1.96\times1.686)\text{ cm}=85.82\text{ cm}$$

下限为

$$(82.52-1.96\times1.686)\text{ cm}=79.22\text{ cm}$$

（2）求得 $\mu=\dfrac{85-82.52}{1.686}=1.47$，查附表 C-3 得 $F(1.47)=0.8584$，因此有

$$P(x\geqslant85)=1-F(1.47)=1-0.8584=0.1416$$

# 2.4　针对生物数据的假设检验及其应用

## 2.4.1　假设检验的原理与方法

### 一、假设检验的概念

在生物学试验和研究中，当检验一种试验方法的效果、一个品种的优劣、一种药品的疗效等时，所得试验数据往往存在着一定差异，这种差异是由于随机误差引起的，还是由于试验处理的效应，即这种处理对实验结果的影响所造成的呢？例如，在同一饲养条件下，喂养甲、乙两品系的肉鸡各 20 只。在二月龄时测得甲系的平均体重 $\bar{x}_1=1.5$ kg，乙系的平均体重 $\bar{x}_2=1.4$ kg，甲、乙相差 0.1 kg。这个 0.1 kg 的差值，究竟是由于甲、乙两系来自两个不同的总体，还是由于抽样时的随机误差所致？这个问题必须进行一番分析

才能得出结论。因为试验结果往往是处理效应和随机误差混淆在一起,从表面上是不容易分开的,必须通过概率计算,采用假设检验的方法,才能作出正确的推断。

假设检验就是根据总体的理论分布和小概率原理,对未知或不完全知道的总体提出两种彼此对立的假设,然后由样本的实际结果,经过一定的计算,作出在一定概率意义上可以接受的那种假设的推断。如果抽样结果使小概率事件发生,则拒绝假设;如果抽样结果没有使小概率事件发生,则接受假设。生物统计学中,一般认为小于 0.05 或 0.01 的概率为小概率。通过假设检验,可以正确分析处理效应和随机误差,作出可靠的结论。

## 二、假设检验的步骤

在进行假设检验时,一般应包括以下四个步骤。

### (一)提出假设

假设检验首先要对总体提出假设,一般应作两个彼此对立的假设:一个是无效假设(ineffective hypothesis)或零假设(null hypothesis),记作 $H_0$;另一个是备择假设(alternative hypothesis),记作 $H_A$。无效假设是直接检验的假设,是对总体提出的一个假想目标。所谓"无效"意指处理效应与总体参数之间没有真实的差异,试验结果中的差异乃随机误差所致。备择假设是与无效假设相反的一种假设,即认为试验结果中的差异是由于总体参数不同所引起。因此,无效假设与备择假设是对立事件。在检验中,如果接受 $H_0$ 就否定 $H_A$,否定 $H_0$ 则接受 $H_A$。无效假设的形式多种多样,随研究内容的不同而不同,但必须遵循两个原则:① 无效假设必须是有意义的;② 据之可算出因抽样误差而获得样本结果的概率。

图 2-6 所示的为假设推断在正态分布情况下的判别方法。

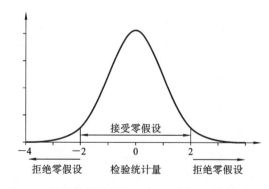

图 2-6　假设推断在数据正态分布情况下的判别方法

### 1. 对一个样本平均数的假设

假设一个样本平均数 $\bar{x}$ 来自一具有平均数 $\mu$ 的总体,$\mu_0$ 为样本平均数,可提出:
无效假设 $H_0: \mu = \mu_0$;

备择假设 $H_A: \mu \neq \mu_0$。

例如,设硅肺病患者的血红蛋白含量为平均数 $\mu_0 = 126$ mg/L、$\sigma^2 = 240$ (mg/L)$^2$ 的正态分布,即 $N(126, 240)$。现用克硅平对 6 位硅肺病患者进行治疗,治疗后化验测得其平均血红蛋白含量 $\bar{x} = 136$ mg/L。试问用克硅平治疗硅肺病是否能提高血红蛋白含量?

这是一个样本平均数的假设检验,是要检验治疗后的血红蛋白含量的总体平均数 $\mu$ 是否还是治疗前的 126 mg/L,即 $\bar{x} - \mu_0 = (136 - 126)$ mg/L $= 10$ mg/L 这一差数是由于治疗造成的,还是抽样误差所致。首先提出无效假设 $H_0: \mu = \mu_0 = 126$ mg/L,对应的备择假设 $H_A: \mu \neq \mu_0$,因为在无效假设 $H_0: \mu = \mu_0$ 的条件下,就有一个平均数 $\mu_{\bar{x}} = \mu = \mu_0 = 126$ mg/L、$\sigma_{\bar{x}}^2 = \dfrac{240}{6} = 40$ (mg/L)$^2$ 的正态分布,即 $N(126, 40)$,而样本 $\bar{x} = 136$ mg/L 则是此分布中的一个随机变量。

**2. 对两个样本平均数相比较的假设**

假设两个样本平均数 $\bar{x}_1$ 和 $\bar{x}_2$ 都是来自具有平均数 $\mu$ 的总体,则提出:

无效假设 $H_0: \mu_1 = \mu_2$;

备择假设 $H_A: \mu_1 \neq \mu_2$。

例如,要检验两种制剂的疗效是否相同,两个水稻品种的株高是否一致,成年男女的血液血细胞计数是否一样,等等,都属于两个样本平均数相比较的假设。其无效假设均认为两个平均数是相等的,即两个样本平均数之间的差值 $\bar{x}_1 - \bar{x}_2$ 是随机误差所引起的;其备择假设则认为两个平均数是不相同的,$\bar{x}_1 - \bar{x}_2$ 除随机误差之外,还包含其真实的差异。

此外,样本频率、变异数以及多个平均数的假设检验,也应根据试验目的提出无效假设和备择假设。

提出上述无效假设的目的在于:可从假设的总体中推论其平均数的随机抽样分布,从而可以算出某一样本平均数指定值出现的概率,这样就可以根据样本与总体的关系,作为假设检验的理论依据。

**(二)确定显著水平**

在提出无效假设和备择假设后,要确定一个否定 $H_0$ 的概率标准,这个概率标准称为显著水平(significance level)或概率水平(probability level),记作 $\alpha$。显著水平是人为规定的小概率界限,统计学中常取 $\alpha = 0.05$ 和 $\alpha = 0.01$ 两个显著水平。

**(三)计算统计数与概率**

在假设 $H_0$ 正确的前提下,根据样本平均数的抽样分布计算出由抽样误差造成的概率。这里需要指出的是,假设检验所计算的并不是实得差异本身的概率,而是超过实得差异的概率。概率的大小是推断 $H_0$ 是否正确的依据。在 $H_0$ 假设下,由于 $\bar{x}$ 有可能大于 $\mu$,也有可能小于 $\mu$,因此需要考虑差异的正和负两个方面,所以一般计算的都是双尾概率。

### （四）推断是否接受假设

根据小概率原理作出是否接受 $H_0$ 的判断。小概率原理（little probability principle）指出：如果假设一些条件，并在假设的条件下能够准确地算出事件 $A$ 出现的概率 $\alpha$ 很小，则在假设条件下的 $n$ 次独立重复试验中，事件 $A$ 将按预定的概率发生，而在一次试验中则几乎不可能发生。简言之，小概率事件在一次抽样试验中几乎是不可能发生的。统计学中，常把概率小于 0.05 或 0.01 作为小概率。如果计算的概率大于 0.05 或 0.01，则认为不是小概率事件，$H_0$ 的假设可能是正确的，应该接受，同时否定 $H_A$；反之，所计算的概率小于 0.05 或 0.01，则否定 $H_0$，接受 $H_A$。通常把概率等于或小于 0.05 称为差异显著标准，或差异显著水平；等于或小于 0.01 称为差异极显著标准，或差异极显著水平。

前面血红蛋白的例子中，计算的概率为 0.1142，大于 0.05 的显著水平，应接受 $H_0$，可以推断治疗前后的血红蛋白含量未发现有显著差异，其差值 10 mg/L 应归于误差所致。

综上所述，假设检验的步骤可概括为：

（1）对样本所属总体提出无效假设 $H_0$ 和备择假设 $H_A$；

（2）确定检验的显著水平 $\alpha$；

（3）在 $H_0$ 为正确的前提下，根据抽样分布的统计数，进行假设检验的概率计算；

（4）根据显著水平 $\alpha$ 的 $\mu$ 值临界值，进行差异是否显著的推断。

## 三、双尾检验与单尾检验

进行假设检验时，需要提出无效假设和备择假设。提出的这种假设，其总体平均数 $\mu$ 可能大于 $\mu_0$，也可能小于 $\mu_0$。在样本平均数的抽样分布中，对于 $\alpha = 0.05$，落在区间 $(\mu - 1.96\sigma_{\bar{x}}, \mu + 1.96\sigma_{\bar{x}})$ 的 $\bar{x}$ 有 95%，落在这一区间之外的 $\bar{x}$ 只有 5%。同理，对于 $\alpha = 0.01$，落在区间 $(\mu - 2.58\sigma_{\bar{x}}, \mu + 2.58\sigma_{\bar{x}})$ 的 $\bar{x}$ 有 99%，落在这一区间之外的 $\bar{x}$ 只有 1%。即当 $\mu - u_{\alpha}\sigma_{\bar{x}} \leqslant \bar{x} \leqslant \mu + u_{\alpha}\sigma_{\bar{x}}$ 为 $H_0$ 的接受区，而 $\bar{x} \leqslant \mu - u_{\alpha}\sigma_{\bar{x}}$ 和 $\bar{x} \geqslant \mu + u_{\alpha}\sigma_{\bar{x}}$ 为 $H_0$ 的两个否定区。

上述假设检验的两个否定区分别位于分布的两尾，这种具有两个否定区的检验称为双尾检验。当假设检验的 $H_0 : \mu = \mu_0$ 时，则 $H_A : \mu \neq \mu_0$，这时备择假设就有两种可能，即 $\mu > \mu_0$ 或 $\mu < \mu_0$。也就是说，在 $\mu \neq \mu_0$ 的情况下，样本平均数 $\bar{x}$ 有可能落入左尾否定区，也有可能落入右尾否定区，这两种情况都属于 $\mu \neq \mu_0$ 的情况。例如，检验某种新药与旧药的治病疗效是否有差别，即新药疗效比旧药好，还是旧药疗效比新药好，这两种可能性都存在，相应的假设检验就应该用双尾检验。在生物学研究中，双尾检验的应用非常广泛。

但在某些情况下，双尾检验不一定符合实际。例如，我们已经知道新药疗效不可能低于旧药疗效，于是其无效假设 $H_0 : \mu \leqslant \mu_0$，备择假设 $H_A : \mu > \mu_0$，这时仅有一种可能性，其否定区只有一个，相应的检验也只能考虑一侧的概率，这种具有左尾或右尾一个否定区的检验称为单尾检验。单尾检验的步骤与双尾检验的相同,查附表 C-1 或附表 C-2 时,需将双尾概率乘以 0.5,再进行查表。例如,进行 $\alpha=0.05$ 的单尾检验时,对 $H_0:\mu\geq\mu_0$,需进行左尾检验,其否定区为 $\bar{x}\leq\mu-1.64\sigma_{\bar{x}}$,对 $H_0:\mu\leq\mu_0$,需进行右尾检验,其否定区为 $\bar{x}\geq\mu+1.64\sigma_{\bar{x}}$。同理,进行 $\alpha=0.01$ 的单尾检验时,对 $H_0:\mu\geq\mu_0$,其否定区为 $\bar{x}\leq\mu-2.33\sigma_{\bar{x}}$,对 $H_0:\mu\leq\mu_0$,其否定区为 $\bar{x}\geq\mu+2.33\sigma_{\bar{x}}$。

需要指出的是,双尾检验的临界正态离差 $|u|$ 大于单尾检验的 $|u|$。例如,当 $\alpha=0.05$ 时,双尾检验的 $|u|=1.96$,而单尾检验的 $u=1.64$ 或 $u=-1.64$;当 $\alpha=0.01$ 时,双尾检验的 $|u|=2.58$,而单尾检验的 $u=2.33$ 或 $u=-2.33$,单尾检验比双尾检验容易对 $H_0$ 进行否定,因此,在采用单尾检验时,应有足够的依据。

在实际应用中,根据检验要求和专业知识的判断,尽量做单尾检验,以提高假设检验的灵敏度。

## 四、假设检验中的两类错误

假设检验是根据一定概率显著水平对总体特征进行的推断。在一定 $\alpha$ 下,否定了 $H_0$,并不等于已证明 $H_0$ 不真实;接受了 $H_0$,也不等于已证明 $H_0$ 是真实的。如果 $H_0$ 是真实的,假设检验却否定了它,就犯了一个否定真实假设的错误,这类错误称为第一类错误,或称为弃真错误。例如,对样本平均数的抽样分布,当取概率显著水平 $\alpha=0.05$ 时,$\bar{x}$ 落在区间 $(\mu-1.96\sigma_{\bar{x}},\mu+1.96\sigma_{\bar{x}})$ 的概率为 0.95,$\bar{x}$ 落在区间 $(\mu-1.96\sigma_{\bar{x}},\mu+1.96\sigma_{\bar{x}})$ 之外的概率为 0.05,当 $\bar{x}$ 一旦落在区间 $(\mu-1.96\sigma_{\bar{x}},\mu+1.96\sigma_{\bar{x}})$ 之外,假设检验时就会否定 $H_0$,接受 $H_A$,这样就会导致错误的结论。不过,犯这类错误的概率很小,只有 0.05。如果取概率显著水平为 $\alpha=0.01$,则 $\bar{x}$ 落在区间 $(\mu-2.58\sigma_{\bar{x}},\mu+2.58\sigma_{\bar{x}})$ 的概率为 0.99,落在区间 $(\mu-2.58\sigma_{\bar{x}},\mu+2.58\sigma_{\bar{x}})$ 之外的概率只有 0.01,即犯第一类错误的可能性更小,只有 0.01。所以,犯第一类错误的概率等于相应的显著水平 $\alpha$。

如果 $H_0$ 不是真实的,假设检验时却接受了 $H_0$,否定了 $H_A$,这样就犯了接受不真实假设的错误,这类错误称为第二类错误,或称为存伪错误。图 2-7 清晰地展示了两类错误的相互关系。

| 假设检验 | 真实情况 | |
|---|---|---|
| | 零假设为真 | 备择假设为真 |
| 实验结果 零假设为真 | $1-\alpha$ ☺ | 第二类错误 $\beta$ ☹ |
| 备择假设为真 | 第一类错误 $\alpha$ ☹ | $1-\beta$ ☺ |

图 2-7 "弃真"和"存伪"

第一类错误和第二类错误既有区别又有联系。二者的区别是,第一类错误只有在否定 $H_0$ 时才会发生,而第二类错误只有在接受 $H_0$ 时才会发生,二者不会同时发生。二者的联系是,在样本容量相同的情况下,犯第一类错误的概率减少,犯第二类错误就会增加;反之,犯第二类错误的概率减少,犯第一类错误就会增加(见图 2-8)。例如,将概率显著水平 $\alpha$ 从 0.05 提高到 0.01,就更容易接受 $H_0$,因此犯第一类错误的概率就减少,但相应地增加了犯第二类错误的概率。所以显著水平如果定得太高,虽然在否定 $H_0$ 时减少了犯第一类错误的概率,但在接受 $H_0$ 时却可能增大犯第二类错误的概率。

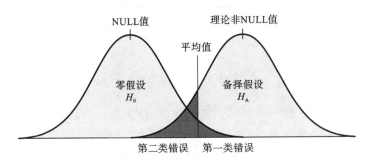

图 2-8　假设检验中两类错误的关系

在假设检验时,一个假设的接受或否定,不可能保证百分之百的正确,可能会出现一些错误的推断。但如何减少犯这两类错误的概率呢? 这可从两个方面来考虑:

(1) 概率显著水平的确定与犯两类错误有密切的关系,$\alpha$ 取值太高或太低都会导致某一种错误的增加。一般的做法是,将概率显著水平不要定得太高,以取 $\alpha = 0.05$ 作为小概率比较合适,这样可使犯两类错误的概率都比较小。

(2) 在计算正态离差 $\sigma$ 时,总体平均数 $\mu$ 和样本平均数 $\bar{x}$ 之间的差值不是随意能够进行主观改变的,但在试验研究中,$\sigma_{\bar{x}}$ 却是可以减小的。从理论上讲,$\sigma_{\bar{x}}$ 可通过精密的试验设计和增大样本容量而减小到接近 0 的程度,这样正态分布中接受区就变得十分狭窄,$\mu$ 和 $\bar{x}$ 之间的差别就比较容易发现,所以减小 $\sigma_{\bar{x}}$ 是减少两类错误的关键。因此,在试验和研究中应用假设检验时,要有合理的试验设计和正确的试验技术,尽量增加样本容量,以减小标准误差 $\sigma_{\bar{x}}$。这里值得注意一下,标准误反映样本平均数对总体平均数的变异程度,从而反映抽样误差的大小,是量度结果精密度的指标。标准误差公式为

$$\mathrm{SE}_{\bar{x}} = \frac{s}{\sqrt{n}} \qquad (2.26)$$

标准差是表示个体间变异大小的指标,反映了整个样本对样本平均数的离散程度,是数据精密度的衡量指标。标准差公式为

$$\mathrm{SD}_{\bar{x}} = \frac{\sigma}{\sqrt{n}} \qquad (2.27)$$

FDR(false discovery rate),是统计学中常见的一个名词,译为伪发现率,其意义为错误拒绝(拒绝真的原假设)的个数占所有被拒绝的原假设个数的比例的期望值(见图

2-9)。1995 年 Benjamini 和 Hochberg 首次提出了 FDR 的概念,并给出了在多重检验中对它的控制方法。然而,当时组学海量数据尚未大量出现,开始并未受到重视,甚至因为考虑了 64 个假设检验而受到质疑。数年之后,伴随着微阵列检测技术的发展、海量数据的大量出现使得 FDR 有了应用。

| | 接受零假设 | 拒绝零假设 | 总数 |
|---|---|---|---|
| 零假设真 | $N_{00}$ | $N_{01}$ | $N_0$ |
| 零假设假 | $N_{10}$ | $N_{11}$ | $N_1$ |
| 总数 | $N-N_r$ | $N_r$ | $N$ |

$$\text{FDR} \approx \frac{N_{01}}{N_r}$$

**图 2-9　FDR 示意图**

FDR 具有以下优点:① 可以灵活调整其取值,作为假设检验错误率的控制指标,其控制值可以根据需要灵活选取,而传统的假设检验的取值则较为固定,通常定为 0.05;② FDR 的意义明确,可以作为筛选出的差异变量的评价指标,而传统假设检验则主要是用来控制第一类错误的。

## 2.4.2　样本平均数的假设检验

### 一、大样本平均数的假设检验——$u$ 检验

#### (一) 一个样本平均数的 $u$ 检验

根据总体方差 $\sigma^2$ 是否已知,一个样本平均数的 $u$ 检验分为两种情况。

**1. 总体方差 $\sigma^2$ 已知时的检验**

当总体方差 $\sigma^2$ 为已知时,检验一个样本平均数 $\bar{x}$ 的总体平均数 $\mu$ 是否属于某一指定平均数为 $\mu_0$ 的总体,不论其样本容量是否大于 30,均可采用 $u$ 检验法。

【例 2.5】　某渔场按照常规方法所培育鲢鱼苗一月龄的平均体长为 7.12 cm,标准差为 1.52 cm,为了提高鱼苗质量,现在采用新方法进行育苗,一月龄时随机抽取 100 尾进行测量,测得其平均体长为 7.68 cm。请问新育苗方法与常规方法有无显著差异?

**解**　这里总体 $\sigma=1.52$ cm,$\sigma^2$ 为已知,所以采用 $u$ 检验。新育苗方法的鱼苗体长可能高于常规方法,也可能低于常规方法,故进行双尾检验。检验步骤如下。

(1) 假设 $H_0 : \mu = \mu_0 = 7.12$ cm,即新育苗方法与常规方法所育鱼苗一月龄体长相同。对 $H_A : \mu \neq \mu_0$。

(2) 选取显著水平 $\alpha = 0.05$。

（3）检验计算：

$$\sigma_x = \frac{\sigma}{\sqrt{n}} = \frac{1.52}{\sqrt{100}} = 0.152$$

$$u = \frac{\bar{x} - \mu}{\sigma_x} = \frac{7.68 - 7.12}{0.152} = 3.684$$

（4）推断：查附表 C-1，$u$ 分布中，当 $\alpha = 0.05$ 时，$u_{0.05} = 1.96$。实得 $|u| > 1.96$，$P < 0.05$，故可在 0.05 显著水平上否定 $H_0$，认为新育苗方法的一月龄体长与常规方法有显著差异。

**2. 总体方差 $\sigma^2$ 未知时的检验**

当总体方差 $\sigma^2$ 未知时，只要样本容量 $n > 30$，可用样本方差 $s^2$ 来代替总体方差 $\sigma^2$，仍可用 $u$ 检验法。

**【例 2.6】** 生产某种纺织品，要求棉花纤维长度平均为 30 mm 以上，现有一棉花品种，以 $n = 400$ 进行抽查，测得其纤维平均长度为 30.1 mm，标准差为 2.5 mm，问该棉花品种的纤维长度是否符合纺织品的生产？

**解** 由题可知，$\mu = 30.0$ mm，$\bar{x} = 30.1$ mm，$s = 2.5$ mm，而 $\sigma^2$ 未知，但由于 $n = 400$，属于大样本，因此可用 $s^2$ 来代替 $\sigma^2$ 进行 $u$ 检验；又由于棉花纤维只有大于 30.0 mm 才符合纺织品生产的要求，故用单尾检验。

（1）假设 $H_0: \mu \leq 30.0$ mm，即该棉花品种纤维长度达不到纺织品生产的要求。对 $H_A: \mu > 30.0$ mm。

（2）确定显著水平 $\alpha = 0.05$。

（3）检验计算：

$$s_x = \frac{s}{\sqrt{n}} = \frac{2.5}{\sqrt{400}} = 0.125$$

$$u = \frac{\bar{x} - \mu}{s_x} = \frac{30.1 - 30.0}{0.125} = 0.8$$

（4）推断：当 $\alpha = 0.05$ 时，单尾检验临界值 $u_{0.05} = 1.645$。实得 $|u| < 1.645$，$P > 0.05$，故接受 $H_0$，否定 $H_A$，认为该棉花品种纤维长度不符合纺织品生产的要求。

**（二）两个样本平均数比较的 $u$ 检验**

两个样本平均数比较的 $u$ 检验是要检验两个样本平均数 $\bar{x}_1$ 和 $\bar{x}_2$ 所属的总体平均数 $\mu_1$ 和 $\mu_2$ 是否来自同一个总体，在两个样本方差 $\sigma_1^2$ 和 $\sigma_2^2$ 已知，或 $\sigma_1^2$ 和 $\sigma_2^2$ 未知，但两个样本都是大样本，即 $n_1 \geq 30$ 和 $n_2 \geq 30$ 时，可用 $u$ 检验法。

在进行两个大样本平均数的比较时，需要计算样本平均数差数的标准误 $\sigma_{\bar{x}_1 - \bar{x}_2}$ 和 $u$ 值。当两个样本方差 $\sigma_1^2$ 和 $\sigma_2^2$ 已知时，两个样本平均数差数的标准误为

$$\sigma_{\bar{x}_1 - \bar{x}_2} = \sqrt{\frac{\sigma_1^2}{n_1} + \frac{\sigma_2^2}{n_2}} \tag{2.28}$$

当 $\sigma_1^2 = \sigma_2^2 = \sigma^2$ 时，则标准误为

$$\sigma_{\bar{x}_1 - \bar{x}_2} = \sigma \sqrt{\frac{1}{n_1} + \frac{1}{n_2}} \tag{2.29}$$

当 $n_1 = n_2 = n$ 时，则标准误为

$$\sigma_{\bar{x}_1 - \bar{x}_2} = \sqrt{\frac{\sigma_1^2 + \sigma_2^2}{n}} \tag{2.30}$$

当 $\sigma_1^2 = \sigma_2^2 = \sigma^2$，且 $n_1 = n_2 = n$ 时，则标准误为

$$\sigma_{\bar{x}_1 - \bar{x}_2} = \sigma \sqrt{\frac{2}{n}} \tag{2.31}$$

$u$ 的计算公式为

$$u = \frac{(\bar{x}_1 - \bar{x}_2) - (\mu_1 - \mu_2)}{\sigma_{\bar{x}_1 - \bar{x}_2}} \tag{2.32}$$

在假设 $H_0 : \mu_1 = \mu_2 = \mu$ 的条件下，$u$ 值为

$$u = \frac{\bar{x}_1 - \bar{x}_2}{\sigma_{\bar{x}_1 - \bar{x}_2}} \tag{2.33}$$

**【例 2.7】** 根据多年的资料，某辣椒从播种到开花的天数的标准差为 6.9 天。现在相同试验条件下采取两种方法取样调查，A 法调查 400 株，得出从播种到开花的平均天数为 69.5 天；B 法调查 200 株，得出从播种到开花的平均天数为 70.3 天，试比较两种调查方法所得辣椒从播种到开花的天数有无显著差别。

**解** 根据题意，总体方差已知，$\sigma^2 = \sigma_1^2 = \sigma_2^2 = 6.9^2$，$n_1 = 400$，$n_2 = 200$，故用 $u$ 检验。事先不知 A、B 两法所得从播种到开花的天数是否相同，需用双尾检验。

（1）假设 $H_0 : \mu_1 = \mu_2$，即 A、B 两法所得从播种到开花的天数相同。对 $H_A : \mu_1 \neq \mu_2$。

（2）取显著水平 $\alpha = 0.05$。

（3）检验计算：

$$\sigma_{\bar{x}_1 - \bar{x}_2} = \sigma \sqrt{\frac{1}{n_1} + \frac{1}{n_2}} = 6.9 \times \sqrt{\frac{1}{400} + \frac{1}{200}} = 0.598$$

$$u = \frac{\bar{x}_1 - \bar{x}_2}{\sigma_{\bar{x}_1 - \bar{x}_2}} = \frac{69.5 - 70.3}{0.598} = -1.338$$

（4）推断：由于实得 $|u| < u_{0.05} = 1.96$，$P > 0.05$，故在 0.05 显著水平上接受 $H_0$，否定 $H_A$，即 A、B 两种调查方法所得辣椒从播种到开花的天数没有显著差别。

## 二、小样本平均数的假设检验——$t$ 检验

当样本容量 $n < 30$ 且总体方差 $\sigma^2$ 未知时，就无法使用 $u$ 检验法对样本平均数进行假设检验。这时，要检验样本平均数 $\bar{x}$ 与指定总体平均数 $\mu_0$ 的差异显著性，就必须使用 $t$ 检验法。事实上，在生物学研究中，由于试验条件和研究对象的限制，有许多研究的样本容量都很难达到 30，因此，采用小样本平均数的 $t$ 检验法在生物学研究中具有重要意义。

**（一）一个样本的假设检验**

这是检验总体方差 $\sigma^2$ 未知,样本容量 $n<30$ 的平均数 $\bar{x}$ 是否属于平均数为 $\mu_0$ 的指定总体的一种 $t$ 检验方法。因为小样本的 $s^2$ 和 $\sigma^2$ 相差较大,故 $\frac{\bar{x}-\mu}{s_{\bar{x}}}$ 遵循自由度 $df=n-1$ 的 $t$ 分布,这里的 df(degree of freedom)表示自由度,是统计学一个术语。

【例 2.8】 某公园里喷泉水中的含氧量,多年平均为 4.5 mL/L,现在该喷泉设 10 个点采集水样,测定水中含氧量(单位:mL/L)分别为:4.35,4.62,3.89,4.14,4.76,4.64,4.51,4.55,4.48,4.27,试检验该次抽样测定的水中含氧量与多年平均值有无显著差别。

**解** 此题 $\sigma^2$ 未知,且 $n=10$,为小样本,故用 $t$ 检验;又该次测定的水中含氧量可能高于也可能低于多年平均值,故用双尾检验。

(1)假设 $H_0:\mu=\mu_0=4.5$ mL/L,即该次测定的水中含氧量与多年平均值没有显著差别,对 $H_A:\mu\neq\mu_0$。

(2)选取显著水平 $\alpha=0.05$。

(3)检验计算:

$$\bar{x}=\frac{1}{n}\sum x_i=\frac{1}{10}(4.35+4.62+\cdots+4.27)\text{ mL/L}=\frac{44.21}{10}\text{ mL/L}=4.421\text{ mL/L}$$

$$s=\sqrt{\frac{\sum_i x_i^2-\frac{\left(\sum_i x_i\right)^2}{n}}{n-1}}=\sqrt{\frac{4.35^2+4.62^2+\cdots+4.27^2-\frac{44.21^2}{10}}{10-1}}\text{ mL/L}$$
$$=0.262\text{ mL/L}$$

$$s_x=\frac{s}{\sqrt{n}}=\frac{0.262}{\sqrt{10}}\text{ mL/L}=0.083\text{ mL/L}$$

$$t=\frac{\bar{x}-\mu}{s_x}=\frac{4.421-4.5}{0.083}=-0.95$$

查附表 C-2,当 $df=n-1=9$ 时,$t_{0.05}=2.262$,实得 $|t|<t_{0.05}$,故 $P>0.05$。

(4)推断:接受 $H_0$,认为该次抽样测定的喷泉水中含氧量与多年平均含氧量没有显著差别,$\bar{x}$ 与 $\mu$ 相差 0.079 mL/L 属于随机误差。

**（二）成组数据平均数比较的假设检验**

成组数据平均数比较的假设检验和成对数据平均数比较的假设检验都是检验两个样本平均数 $\bar{x}_1$ 和 $\bar{x}_2$ 所属总体平均数 $\mu_1$ 和 $\mu_2$ 是否相等的检验方法。它们经常用于处理生物学研究中比较不同处理效应的差异显著性。

成组数据资料的特点是指两个样本的各个变量是从各自总体中抽取的,两个样本之间的变量没有任何关联,即两个抽样样本彼此独立。这样,不论两样本的容量是否相同,所得数据皆为成组数据。两组数据以组平均数进行相互比较,来检验其差异的显著性。当总体方差 $\sigma_1^2$ 和 $\sigma_2^2$ 已知,或总体方差 $\sigma_1^2$ 和 $\sigma_2^2$ 未知,但两个样本均为大样本时,采用 $u$ 检验法检验两组平均数的差异显著性,这已在本节的第一部分进行了介绍。这里,介绍当总体方差 $\sigma_1^2$ 和 $\sigma_2^2$ 未知,且两样本为小样本($n_1 < 30$,$n_2 < 30$)时,进行两组平均数差异显著性检验的 $t$ 检验法。

**1. 两样本的总体方差 $\sigma_1^2$ 和 $\sigma_2^2$ 未知,但可假设 $\sigma^2 = \sigma_1^2 = \sigma_2^2$ 时的检验**

首先,用样本方差 $s_1^2$ 和 $s_2^2$ 进行加权求出平均数差数的均方 $s_e^2$,作为对 $\sigma^2$ 的估计,计算公式为

$$s_e^2 = \frac{s_1^2(n_1-1) + s_2^2(n_2-1)}{(n_1-1) + (n_2-1)} \tag{2.34}$$

求得 $s_e^2$ 后,可得出两样本平均数的差数标准误 $s_{\bar{x}_1 - \bar{x}_2}$:

$$s_{\bar{x}_1 - \bar{x}_2} = \sqrt{\frac{s_e^2}{n_1} + \frac{s_e^2}{n_2}} \tag{2.35}$$

当 $n_1 = n_2 = n$ 时,上式可变为

$$s_{\bar{x}_1 - \bar{x}_2} = \sqrt{\frac{2s_e^2}{n}} \tag{2.36}$$

$t$ 值的计算公式为

$$t = \frac{(\bar{x}_1 - \bar{x}_2) - (\mu_1 - \mu_2)}{s_{\bar{x}_1 - \bar{x}_2}} \tag{2.37}$$

在假设 $H_0: \mu_1 = \mu_2 = \mu$ 的条件下,$t$ 值为

$$t = \frac{\bar{x}_1 - \bar{x}_2}{s_{\bar{x}_1 - \bar{x}_2}} \tag{2.38}$$

它具有自由度 $df = (n_1-1) + (n_2-1) = n_1 + n_2 - 2$。

【例2.9】 用高蛋白和低蛋白两种饲料饲养一月龄大仓鼠,在三个月时,测定两组大仓鼠所增重量(g),两组的数据分别为

高蛋白组:134,146,106,119,124,161,107,83,113,129,97,123;

低蛋白组:70,118,101,85,107,132,94。

试问两种饲料饲养的大仓鼠所增重量是否有差别?

**解** 本题 $\sigma_1^2$ 和 $\sigma_2^2$ 未知,且为小样本,用 $t$ 检验。事先不知两种饲料饲养的大仓鼠的增重量孰高孰低,故用双尾检验。

(1) 假设 $H_0: \mu_1 = \mu_2$,即两种饲料饲养的大仓鼠所增重量没有差别。对 $H_A: \mu_1 \neq \mu_2$。

(2) 取显著水平 $\alpha = 0.05$。

(3) 检验计算:

$$\bar{x}_1 = 120.17 \text{ g}, \quad s_1^2 = 451.97 \text{ g}^2, \quad n_1 = 12$$

$$\bar{x}_2 = 101.00 \text{ g}, \quad s_2^2 = 425.33 \text{ g}^2, \quad n_2 = 7$$

$$s_e^2 = \frac{s_1^2(n_1-1) + s_2^2(n_2-1)}{(n_1-1) + (n_2-1)} = \frac{451.97 \times (12-1) + 425.33 \times (7-1)}{(12-1) + (7-1)} = 442.568$$

$$s_{\bar{x}_1 - \bar{x}_2} = \sqrt{\frac{s_e^2}{n_1} + \frac{s_e^2}{n_2}} = \sqrt{\frac{442.568}{12} + \frac{442.568}{7}} = 10.005$$

$$t = \frac{\bar{x}_1 - \bar{x}_2}{s_{\bar{x}_1 - \bar{x}_2}} = \frac{120.17 - 101.00}{10.005} = 1.916$$

查附表 C-2，df$=12+7-2=17$，$t_{0.05}=2.110$。现实得 $|t| < t_{0.05}$，$P > 0.05$。

（4）推断：接受 $H_0$，认为两种饲料饲养大仓鼠所增重量没有显著差别。

**2. 两样本的总体方差 $\sigma_1^2$ 和 $\sigma_2^2$ 未知，且 $\sigma_1^2 \neq \sigma_2^2$，但 $n_1 = n_2 = n$ 时的检验**

这种情况仍可用 $t$ 检验法，其计算也与假设两个总体方差 $\sigma_1^2 = \sigma_2^2$ 的情况一样，只是在查 $t$ 值表时，所用自由度 df$=n-1$，而不是 $2(n-1)$。

**3. 两样本的总体方差 $\sigma_1^2$ 和 $\sigma_2^2$ 未知，且 $\sigma_1^2 \neq \sigma_2^2$，$n_1 \neq n_2$ 时的检验**

这种情况所构成的统计数 $t$ 不再服从相应的 $t$ 分布，因而只能进行近似的 $t$ 检验。由于 $\sigma_1^2 \neq \sigma_2^2$，所以两样本平均数差数的标准误不能使用加权方差，需用两个样本方差 $s_1^2$ 和 $s_2^2$ 分别估计总体方差 $\sigma_1^2$ 和 $\sigma_2^2$，即有：

$$s_{\bar{x}_1 - \bar{x}_2} = \sqrt{\frac{s_1^2}{n_1} + \frac{s_2^2}{n_2}} \tag{2.39}$$

作 $t$ 检验时，需先计算 $R$ 和 df：

$$R = \frac{s_{\bar{x}_1}^2}{s_{\bar{x}_1}^2 + s_{\bar{x}_2}^2} \tag{2.40}$$

$$df = \frac{1}{\dfrac{R^2}{n_1 - 1} + \dfrac{(1-R)^2}{n_2 - 1}} \tag{2.41}$$

$$t_{df} = \frac{\bar{x}_1 - \bar{x}_2}{s_{\bar{x}_1 - \bar{x}_2}} \tag{2.42}$$

上式中的 $t_{df}$ 近似服从于 $t$ 分布，其自由度为 df，查附表 C-2 得 $t_{\alpha(df)}$ 临界值。

### （三）成对数据平均数比较的假设检验

成对数据（paried data）的比较要求两样本间配偶成对，每一对除随机地给予不同处理外，其他试验条件应尽量一致。成对数据中由于同一配对内两个供试单位的试验条件非常接近，而不同配对间的条件差异又可以通过各个配对差数予以消除，因而可以控制试验误差，具有较高精确度。在进行假设检验时，只要假设两样本的总体差数 $\mu_d = \mu_1 - \mu_2 = 0$，而不必假定两样本的总体方差 $\sigma_1^2$ 和 $\sigma_2^2$ 相同。一些成组数据，即使 $n_1 = n_2$，也不能用作成对数据的比较，因为成组数据的每一变量都是独立的，没有配对的基础。所以在试验研究中，为加强某些试验条件的控制，以做成成对数据的比较是比较好的。

设两个样本的变量分别为 $x_1$ 和 $x_2$，共配成 $n$ 对，各对的差数为 $d = x_1 - x_2$，则样本差数平均数 $\bar{d}$ 为

$$\bar{d} = \frac{\sum_{i=1}^{n} d_i}{n} = \frac{\sum(x_1 - x_2)}{n} = \frac{\sum x_1}{n} - \frac{\sum x_2}{n} = \bar{x}_1 - \bar{x}_2 \tag{2.43}$$

样本差数方差 $s_d^2$ 为

$$s_d^2 = \frac{\sum\limits_{i=1}^{n}(d_i - \bar{d})^2}{n-1} = \frac{\sum\limits_{i=1}^{n}d_i^2 - \dfrac{\left(\sum\limits_{i=1}^{n}d_i\right)^2}{n}}{n-1} \qquad (2.44)$$

样本差数平均数标准误差 $s_{\bar{d}}$ 为

$$s_{\bar{d}} = \sqrt{\frac{s_d^2}{n}} = \sqrt{\frac{\sum\limits_{i=1}^{n}(d_i - \bar{d})^2}{n(n-1)}} = \sqrt{\frac{\sum\limits_{i=1}^{n}d_i^2 - \dfrac{\left(\sum\limits_{i=1}^{n}d_i\right)^2}{n}}{n(n-1)}} \qquad (2.45)$$

因而,$t$ 值为

$$t = \frac{\bar{d} - \mu_d}{s_{\bar{d}}} \qquad (2.46)$$

若设 $H_0 : \mu_d = 0$,上式则为

$$t = \frac{\bar{d}}{s_{\bar{d}}} \qquad (2.47)$$

它具有自由度 $df = n-1$。

## 2.4.3 样本频率的假设检验

在生物学研究中,有许多试验或调查结果是用频率(或百分数、成数)表示的。例如,总体或样本中的个体分属两种属性,像药剂处理后害虫的死与活、种子的发芽与不发芽、动物的雌雄、试验的成功与失败等,类似这些性状组成的总体通常服从二项分布,因此叫二项总体,即由"非此即彼"组成的总体。有些总体中的个体有多个属性,但可根据研究目的经适当的统计处理分为"目标性状"和"非目标性状"两种属性,也可看作二项总体。在二项总体中抽样,样本中的"此"性状出现的情况可用次数表示,也可用频率表示,因此频率的假设检验可按二项分布进行,即从二项式 $(p+q)^n$ 的展开式中求出"此"性状的概率,然后作出统计推断。但是,如果样本容量 $n$ 较大,$0.1 \leqslant p \leqslant 0.9$ 时,$np$ 和 $nq$ 又均不小于 5,则 $(p+q)^n$ 的分布就趋于正态,因而可将频率资料作正态分布处理,从而作出近似的检验。

### 一、一个样本频率的假设检验

这是检验一个样本频率 $\hat{p}$ 与某一理论频率 $p_0$ 的差异显著性。根据 $n$ 和 $p$ 的大小,其检验方法是不一样的。当 $np < 5$ 或 $nq < 5$ 时,则由二项式 $(p+q)^n$ 展开式直接检验。当 $np > 5$ 或 $nq > 5$ 时,二项分布趋近正态,可用 $u$ 检验,但需进行连续性矫正。当 $np$ 或 $nq$ 均大于 30 时,则可不进行连续性矫正。

正态分布 $\mu = 50$,$\sigma^2 = 25$ 可以用来近似 $n = 100$、$p = 0.5$ 的二项分布随机变量 $X$。特

别地,如果 $Y$ 有 $\mu=50$、$\sigma^2=25$ 的正态分布,我们知道 $P(Y \leqslant X)$ 对于所有 $x$ 近似于 $P(X \leqslant x)$,但是有对称的误差,如图 2-10 所示。

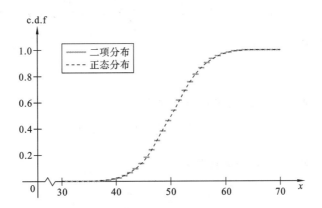

图 2-10　二项分布与正态分布的比较(c.d.f 为累积分布函数)

可以看出,离散随机变量 $X$ 的 c.d.f 在图中是阶梯状的,因为其变量对应的为整数,所以每个阶梯左右端点对应的是整数,那么在 $[30,70]$ 区间上,连续随机变量的 c.d.f 穿过所有的离散阶梯的中心部分,也就是 $n+0.5$ 这里对于两个分布是相等的,中间左半部分 $[n,n+0.5)$ 离散随机变量的 c.d.f 较大,反之,右半部分连续随机变量的 c.d.f 较大。

我们可以利用这个特点对近似做一点优化。因为我们想要个一致的近似,比如总是大于或总是小于的近似,而不是一个一会儿大一会小的近似。

直方图的面积对应的就是概率(高度和面积一样,因为宽度是 1),但是我们和上面的处理方法不同,前面的处理方法是从整数到下一个整数,对应一个概率,这里将一个整数的 $\pm\frac{1}{2}$ 区域作为一个概率,所以根据坐标来求和,如图 2-11 所示,区间 $\left[a-\frac{1}{2},b+\frac{1}{2}\right]$ 上条形图的面积近似于积分结果:

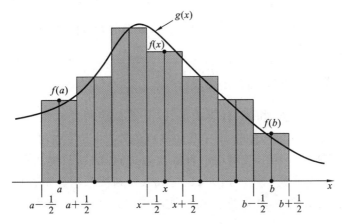

图 2-11　通过使用概率分布函数近似条形图

$$P\left(a-\frac{1}{2}<Y<b+\frac{1}{2}\right)=\int_{a-\frac{1}{2}}^{b+\frac{1}{2}}g(x)\mathrm{d}x \tag{2.48}$$

上式相比于 $P(a<Y<b)=\int_a^b g(x)\mathrm{d}x$ 这个公式,就称为连续性矫正。

样本频率的标准误 $\sigma_p$ 为

$$\sigma_p=\sqrt{\frac{pq}{n}} \tag{2.49}$$

在不需要进行连续性矫正时,$u$ 值的计算公式为

$$u=\frac{\hat{p}-p}{\sigma_p} \tag{2.50}$$

在需要进行连续性矫正时,$u_c$ 值的计算公式为

$$u_c=\frac{(p-q)\mp\dfrac{0.5}{n}}{\sigma_p}=\frac{|\hat{p}-p|-\dfrac{0.5}{n}}{\sigma_p} \tag{2.51}$$

上式中的"$\mp$"表示当 $\hat{p}>p$ 时取"$-$"号,当 $\hat{p}<p$ 时取"$+$"号。

**【例 2.10】** 有一批蔬菜种子的平均发芽率 $p_0=0.85$,现随机抽取 500 粒,用种衣剂进行浸种处理,结果有 446 粒发芽,试检验种衣剂对种子发芽有无效果。

**解** 本题中,$p_0=0.85$,$n=500$,由于 $np$ 和 $nq$ 都大于 30,故不需要进行连续性矫正。

(1) 假设 $H_0:p=p_0=0.85$,即用种衣剂浸种后的发芽率仍为 0.85。对 $H_A:p\neq p_0$。

(2) 确定显著水平 $\alpha=0.05$。

(3) 检验计算:

$$q=1-p=1-0.85=0.15$$

$$\hat{p}=\frac{x}{n}=\frac{446}{500}=0.892$$

$$\sigma_p=\sqrt{\frac{pq}{n}}=\sqrt{\frac{0.85\times0.15}{500}}=0.016$$

$$u=\frac{\hat{p}-p}{\sigma_p}=\frac{0.892-0.85}{0.016}=2.625$$

(4) 推断:由于 $|u|>u_{0.05}=1.96$,$P<0.05$,故否定 $H_0$,接受 $H_A$,认为用种衣剂浸种能够显著提高蔬菜种子的发芽率。

## 二、两个样本频数的假设检验

检验两个样本频率 $\bar{p}_1$ 和 $\bar{p}_2$ 差异显著性,一般假定两个样本的方差是相等的,即 $\sigma_{p_1}^2=\sigma_{p_2}^2$。这类检验在实际应用中具有更重要的意义。由于在抽样试验中,其理论频率 $p$ 为未知数,就不能对两样本某属性出现的次数进行比较,只能进行频率的比较。和单个样本频率的假设检验一样,当 $np<5$ 或 $nq<5$,则按二项分布直接进行检验;当 $np>5$ 或 $nq>5$ 时,用 $u$ 检验,并需进行连续性矫正;当 $np$ 或 $nq$ 均大于 30 时,则可不进行连续性矫正。

两个样本频率差数标准误

$$s_{\hat{p}_1-\hat{p}_2}=\sqrt{\frac{\hat{p}_1\hat{q}_1}{n_1}+\frac{\hat{p}_2\hat{q}_2}{n_2}}$$

在 $H_0:p_1=p_2$ 的条件下,两个样本频数差数标准误 $s_{\hat{p}_1-\hat{p}_2}$ 为

$$s_{\hat{p}_1-\hat{p}_2}=\sqrt{\overline{p}\,\overline{q}\left(\frac{1}{n_1}+\frac{1}{n_2}\right)} \tag{2.52}$$

式中: $\overline{p}=\dfrac{x_1+x_2}{n_1+n_2}$ , $\overline{q}=1-\overline{p}$ , $x_1$ 、 $x_2$ 分别代表两样本中某属性出现的次数, $n_1$ 、 $n_2$ 分别为两样本的容量。当 $n_1=n_2=n$ 时,式(2.52)可简化为

$$s_{\hat{p}_1-\hat{p}_2}=\sqrt{\frac{2\overline{p}\,\overline{q}}{n}} \tag{2.53}$$

不需要进行连续性矫正的 $u$ 值为

$$u=\frac{(\hat{p}_1-\hat{p}_2)-(p_1-p_2)}{s_{\hat{p}_1-\hat{p}_2}} \tag{2.54}$$

需要进行连续性矫正的 $u_c$ 值为

$$u_c=\frac{|\hat{p}_1-\hat{p}_2|-\dfrac{0.5}{n_1}-\dfrac{0.5}{n_2}}{s_{\hat{p}_1-\hat{p}_2}} \tag{2.55}$$

如果 $n_1<30$ , $n_2<30$ ,对式(2.54),可用 $t$ 代替 $u$ 值;对式(2.55),可用 $t_c$ 代替 $u_c$ 值,进行 $t$ 检验。

【例 2.11】　研究地势对南瓜苗锈病发病的影响,调查低洼地南瓜田 379 株,其中锈病株 343 株,调查高坡地南瓜田 395 株,其中锈病株 312 株,试比较两块南瓜田锈病发病率是否有显著性差异。

**解**　本题中 $np$ 和 $nq$ 均大于 30,不需要进行连续性矫正。事先不知两块南瓜田的锈病发病率孰高孰低,故进行双尾检验。

(1) 假设 $H_0:p_1=p_2$ ,即两块南瓜田锈病发病率没有显著差异。对 $H_A:p_1\neq p_2$ 。

(2) 确定显著水平 $\alpha=0.01$ 。

(3) 检验计算:

$$\overline{p}_1=\frac{x_1}{n_1}=\frac{343}{379}=0.905$$

$$\overline{p}_2=\frac{x_2}{n_2}=\frac{312}{395}=0.790$$

$$\overline{p}=\frac{x_1+x_2}{n_1+n_2}=\frac{343+312}{379+395}=0.846$$

$$\overline{q}=1-\overline{p}=1-0.846=0.154$$

$$s_{\hat{p}_1-\hat{p}_2}=\sqrt{\overline{p}\,\overline{q}\left(\frac{1}{n_1}+\frac{1}{n_2}\right)}=\sqrt{0.846\times0.154\times\left(\frac{1}{379}+\frac{1}{395}\right)}=0.026$$

$$u=\frac{\hat{p}_1-\hat{p}_2}{s_{\hat{p}_1-\hat{p}_2}}=\frac{0.905-0.790}{0.026}=4.423$$

(4) 推断:由于 $|u|>u_{0.05}=2.58$ , $P<0.05$ ,故否定 $H_0$ ,接受 $H_A$ ,认为两块南瓜田锈

病发病率有显著差异。

## 三、适合性检验

检验实际观测数与依据一个假设的数学模型计算出来的理论数之间的一致性，称为适合性检验（compatibility test）。这种方法是对样本的理论值先通过一定的理论分布推算出来，然后用观测值与理论值比较，从而得到观测值与理论值之间是否吻合的结论，因此适合性检验也称为吻合性检验或拟合优度检验（goodness of fit test）。

在适合性检验中，无效假设为 $H_0$，指实际观察的属性类别分配符合已知属性类别分配的理论或学说；备择假设为 $H_A$，指实际观察的属性类别分配不符合已知属性类别分配的理论或学说。例如，在遗传学上，常用卡方检验来测定所得结果是否符合孟德尔分离规律、自由组合规律等。许多与已有理论比率进行比较的资料，也可用来作适合性检验。适合性检验是卡方检验最常用的方法之一。

## 四、独立性检验

独立性检验是统计学的一种检验方式，与适合性检验同属于卡方检验。有时需要分析两类因子是相互独立还是彼此相关，这种关系是否显著。某医疗机构为了了解患肺癌与吸烟是否有关，进行了一次抽样调查，共调查了 9965 个成年人，其中吸烟者 2146 人，不吸烟者 7819 人，调查结果是：吸烟的 2146 人中 50 人患肺癌，2096 人不患肺癌；不吸烟的 7819 人中 42 人患肺癌，7777 人不患肺癌。

|  | 不患肺癌 | 患肺癌 | 总计 |
|---|---|---|---|
| 不吸烟 | 7777 | 42 | 7819 |
| 吸烟 | 2096 | 50 | 2146 |
| 总计 | 9873 | 92 | 9965 |

在不吸烟者中，患肺癌的比重是 $0.54\%$；在吸烟者中，患肺癌的比重是 $2.33\%$。说明吸烟者和不吸烟者患肺癌的可能性存在较大的差异，吸烟者患肺癌的可能性大。可初步判断：患肺癌与吸烟有关。

但这个结论在多大程度上适用于总体呢？要回答这个问题，就必须借助于独立性检验的方法来分析。

用字母表示题设数据（使之更有一般性），可得如下 $2\times2$ 列联表：

|  | 不患肺癌 | 患肺癌 | 总计 |
|---|---|---|---|
| 不吸烟 | $a$ | $b$ | $a+b$ |
| 吸烟 | $c$ | $d$ | $c+d$ |
| 总计 | $a+c$ | $b+d$ | $a+b+c+d$ |

想说明假设 $H_1$:"患肺癌与吸烟有关"成立;假设 $H_0$:$H_1$ 不成立,即患肺癌与吸烟没有关系。

在 $H_0$ 成立的条件下,吸烟者中不患肺癌的比例应该与不吸烟者中相应的比例差不多,即

$$a/(a+b) \approx c/(c+d) \Rightarrow a(c+d) \approx c(a+b) \Rightarrow ad-bc \approx 0$$

因此,$|ad-bc|$ 越小,则说明患肺癌与吸烟之间的关系越弱。

构造统计量:

$$k=K^2=\frac{n(ad-bc)^2}{(a+b)(c+d)(a+c)(b+d)}$$

作为检验在多大程度上可认为"两个分类变量有关系"的标准。

若 $H_0$ 成立,则 $K^2$ 应该很小。回到本案例中,将数值代入,可得 $K^2 \approx 59.165$,在 $H_0$ 成立的情况下,统计学家估算出如下概率:$P(K^2 \geqslant 6.635) \approx 0.01$,即在 $H_0$ 成立的情况下,$K^2$ 的值大于 6.635 的概率非常小,近似于 0.01。现在观测值 $k=59.165$ 太大了,在 $H_0$ 成立的情况下能够出现这样的观测值的概率不超过 0.01,因此我们有 99% 的把握认为 $H_0$ 不成立,即有 99% 的把握认为"吸烟与患肺癌有关系"。

综上,独立性检验原理:在一个已知假设下,如果一个与该假设矛盾的小概率事件发生,就推断这个假设不成立。

# 习　题　2

1. 选择题(课堂完成,扫右边二维码做题)
2. 名词解释

(1) 质量性状资料　　(2) 数量性状资料

(3) 泊松分布　　(4) 适合性检验

(5) 独立性检验　　(6) 变异系数

(7) 极差

3. 简答题

(1) 正态分布曲线有什么特点? $\mu$ 和 $\sigma$ 对正态分布曲线有何影响?

(2) 给定一组数据(10,13,20,15,18,7,3,9,16,12,11,10,15,12,8,13),请给出中位数,并画出箱型图。

(3) 什么是次数分布表?制表的基本步骤有哪些?

(4) 简述适合性检验及独立性检验。

(5) 平均数与标准差在统计分析中有什么用处?它们各有哪些特性?

(6) 资料的调查有哪些基本方法?试比较其优缺点和适用对象。

(7) 总体和样本的标准差有什么共同点?又有什么联系和区别?

(8) 简述假设检验中两类错误的关系。

4. 计算题

（1）试计算下列两个玉米品种的 10 个果穗长度(cm)的标准差和变异系数,并解释所得结果。

24 号:19,21,20,20,18,19,22,21,21,19;

金皇后:16,21,24,15,26,18,20,19,22,19。

（2）

| | Accept Null | Reject Null | Total |
|---|---|---|---|
| Null True | $N_{00}$ | $N_{01}$ | $N_0$ |
| Non-True | $N_{10}$ | $N_{11}$ | $N_1$ |
| Total | $N-N_r$ | $N_r$ | $N$ |

请给出 FDR 的计算公式并加以说明。

（3）以不同方式培育小麦,小麦株高如下表所示,请用 $t$ 检验检测甲、乙两组的小麦的株高是否有显著差异。

| 甲组 | 71.1 | 82.2 | 78.3 | 74.8 | 82.7 | 83.8 | 79.5 | 86.3 | 83.6 |
|---|---|---|---|---|---|---|---|---|---|
| 乙组 | 72.5 | 73.3 | 76.3 | 83.7 | 70.4 | 71.9 | 88.9 | 77.6 | 79.8 |

（4）给小鼠喂以不同的饲料,甲组喂 A 饲料,乙组喂 B 饲料,钙的留存量如下表所示,请检验这两种饲料的钙留存量是否有显著差异。

| 甲组 | 21.1 | 32.2 | 28.3 | 34.8 | 32.7 | 33.8 | 39.5 | 36.3 | 33.6 |
|---|---|---|---|---|---|---|---|---|---|
| 乙组 | 22.5 | 23.3 | 26.3 | 33.7 | 30.4 | 31.9 | 28.9 | 27.6 | 29.8 |

第3章

# 生物大数据的特征与挑战

"生命是数字的,生命是序列的。"

"信息是 21 世纪的石油,而分析则是内燃机。"

生物医学是一门新兴的前沿交叉学科,它综合了医学、生命科学和生物学的理论和方法而发展起来,其基本任务是运用生物学及工程技术手段研究和解决生命科学,特别是医学中的有关问题。近年来随着先进仪器设备和信息技术等越来越广泛和深入地整合到生物技术中来,生物医学研究中越来越频繁地涉及大数据存储和分析等信息技术。大数据时代的来临对生物医学研究产生了重大影响。其中,一个重要发展趋势就是由假设驱动向数据驱动的转变。数十年来分子生物学水平上的实验目的是获得结论或者是提出一种新的假设,而现在基于海量生物医学大数据,可以通过对海量数据的研究来探索其中的规律,直接提出假设或得出可靠的结论。随着先进的生物分析技术的不断推出和更新,生物医学数据迅速积累。基于此类大数据,一些以往不能解决的问题将有望解决,同时相关生物医学研究的新问题也层出不穷。

与生物医学相关的大数据技术和相关应用主要包括:基于高通量测序的个性化基因组、转录组和蛋白质组研究,单细胞水平基因型和表型研究,人类健康相关微生物群落研究,生物医学图像研究等。相关生物医学大数据分析任务均具有数据密集和计算密集的双密集性特点。要充分利用这些大数据解决一系列生物医学问题,就迫切需要高通量、高效率、高准确性的生物信息存储(Hastie,et al.,2001)和分析策略。本章总结和回顾了生物医学大数据的生成、管理和分析相关的一系列问题,重点讨论人体微生物群落、单细胞表型和基因型、生物医学图像等新近出现的生物医学大数据形式，以及相关数据分析和应用前景等。

基于目前生物医学大数据的现状我们可以发现，生物医学大数据的研究正处于蓄势待发状态：适应于生物医学大数据的软硬件平台、大数据存储、大数据分析挖掘等方法等还不成熟，制约着生物大数据的研究。然而一旦相关研究获得突破并有所优化和应用，将会全方位支撑生物医学大数据的深入解构，进而有助于对医学现象的趋势分析和预测，服务于遗传疾病研究、公共卫生监控、医疗与医药开发等广泛生物医学应用。

生物大数据具有大数据的所有特点，同时具有生物学研究对象的特色。以下将就生物大数据的属性、特征与特色以及面临的挑战和经典案例进行详细介绍。

# 3.1 生物大数据的发展史和大数据属性

高通量的研究思路和相关数据生产方式的飞跃是大数据产生的主要因素。大数据经历了从概念到小范围技术实践，最终到广泛接受并成为一个新兴研究方向的历程。2008 年 9 月，Nature 杂志率先出版了"大数据专刊"，表明大数据的影响已触及自然科学、社会科学和工程学的各个领域。2009 年 10 月，《The Fourth Paradigm：Data Intensive Scientific Discovery》一书的出版，表明与大数据关系密切的数据密集型科学发现范式已被确立和广泛认可。2011 年 2 月，Science 杂志推出"数据处理专刊"。2012 年 5 月，联合国发布大数据政务白皮书《Big Data for Development：Challenges & Opportunities》，体现了大数据领域的研究计划在国家战略层面的重要性。2014 年，Science 杂志推出"Big Biological Impacts from Big Data"等一系列评论，也明确无误地表明了生物学相关研究已进入大数据时代。

在大数据时代，庞大繁杂的数据以及对数据的研究，对社会、科技、经济的发展将发挥支撑促进作用。大数据本身是一种潜在的战略性资源，具有小规模数据无法匹及的趋势预测潜力，大数据的分析和应用能将资源的效益真正释放出来。美国、欧盟等已在国家层面开展了大数据研究和发展计划，将大数据研究提升到国家和国际重大战略层面。2013 年 5 月 9 日美国总统奥巴马签署了一项行政命令，要求政府帮助公众和企业更容易获得政府持有的数据，从而促进美国的创新和经济增长。2013 年 7 月习近平总书记在中国科学院考察时，指出"大数据是工业社会的'石油'资源"。谁掌握了大数据以及大数据的研究技术，谁就掌握了主动权，尤其在生物医学等事关人类健康和命运的研究领域，对相关大数据的研究就是对健康领域未来的掌握。

20 世纪 90 年代发起和实施的人类基因组计划极大地推动了高通量测序技术的进步和应用。人类基因组草图绘制完成后，欧美发达国家又纷纷启动了基于测序技术的生命科学大数据研究计划，如国际千人基因组计划、DNA 元件百科全书计划（Kogan，et al.，

1987)、英国万人和 10 万人基因组计划、美国精准医学计划(https：//allofus. nih. gov/)、癌症基因组图谱计划和微生物组计划,以及日本、冰岛、加拿大和荷兰等国家的基因组人群队列研究,这些计划的实施带动了生物信息学技术、蛋白质组学技术、代谢组学技术、图像处理技术以及其他高通量组学技术的发展,使得人体成为大数据重要产出源。以目前多种组学数据、医学影像和临床资料在内统计的生物信息数据产出达到了 10 TB/人的水平(基于美国 NetApp. com 公司数据),全球每年产生的生物数据总量已达 EB 级,标志着生命科学已经从实验数据积累阶段进入大数据科学时代。对生物大数据开展有效的管理和应用,将信息技术与生物技术有效融合,正在给生命科学及相关产业领域带来一次新的革命,尤其在人口健康领域,大数据贯穿从基础研究、药物开发、临床诊疗到健康管理的所有环节。

国际核酸序列数据库联盟(International Nucleotide Sequence Database Collaboration,INSDC)由美国国家生物技术信息中心(National Center for Biotechnology Information,NCBI)、欧洲生物信息学研究所(European Bioinformatics Institute,EBI)和日本 DNA 数据库(DNA Database of Japan,DDBJ)组成,掌握和管理着全世界绝大部分的组学生物信息数据。欧、美、日这几大国际生物信息中心建设起步早,多年来一直引领着全球生物大数据及生物信息领域的发展。以 NCBI(http：//www. ncbi. nlm. nih. gov/)为例,早在 1988 年,美国国会就关注到生物技术领域的重要性,意识到 DNA 测序带来的大数据的迫切性,专门成立了 NCBI。30 年多年来,美国政府一直提供持续稳定的支持。NCBI 初建时仅几个人,发展到今天已达 700 多人的规模,它所开发和维护的 PubMed、BLAST 和 GenBank 等上百个数据库和软件,已经成为生命科学研究开发领域必不可少的资源。1997 年,当时的美国副总统戈尔亲自启动了 PubMed 在线搜索系统,足见政府对 NCBI 的重视程度。在政府的全额拨款支持下(预算额度最高的 2014 财政年度达到 9480 万美元),NCBI 现今已经成为全球领先的国家生物信息中心,具有数十 Petabytes 存储、千万亿次计算资源,以及 110 Gb/s 网络带宽资源。NCBI 拥有一支强大的研究开发团队,为美国乃至全球科学家提供基础设施及大数据研究与应用服务,有力地支持了美国生命科学研究领域的领跑式发展。

由于国际几大数据中心在生物大数据领域的领导地位,国际主流期刊要求论文递交者把发表的数据递交到 NCBI 等国际知名数据库,供全世界科研人员免费使用。另外,作为美国最大的生物医学基金资助机构,美国国立卫生研究院(National Institutes of Health,NIH)资助的科研项目明确要求产出成果中的基因组信息必须及时在 NCBI 的 GenBank 等数据库公开,这在很大程度上保证了 NCBI 有稳定的数据来源。上述政策使得全球生命科学研究产生的生物医学大数据,源源不断地进入国际上极少数的核心数据中心,数据量不断地暴涨,截至 2018 年 8 月,仅 NCBI 的 Sequence Read Archive (SRA)数据已接近 20 PB (https：//www. ncbi. nlm. nih. gov/sra/docs/sragrowth/)。

在数据量剧增的同时,国际大数据中心的经费支持和人员总数却趋于平稳,给这些中心的运行和维护带来了巨大的挑战。为了应对这一问题,国际大数据中心一方面在积极寻求新的运维模式，比如将数据存储到商业云；另一方面，不得不削减一些服务，如从 2017 年开始，NCBI 的 dbSNP 和 dbVar 数据库不再接收、支持除人以外物种的变异数据。

# 3.2　生物大数据的特征

生物医学是应用生物医学信息、医学影像技术、基因芯片、纳米技术、新材料等学术研究和创新的交叉领域。随着以"社会-心理-生物"为代表的大医学模式的提出和系统生物学的发展，形成了现代系统生物医学。面向生物医学的系统生物学研究是与 21 世纪生物技术和大数据技术密切相关的领域，是关系到提高医疗诊断水平和人类健康的重要研究领域（Bailey T J，1981）。

随着生物分析技术和计算技术的快速发展，生物医学产生了大量的数据。21 世纪以来，随着高通量 DNA 测序技术的发展和逐步应用，生命科学领域的数据量正在极速增长。1977 年，Sanger 通过测序实现了 Φ-X174 噬菌体全基因组测序；2000 年，人类基因组草图被绘制完成。21 世纪尤其是 2010 年以来，随着新一代测序技术的发展，更大数量级的基因组数据产出日渐增加（从 GB、TB 级到 PB、EB 级）：Illumina 公司最新推出的 HISEQ X TEN 测序仪 3 天内测序约 1.8 TB 的碱基数据。大规模的基因组数据的分析和管理正在成为推动生命科学创新的重要源泉。

同时应指出的是，生物医学大数据不仅仅来源于高通量的基因组和转录组测序。目前其他高通量组学数据，如单细胞表型数据、动态生物医学图像等数据量也正在急剧增长。生命科学的快速进步，以及生物技术与信息技术的融合，使得大数据贯穿基础研究、药物开发，临床诊疗以及健康管理的所有环节。在基础研究领域，除高通量基因组和转录组测序产生的数据外，代谢组、蛋白质组等领域的数据也正在极速增长，细胞表型、代谢过程、致病基因等的分析都亟须将不同类型的数据加以整合和解构，从中挖掘出深刻而又非显而易见的生物学规律。

以高通量测序仪器、单细胞检测装备和实时动态图像系统为代表的新一代生物分析平台正在为生物医学研究提供海量数据，而要充分利用蕴藏于海量数据中的深刻规律，大数据驱动的研究策略必不可少。大数据至少包含 3 层特征（3V）（见图 3-1）：数据量大（volume of data）、处理数据的速度快（velocity of processing the data）、数据源多变（variability of data sources）。这是依赖大数据进行分析和预测过程的重要特征。具体到生物医学大数据研究而言，大数据研究的 3V 特点体现如下：第一，生物医学数据量大。通常对于一个样本的人体基因组和转录组（多组织、多时间点）测序数据量会分别超过 100 GB 和 30 GB（基于 3 GB 人类基因组和 10～30 倍测序深度）。考虑到一次试验中通常会涉及数百个甚至上万个人体样本，相关的数据量产出十分巨大。第二，生物医学研究对于处理结果的准确性和处理速度均有较高要求。如个性化医疗，具有较高的时效性要求，而单细胞测序及诊断等，对突变位点和功能模块的鉴别准确性要求较高。第三，相关源数

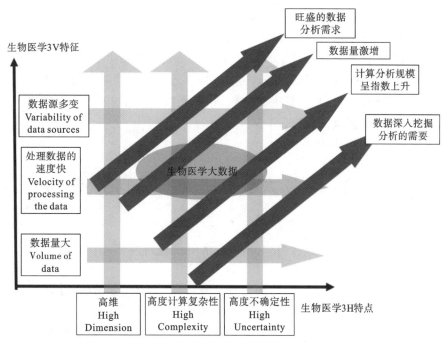

图 3-1　生物大数据的 3V 特征和 3H 特点

据来源多变且具有较大的异质性。同时生物医学数据的分析和解释通常会利用到 NCBI 系列等通用数据库以及 UniProt 等专业数据库。源数据和数据库的异质性,会导致数据缺失、数据矛盾等问题的普遍存在,成为相关大数据整合与分析的瓶颈。正是因为生物医学研究具有典型的 3V 特点,所以需要依靠大数据思维和数据分析策略对生物医学数据进行深入挖掘。

　　生物医学大数据和其他科学大数据一样,也具有"3H"特点,即高维(high dimension)、高度计算复杂性(high complexity)和高度不确定性(high uncertainty)(见图 3-1)。具体而言,第一,生物医学大数据在对于样本的多重分析角度、多组学数据和多样本量等方面均具有高维特点,需要对多维数据进行叠加、索引、学习。如 21 世纪 10 年代谷歌于数百天内监测数百万人的流感疫情数据建立 FluTrend 模型,并利用 FluTrend 为流感疫情的蔓延提供了一幅清晰的图像,进而可以帮助医生能够有效地阻止流感疫情的蔓延。另外,美国在电子病历和大数据方面的推进,收集到来自全美数千家医院数百万病人各种类型的电子病历。这些高维度数据为发掘蕴含于高维数据中的深刻规律奠定了基础,同时在数据整合与分析方面提出了挑战。第二,生物医学研究目标和过程的复杂性包括:不同组学数据的系统性整合需求、不同样本的比对需求、结果的统计验证等,这些均需要基于大数据进行数据建模并归纳生物学规律。第三,生物医学研究中样本在来源、处理方法、存储格式上的差异性(heterogeneity)导致研究对象的高度不确定性和不吻合性,需要智能化的数据模型来加以深入分析。

　　与传统的逻辑推理研究不同,大数据研究是对数量巨大的数据做统计性的搜索、比较、聚类和分类等分析归纳,并进行相关性等分析。大数据研究一个重要发展趋势就是由假设驱动向数据驱动的转变。具体到生物医学大数据而言,数十年来分子生物学水平上的实验目的是获得结论或者是提出一种新的假设,而现在基于海量生物医学大数据,可以对海量数据的研究来探索其中的规律,直接提出假设或得出可靠的结论。生物医学大数据的"3H"特点将会是一把双刃剑:在大数据高速积累的同时,数据的差异性将会形成数据整合方面的瓶颈;但是一旦突破此瓶颈,在大数据中蕴含的深刻生物学规律将会极大地促进对于人体健康的理解。

## 3.3  生物大数据研究面临的挑战

然而,与目前研究较为深入的互联网视频和社交网络等格式化数据相比,生物医学大数据具有其独特之处。

首先,生物大数据处理需要复杂的信息提取计算。例如,基因组测序的原始数据是大量的 DNA 短片段(reads),不同的测序仪可产生长度从 100 碱基(bp)到 10000 碱基不同长度的短片段。这些 DNA 片段所代表的生物学的信息需要通过数据处理才能取得。若是对一个未知物种的基因组测序,通常这些片段需要通过复杂的拼接算法(de novo assembly),才能得到基因组的长序列;再通过复杂的统计模型,才能克服测序中的错误,确认基因组中每一个碱基的可信度(base calling);然后通过基因预测算法(gene prediction),预测物种的基因;最后利用序列比对算法(sequence comparison),将待测物种的基因与其他物种功能已知的基因进行序列比较,才能对这些基因进行功能注释(function annotation)。这些提取的信息才能提供后续的生物功能计算分析。

其次,由于生命系统本身极其复杂,要完整地研究这样复杂的生命系统,再多的生物医学数据的样本也都不能满足要求。例如,从人类疾病的研究中发现,基因组中一个碱基的突变就可能对整个生物个体产生深远的影响,生物个体成长过程的环境因素也直接或间接对生物体产生影响。从单细胞的研究中可以看到,不仅仅每一个生物个体都与其他个体不同,同一个体内的每一个细胞都与其他细胞不同,同一个细胞在不同时间的状态也不同(Gail F, et al., 2008)。如果再考虑生物医学数据获取的难度和高昂的代价,生物医学大数据的分析就需要更多利用生命系统本身的规律和知识,建立合理的假设和数学模型,对数据进行分析和解释。

最后,生物医学大数据的目标是科学的发现,因此,对于结果的验证和解释是必须的,这也是它与其他大数据的不同之处。

按照数据类型(如基因组、转录组、蛋白质组等)、物种、研究目的(如遗传变异、转录因子、调控网络)等方式建设的数据库,在推进数据共享方面发挥了举足轻重的作用。但是随着数据类型和规模的日益扩大,如何存储、组织、访问存放在不同平台上的不同类型的生物医学数据成为新的挑战。在建设生物医学大数据平台时,TB 量级的数据下载需求对数据下载、单库检索等数据共享手段提出了严峻的挑战。

数据挖掘能力,尤其是组学数据挖掘能力,越来越难以满足飞速增长的数据产出。其面临的主要挑战在于:数据量越来越大,需要速度更快的数据压缩、传输、分析方法;数据维度越来越高,需要更加准确的降维方法。

# 3.4  生物大数据分析的常规方法

生物医学大数据可以分为大数据存储和大数据分析两方面,其中大数据存储服务于大数据的深入分析。当今生物医学中的典型大数据包括各类基因组数据、宏基因组数据和单细胞数据以及生物医学图像数据(Georga, et al., 1989)等。

## 3.4.1  基因组数据分析

在高通量数据生成和系统化数据分析方面,目前国际上对组学数据的高通量生成和系统化分析已经初步形成若干通用流程。在高通量基因组和转录组数据生成方面,454高通量测序及 Solexa、PacBio 等新一代测序技术的引入和推广,配合高通量数据分析方法,使更加细致、深入的基因组和转录组数据分析成为可能。标准化数据分析流程包括华盛顿大学的 Tophat-Bowtie-Cufflink 系列、华大基因的 SOAP 系列(Li R, et al., 2008),以及商业化的 CLCBio 系列(http://www.clcbio.com)等。这些系统化分析流程整合了基因组、转录组和部分表观基因组等数据的分析,极大地推动了生物系统的快速、标准化和深入的研究(在此不一一赘述)。随着高通量测序数据的快速积累,更高水平上的基因组数据整合、挖掘与可视化等分析要求也在提高(Thomas, et al., 2008),必须通过适应于大数据分析的软硬件系统优化、分析流程的整合、交互式可视化分析平台的建设等方法来实现。

全基因组测序的英文是 whole genome sequencing(简称 WGS),目前默认指的是人类的全基因组测序。所谓全(whole),指的就是把物种细胞中完整的基因组序列从第 1个 DNA 开始一直到最后一个 DNA,完完整整地检测出来,并排列好,因此这个技术几乎能够鉴定出基因组上任何类型的突变。对于人类来说,全基因组测序有着极大的价值,它包含了所有基因与生命特征之间的内在关联性,当然也意味着更大的数据解读和更高的技术挑战。测序,简单来说就是把 DNA 化学信号转变成计算机可识别的数字信号,具体来说就是把核酸的碱基序列的信息转化为数字信号,该过程已从最初的测序技术,发展到如今的第三代测序技术。

### 1. 第一代 NGS 测序技术

简介:其基本的原理即 Sanger 等人开创的链终止法。

核心原理:由于 dNTP(四种带有荧光标记的 A、T、C、G)的 $2'$ 与 $3'$ 端不含羟基,其在 DNA 合成中不能合成磷酸二酯键,可以用来中断 DNA 合成,在四个 DNA 合成反应体系中分别加入一定比例带有放射性同位素标记的 dNTP,然后采用凝胶电泳法和放射自显影方法后,根据电泳带的位置确定待测分子的 DNA 序列。

优缺点:测序读长较大,准确性高,但是成本高昂,通量低,严重影响大规模应用。

### 2. 第二代 illumina(代表)技术

illumina 是目前最大的 NGS 测序仪公司,第二代测序技术以 illumina 的技术作为代表。

简介:第二代测序技术是在第一代的基础上进行了改进。

核心原理:(1) 构建 cDNA 文库,用超声波等方法将 DNA 打碎成 300～800 bp 的小片段,并在这些片段两端加上不同的接头。

(2) 测序流动槽是设计用来吸附 DNA 片段的,每一个槽称为一个 lane,每个 lane 表面都有接头,能和 DNA 两端的接头配对,并能在 lane 表面进行桥式扩增。

(3) 桥式 PCR。

(4) 测序。加入特殊处理过的脱氧核糖 A、T、C、G 四种碱基。特殊的地方有两点:一是脱氧核糖 3 号位加入了叠氮基团而不是常规的羟基,保证每次只能在序列上添加一个碱基;二是碱基部分加入了荧光基团,可以在测序过程中激发出不同的颜色,每一轮测序,保证只有一个碱基加入当前的测序链。这时测序仪会发出激发光,并扫描荧光,分析其荧光,即知结合的是一个核苷酸。去掉保护基团,重复上述步骤即可完成测序。

优缺点:测序读长较短,极大地提高了测序速度,降低了测序成本,为大规模应用打下基础,但是错误率高。

### 3. 第三代测序技术

简介:这是一个新的里程碑,以 PacBio 公司的 SMRT 和 Oxford Nanopore Technologies 的纳米孔单分子测序技术为标志。

核心原理:PacBio SMRT 技术其实也应用了边合成边测序的思想,并以 SMRT 芯片为测序载体。DNA 聚合酶和模板结合,用 4 色荧光标记 A、C、G、T 这 4 种碱基(即 dNTP)。在碱基的配对阶段,不同的碱基加入,会发出不同的光,根据光的波长与峰值可判断进入的碱基类型。Nanopore 技术的关键点在于他们设计了一种特殊纳米孔,孔内共价结合分子接头。当 DNA 分子通过纳米孔时,它们使电荷发生变化,从而短暂地影响流过纳米孔的电流强度(每种碱基所影响的电流变化幅度是不同的),最后高灵敏度的电子设备检测到这些变化从而鉴定所通过的碱基。

优缺点:与前两代相比,其最大的特点就是单分子测序,测序过程无需进行 PCR 扩增,读取长度超长;但该技术还不是很成熟,需要进一步优化,成本也偏高。

### 3.4.2　蛋白质组数据分析

蛋白质组学是尺寸特定系统内蛋白质集合及其相互作用的研究。蛋白质组研究本质上指的是在大规模水平上研究蛋白质的特征,包括蛋白质的表达水平、翻译后的修饰、蛋白质与蛋白质相互作用等,由此获得蛋白质水平上的关于疾病发生、细胞代谢等过程的整体而全面的认识,这个概念是在 1994 年由 Marc Wilkins 首次提出的。

蛋白质是生命活动的物质基础,是生命的执行者,因此研究蛋白质的重要性不言而喻。

蛋白质组学是后基因组时代的产物,作为中心法则的下游,其复杂程度远远超过基因组学。基因组是相对稳定的,而细胞和细胞之间的蛋白质组则是随蛋白质和基因以及环境的生物化学反应而变化的。同一生物在生物体不同部位、生命的不同时期以及不同的环境中,具有不同的蛋白质表达。高通量蛋白质组学测序的利器就是质谱仪。如果说测序仪是一把尺,测出基因碱基序列的顺序和长度,那么质谱仪就是一杆秤,称出蛋白质碎裂离子的质量。

进行蛋白质组学的研究,可从以下角度来分析:①哪些蛋白质? ②丰度如何? ③有何功能? ④在哪里作用? ⑤是否或如何互作? ⑥结构如何?

**1. 鉴定层面**

此处不再赘述,只介绍相关的数据库选择。一是综合性蛋白数据库,如 NCBI、Uniprot、Ensembl 等;二是特定物种的蛋白库,如拟南芥(TAIR)、水稻(RAPDB)、家蚕(silkdb)等;三是针对非模式生物,由已测序结果翻译而来的蛋白序列数据。

**2. 定量层面**

(1) 定量数据概括:

① 表达量层次聚类热图:在相似性的基础上对数据分组、归类。一般组内的数据模式相似性较高,组间相似性较低。

② 样品组间表达谱相关性分析:样本相关性热图。

③ PCA 分析:多个变量综合定量比较考察;对高维数据降维,减少复杂性,对样本进行分类及预测,分离信号和噪声,数据可视化。

(2) 趋势聚类分析:即将蛋白质根据表达趋势进行归类。趋势聚类后,可以结合层次聚类、共表达网络分析、功能分类、信号通路分类或染色体分析等方法进行更深入的挖掘,选择最佳时间、最佳浓度、最佳温度等。

(3) 统计学分析:差异蛋白筛选。

功能层面,根据相似性原理,具有相似序列的蛋白质也可能具有相似的功能,因此将 blast 所得的相似蛋白质的功能信息转嫁到目标蛋白质上,可辅助对于目标蛋白质尤其是研究程度不足的物种的目标蛋白质的功能注释。

对于蛋白质组学，以高分辨多级串联质谱为代表的质谱分析技术日趋稳定。通过收集海量的高分辨率一级质谱(MS)和二级质谱(MS/MS)数据，一些大规模的蛋白质组定性和定量分析工作已完成(Klauer，et al.，2006；Xu J，et al.，2010)。目前，蛋白质组学研究向着研究对象更全面(如全面的一级质谱数据独立获取(DIA)数据研究等)和研究规律更深入(如整合不同组学数据进行机制性研究等)的方向发展。尤为重要的是，随着高通量数据生成和系统化数据分析方法的日臻成熟，组学研究发展中的必然要求(如基于细胞内全组分多样性与相互作用的"全局性"分析要求、翻译后修饰等重要调控过程解析要求、表观型调控解析要求等)被提出，不同层面组学数据之间的融合分析变得益发重要与紧迫。

### 3.4.3　宏基因组数据分析

生物医学相关的微生物群落大数据分析和数据挖掘任务呈指数型增长趋势。首先，目前 NCBI、MG-RAST(Meyer，et al.，2008)以及 CAMERA(Seshadri，et al.，2007)中公开的宏基因组项目超过 10000 个，包含高达数百 TB 的数据。保守预计 2030 年国际上每年会有千万个相关数据分析任务(每个任务中的样本数量从个位数到上千个)，因此其科研和应用市场需求十分旺盛。其次，每个微生物群落大数据分析项目的数据量也在增加：宏基因组数据分析项目的平均数据量达到了 10 GB~1 TB 量级。如此巨大的数据量对数据分析的效率和准确性也提出了较高要求。

宏基因组研究领域已经初步建立了如 Greengenes(Desantis，et al.，2006)、SILVA(Pruesse，et al.，2007)和 RDP(Cole，et al.，2005)等大型特征序列数据库。同时，目前微生物群落研究领域存在一系列的包括所有分析步骤的分析流程，如面向宏基因组的 Phyloshop(Shah，et al.，2011)、QIIME(Caporaso，et al.，2010)等。另外一些大型微生物群落生物信息学研究网站正在快速发展，如 MG-RAST 和 CAMERA，这些网站通常包括大型的数据库和数据处理平台，为微生物群落研究和成果的分享提供一站式解决方案。

一个标准的宏基因组分析流程通常包括以下五个部分：① 样本的收集、处理及测序；② 对测序数据的预处理；③ 对微生物组进行分类学、功能组及其他基因组学分析；④ 统计学及生物学功能分析；⑤ 验证。

样本收集：宏基因组样本面临着环境复杂、个体多样等问题，如每个人的年龄、饮食习惯、居住环境、药物摄取(特别是抗生素)等的不同，导致其肠道内菌群结构可能有较大不同，当我们研究特定因素对人体生理的影响时，如果样本量较小，就可能带来统计学分析的不便，甚至会对实际产生影响的生物学因素产生误判。所以我们通常建议选取环境因素类似的个体，并进行追踪研究，以减少非微生物组带来的差异。

文库制备和测序：文库制备基本已是标准化流程，有很多成熟的试剂盒。测序平台的选择往往要依据实验目的而定，如果希望挖掘样本中低丰度的微生物信息，我们可能需要一个高通量、大数据的测序结果,Illumina 推出的 NextSeq、NovaSeq 平台通量可达 TB 级别;如果目的仅为分析样本中微生物的组分、谱系等,就可考虑经典的 MiSeq、HiSeq 平台。

拿到序列信息后,我们需要得到的是样本中微生物的种类、丰度,后续进行关联分析、功能学分析等。所以,分辨出种类是重中之重。目前常见的分析思路有两种:一种是基于序列拼接,重组微生物基因组;另一种则是直接将序列比对至已有的微生物基因组数据库。

对于大规模的微生物群落数据(原始数据量大于 1 TB),单台超级计算机无法完成分析任务,必须要超级计算机集群才能够完成分析任务。随着微生物群落数据样本呈指数增加,超级计算机集群也无法同时分析多个大规模的微生物群落数据。高效率地分析这些数据需要更加强劲的计算分析平台。微生物群落具有复杂的结构及多样性,其彼此间的相互作用关系、生化循环通路等无时无刻不影响着周边环境。宏观的生态学、营养学等手段已无法观察和定性,利用高通量测序技术解析宏基因组将成为研究的必备手段,相应的数据分析方法还需我们不断实践和改进。

## 3.4.4　单细胞数据分析

与宏基因组数据相比较而言,单细胞基因组数据分析中的单细胞数量使得其相关数据更为庞大。如美国单细胞基因组中心 SCGC 已测定超过 40 万个单细胞基因组,总数据量超过 100 TB。同时,单细胞基因组测序由于受到 MDA(multiple displacement amplification,多重置换扩增技术)等 DNA 扩增技术的影响,得到的测序深度具有高度不一致性(uneven distribution),使得相关基因组分析难度更大。再考虑到单细胞之间异质性和相关性质(如基因结构、基因表达等)分布情况不明等情况,单细胞数据分析面临着巨大的挑战。目前单细胞基因组数据分析方法不多,主要包括改进的 velvet 等基因组拼装方法、单细胞基因表达差异化分析方法等,还没有专门的方法来实现深入的单细胞异质化分析。

在单细胞数据分析方法方面,现有的单细胞表观型检测和单细胞测序的方法已经初步确定了其可行性,揭示了其深远意义。就软硬件架构而言,目前单细胞研究方法还局限于数量较少的单细胞,因此数据分析通过互相独立的 CPU 集群完成。但是由于此方向发展速度极快,已有迹象显示面向数百甚至上千个单细胞的数据分析时代已经来临。

## 3.4.5　生物医学图像数据分析

生物医学图像是在不同尺度上(即微观、宏观等)对人体的测量。它们具有多种成像模式(如 CT 扫描仪、超声波仪器等)来测量人体的物理特性(如辐射密度、X 射线的不透明度)。这些图像由领域专家(如放射科医师)分析,并用于临床(如诊断),对医生的决策具有很大影响。生物医学图像通常是体积图像(3D),并且有时具有额外的时间维度(4D)和/或多个通道(如多序列 MR 图像)。

长期以来,计算机视觉方法被用于自动分析生物医学图像。最近深度学习的出现取代了许多其他机器学习方法,因为它避免了因人工分析造成的错误。DLTK(Deep Learning Tool Kit)是用于医学成像的深度学习工具包,它扩展了 TensorFlow,以实现生物医学图像的深度学习。它提供了专业操作和功能、模型实现,以及教程和典型应用程序的代码示例。

随着光学成像仪器和高精度细胞操作技术的日臻进步,生物医学图像相关数据急剧积累,相关的图像处理技术也日新月异。随着美国和欧盟在脑科学等生物医学研究领域的再次投入,众多适应于 TB 级别的高通量、高精度的 2D 和 3D 医学图像处理方法被提出,相关应用潜力也逐步被认可。2012 年 Nature Methods 生物图像处理专辑,系统性地总结了现有高通量生物图像处理的方法,如通用的 ImageJ(Schneider, et al., 2012)和针对生物医学图像的 PhenoRipper(Rajaram, et al., 2012)等图像处理软件。从 2010 年左右开始,Nature Biotechnology、BMC Bioinformatics 等杂志开始搜集和整理生物图像数据及分析等方面的相关研究论文。生物医学图像数据处理发展迅猛,目前还缺乏公认的、标准化的生物医学图像存储和处理平台。

# 3.5　生物大数据研究经典案例分析

典型的生物医学数据包括癌症、个性化医疗等数据,其呈现形式包括单细胞、宏基因组数据等。所有这些数据存储于 NCBI 或 EBI 等大型通用数据库中。同时,随着高通量测序技术的发展和应用以及生物技术与信息技术的融合,NCBI 等大型通用数据库中生物医学数据类型和数据规模不断增大(见图 3-2)。

## 3.5.1　现有大型通用生物医学数据库

现有生物医学大型通用数据库包括美国 NCBI 的 GenBank、欧洲的 EBI、日本的 DD-BJ 等。某些特定数据或研究对象的数据库如 Uni-Prot(蛋白质数据库)、MG-RAST(微生物数据库)也正在快速发展(Jerrold H Z, 1999)。这些都是对生物信息数据进行管理、汇聚、分析和发布的大型数据库。近年来,随着高通量测序技术的发展,这些大型数据库数据量不断激增,如表 3-1 所示。

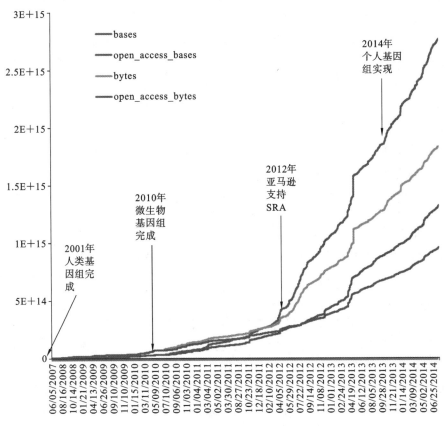

图 3-2　GenBank SRA 数据库近年数据量增长情况

表 3-1　现有大型通用数据库的数据量和项目数(截至 2014 年底)

| 数据库名称 | 数据库用途 | 数据量 | 项目数(估算) | 链 接 地 址 |
|---|---|---|---|---|
| GenBank SRA | 供公众自由读取的、带注释的 DNA 序列的总数据库 | ＞3000 TB | ＞25000 | www. ncbi. nlm. nih. gov/genbank |
| Uni-Prot | 蛋白质数据库 | ＞1000 TB | ＞20000 | www. uniprot. org |
| MG-RAST | 微生物数据库 | 52.49 TB | 18500 | metagenomics. anl. gov |
| TCGA | 癌症组学数据库 | 约 3000 GB | 约 131000(样本数) | cancergenome. nih. gov |

## 3.5.2　个人基因组以及个性化医疗

2008 年 11 月 6 日,《自然》杂志刊登了《第一个亚洲人基因组图谱》论文,封面名为

"你的生命掌握在你手中"（Wang J et al.，2008）。《第一个亚洲人基因组图谱》的完成是医学方面的重要成就，这意味着未来 5～10 年，一个人只需要花很少的费用就可以拥有自己的基因组图谱。可以预见，未来医生可以依据这个基因组图谱对病人进行更精确的诊断和治疗，也更有可能在发病前就进行必要的干预，甚至可以根据这个基因图谱为一个人单独设计药物。可以说这是"你的生命掌握在你自己手中""个人基因组时代已经来临"的先兆。基因组图谱结合对基因表达调控等与医学有关知识，可以对人类认识疾病的发病过程以及对疾病的抗性研究带来新思路。有了"基因组图谱"不仅对疾病治疗有作用，更重要的是在人发病前就可以干预这些疾病。因此，个人基因组是个性化医疗的基础，21 世纪将是"个性化医疗"的时代，在完成 1 万人的基因组图谱后，真正的个人基因组时代将到来。在 2014 年，只需 1000 美元就能实现个人基因组图谱的绘制（Hayden，2014）。可以预计，未来个人基因组图谱的绘制费用将越来越便宜，并有可能成为不少医院看病前的例行程序。

2012 年，斯坦福大学著名生物学家 Michael Snyder 教授等研究人员使用个人的基因组图谱，同时结合多个高通量生物技术定期监测人体的生理状态，尝试个性化医疗的可行性。他们提出综合个人组学图谱的概念，简称为 iPOP（integrative personal omics profile）。iPOP 对一个人进行长达 14 个月的医疗跟踪，除了基因组测序之外，期间通过血液样本对转录组、蛋白质组、代谢组、微生物宏基因组以及个体自身抗体分布进行测量，对包括 2 型糖尿病在内的各种医疗风险进行分析（Chen, et al.，2017）。分析结果展现了个人的健康和疾病状态的各种分子成分和生物通路的广泛动态的变化。这项研究表明，结合基因组图谱和各样动态的组学信息，可以解释一个人的健康和疾病状态。在整个实验的过程中，iPOP 产生了大量的高通量组学数据，在 20 个时间点监测了总共大约 30 亿个生物特征，对这些数据进行复杂的计算分析。可以预见，未来个性化医疗的广泛应用意味着需要对每一个人的基因组测序，同时定期地检测、计算分析各样的组学数据，根据分析的结果为每一个人提供个性化的防治、诊断和治疗。大量的高通量组学的数据将会产生，如何存储、分析和保护这些含有个人隐私的生物医学大数据，如何针对数据做医学上的诊断等，都是我们将要面对的挑战。

针对个性化医疗的浪潮，Snyder 总结了系统生物学正在改变现代的医疗系统：从以病征为主的疾病诊断和治疗，向基于个体特征的精确治疗转变。特别是高通量的 DNA 测序和质谱仪技术的进步，使得科学家和医疗人员能够对人体的细胞和组织、体液、身体的表皮以及排泄物等进行采样，非常准确地检测包括基因组、表观基因组（epigenome）、转录组、蛋白质组、新陈代谢组（metabolome）、免疫组（autoantibodyome）、微生物组（microbiome）以及环境组（envirome）等在内的详细的各种组学信息。综合这些信息不仅能使我们对一个人的健康状况有全局的了解，而且提供了一个能够个性化检测健康状况和提供疾病防治的新途径。如何设定样本采样和数据采集的标准，如何有效地利用、整合、计算分析这些数据将是未来最主要的挑战。

### 3.5.3　环境和人体微生物群落研究

人体微生物群落存在于人的皮肤、口腔、胃、肠道、血液等，与人体共生，对人的生理和营养有深远的影响。随着人类对于人体微生物群落研究的深入，越来越多以人体为宿主的体内和体外微生物群落被广泛研究，特别是人体肠道微生物群落等。据报道，约有100 万亿个细菌分布在人体内外，细菌含量约为自身体细胞的 9 倍，其携带的基因数目大约是人类的 1000 倍。某些细菌甚至在人体生理机能中作用突出，比如某些细菌能够有效帮助人体构筑免疫系统，有些细菌对促进食物消化不可或缺，还有的可以防止病原体引发潜在病变。与其说宏基因组在研究微生物菌群，不如说在研究人类"自身"。已有研究表明，人类许多疾病如疟疾、脑膜炎、败血症与致病菌或条件致病菌入侵有关。除此以外，也有一些黏膜类疾病与菌群失调有关，甚至某些精神类疾病如抑郁症患者，其肠道内菌群都出现了异变，可以说人体内外的微生物与人体健康息息相关。

目前，研究发现发炎性肠道疾病、肥胖症和 2 型糖尿病等病人的微生物和人体之间的动态平衡关系遭到破坏。美国国家卫生院（NIH）在 2008 年投入超过 1 亿美元的资金建立人体微生物基因组研究计划（human microbiome project），用于研究人体内微生物与人体健康的关系。这些微生物与人体共生（symbiosis），协助人体消化系统的运作，为人体提供必要的维生素，并在机体免疫方面发挥重要作用，能保护人体免受有害细菌的攻击（Collins，et al.，2001）。许多疾病的产生是由于这种共生的关系发生了变化。例如，美国华盛顿大学的研究小组在 2009 年发现，肥胖病人的肠道微生物的多样性比正常人明显减少（Schwiertz，et al.，2010）。近期的研究工作表明，肠道微生物菌群在母亲怀孕的过程中自适应转变，帮助母体产生更多的营养，同时可能导致母体在妊娠期体重增加，以及葡萄糖耐受度降低（Koren，et al.，2012）。在免疫系统里，微生物群落被证明会影响人体的初始 T 细胞群，说明微生物和人体的免疫系统共同进化（Turnbaugh，et al.，2008）。对人体发育而言，科学家证明生命早期的抗生素暴露会影响脂肪组织、肌肉和骨骼的长远发展。在临床医学上，微生物群落的移植也成功地成为治疗艰难梭菌（clostridium difficile）的主要方法。

我国在宏基因组方面的研究虽然起步较晚，但是发展却非常快速。以华大基因为代表，通过与欧洲 METAHIT CONSORTIUM 合作，对 124 例欧洲人肠道的微生物宏基因组测序分析（Qin J，et al.，2010），发现超过 300 万的不同基因，大多数的基因是以前未曾研究过的。在另一项对糖尿病人肠道宏基因组的研究中（Qin J，et al.，2012），发现糖尿病人肠道的宏基因组的多样性明显少于正常人肠道的宏基因组。

因此，可以预见在不远的未来，不论是人类生存环境，还是人类自身健康研究领域，将会产生大量的宏基因组的测序数据。如何存储、计算分析这些数据，如何利用这些数据为人类生存环境监控和个性化医疗提供信息，对人类未来的发展至关重要。

# 3.6 生物大数据研究趋势

纵观各行各业和各个研究领域,人类已进入大数据时代。大数据研究将传统的先验知识驱动的研究方法转变为数据驱动的研究,符合一般的技术创新、发展、成熟规律。具体到生物医学大数据而言,以下几个方面将体现出其数据驱动研究的巨大力量(见图 3-3)。

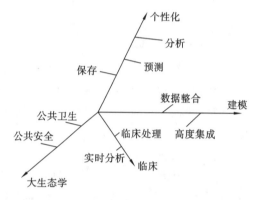

图 3-3　大数据驱动的生物医学研究方向

（1）生物医学数据的分布式产生、高度集成化分析和数据建模,涉及不同类型、不同尺度数据的深度整合:样本表型与基因型和元数据的整合,不同样本的整合,最后构建全方位数据模型。其中大数据整合将会是生物大数据的普适性难题,涉及数据格式、数据矛盾、数据索引等一系列问题(见图 3-4)。智能化的数据模型建模和分析将有助于加强

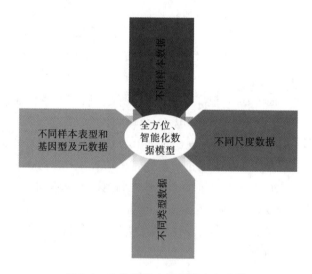

图 3-4　生物医学大数据整合和建模

理解并解决以上问题,是生物医学数据研究的一大热点。

(2)生物医学数据的实时分析和临床处理,涉及快速准确取样、数据挖掘和知识发现,以及临床处理或其他实时反馈,是生物医学数据研究的另一大热点(见图 3-5)。

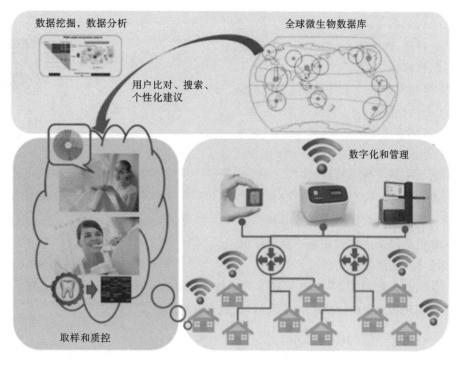

**图 3-5　生物医学大数据实时分析和反馈**

(3)生物医学数据的个性化分析、预测和安全保存(下一代电子病历)等具有极大的应用潜力。服务于"下一代电子病历"建设的生物医学大数据搜集和分析处理,一方面将会搜集来自海量样本的基因型和表观型数据,另一方面将会对相关数据进行整理和分析,进而提供个性化预测。同时对于个性化数据,将会涉及海量数据的安全保存问题。

(4)人体微生物群落研究也是生物医学大数据研究的一个重要方向。医学大数据不仅包括人体基因型和表型数据,还应包括人体微生物群落等数据和人体饮食、环境等元数据,一起构成大数据生态系统,共同服务于公共卫生和公共安全研究。

人体微生物群落对人体健康的作用可以分为以下几方面:① 通过宏基因组方法建立健全病原菌数据库,配合检测手段,对人体内外病原菌进行检测,找出患者症结所在;② 定期检测体内外微生物情况,结合宏基因组分析方法,提醒患者是否存在患病风险,及早干预,预防疾病发生;③ 通过宏基因组方法,发现有益菌,通过一系列改造,植入人体,提高免疫力;④ 面对日益紧张的公共卫生环境,及早检测城市环境中的有害菌,提出预防方案;⑤ 面对日益突出的恐怖主义袭击,做好应对细菌武器袭击的预案,只有宏基因组学发展到一定的层次才能够快速发现细菌武器的致病菌,并及时做好控制和治疗工作;⑥ 宏基因组学研究方法对于干细胞研究、癌症研究等基础医学研究可互相借鉴,共同发展。

# 习 题 3

1. 选择题(课堂完成,扫右边二维码做题)

2. 名词解释

(1) 生物大数据　　　(2) 宏基因组学

(3) 个性化医疗　　　(4) GenBank

(5) 单细胞测序　　　(6) 蛋白质组学

(7) 大数据　　　　　(8) 生物医学

3. 简述生物大数据的特点。

4. 现有大型通用生物医学数据库有哪些?

5. 生物医学大数据的来源有哪些?

6. 如何从海量生物大数据中获取价值?

7. 简述生物医学大数据的研究热点。

8. 什么是大数据的3V特征? 这一特征对大数据的计算过程带来了什么样的挑战?

9. 请简述相对于传统的统计学而言,大数据在思维方式上的主要变化。

# 第4章

# 生物大数据与概率统计模型

"老数据，如同葡萄酒，而老应用（application），则像鱼。"
"统计学是对令人困惑费解的问题做出数字设想的艺术。"

——D. Freedman

"成功的机器学习应用不是拥有最好的算法，而是拥有最多的数据！"

　　大数据的核心是利用数据蕴含的丰富价值，而机器学习是利用数据价值的关键技术。对于大数据而言，机器学习是不可或缺的。相反，对于机器学习而言，越多的数据越可能提升模型的精确性。因此，机器学习的兴盛也离不开大数据。大数据与机器学习是互相促进、相依相存的关系。机器学习与大数据紧密联系，但是大数据并不等同于机器学习，同理，机器学习也不等同于大数据。同时，复杂的机器学习算法的计算时间也迫切需要分布式计算与内存计算这样的关键技术。

　　机器学习与大数据的结合产生了巨大的价值。基于机器学习技术的发展，数据具有了"预测"功能。对人类而言，积累的经验越丰富，阅历越广泛，对未来的判断就越准确。例如，常说的"经验丰富"的人比"初出茅庐"的小伙子更有工作上的优势，就在于经验丰富的人获得的规律比他人更准确。而在机器学习领域，若干著名的实验有效地证实了机器学习的一个理论：即机器学习模型的数据越多，机器学习的预测的效率就越好。但数据并不一定一开始就能直接处理，图4-1展示了一般数据通常存在的问题。

　　本章是生物大数据统计分析的核心内容之一，包括大数据机器学习基础、贝叶斯推断（Bayesian inference）、隐马尔可夫模型（HMM）、最大似然推断（Maximum

| 数据通常存在的问题 | | |
|---|---|---|
| 名称 | 描述 | 原因 |
| 杂乱性 | 数据缺乏统一标准和定义，数据结构有较大的差异 | 原始数据一般是从各个实际应用系统中获取的(多种数据库、多种文件系统)，而这些系统的格式并不相同 |
| 重复性 | 指对于同一个客观事物在数据库中存在两个或两个以上完全相同的描述 | 由于业务的交叉和重叠，几乎所有系统中都存在数据的重复和信息的冗余现象 |
| 不完整性 | 大量的模糊信息，某些数据设置的随机性、数据的缺失等 | 实际系统设计时存在的缺陷以及一些使用过程中人为因素所造成的 |

图 4-1　数据通常存在的问题

likelihood inference)等方法的层层推进，配合翔实的用例，完整地介绍统计建模方面的知识。

# 4.1　大数据机器学习基础

远在古希腊时期，发明家就梦想着创造能自主思考的机器。当人类第一次构思可编程计算机时，就已经在思考计算机能否变得智能(尽管此时距造出第一台计算机还有一百多年)。如今，人工智能(artificial intelligence, AI)已经成为一个具有众多实际应用和活跃研究课题的领域，并且正在蓬勃发展。我们期望通过智能软件自动地处理常规劳动、理解语音或图像、帮助医学诊断和支持基础科学研究。

机器学习是英文名称 machine learning(简称 ML)的直译，在计算界 Machine 一般指计算机。传统上如果我们想让计算机工作，首先给它一串指令，然后它遵照这个指令一步步执行下去。但机器学习接收的是输入的数据，也就是说，机器学习是一种让计算机利用数据而不是指令来进行各种工作的方法。"统计"思想将在学习"机器学习"相关理论时无时无刻不伴随，相关而不是因果的概念将是支撑机器学习能够工作的核心概念。

从广义上来说，机器学习是一种能够赋予机器学习的能力，以此让它完成直接编程无法完成的功能的方法。但从实践的意义上来说，机器学习是一种通过利用数据，训练出模型，然后使用模型预测的一种方法。人类在成长、生活过程中积累了很多的历史与经验，人类定期地对这些经验进行"归纳"，获得了生活的"规律"。当人类遇到未知的问题或者需要对未来进行"推测"的时候，人类使用这些"规律"，对未知问题与未来进行"推测"，从而指导自己的生活和工作。机器学习中的"训练"与"预测"过程可以对应到人类的"归纳"和"推测"过程。通过这样的对应，我们可以发现，机器学习的思想并不复杂，仅仅是对人类在生活和学习成长的一个模拟，如图 4-2 所示。由于机器学习不是基于编程形成的结果,因此它的处理过程不是因果的逻辑,而是通过归纳思想得出的相关性结论。

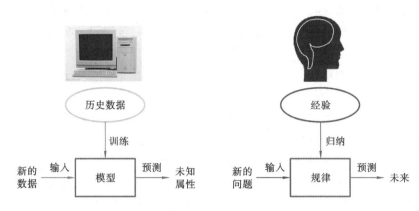

**图 4-2　机器学习与人类思考的类比**

机器学习与人类思考的经验过程是类似的,不过它能考虑更多的情况,执行更加复杂的计算。事实上,机器学习的一个主要目的就是把人类思考、归纳经验的过程转化为计算机通过对数据的处理计算得出模型的过程。经过计算机得出的模型能够以近似于人的方式解决很多灵活复杂的问题。

机器学习算法的本质是找到一个目标函数 $f$,使其成为输入变量 $x$ 到输出变量 $Y$ 之间的最佳映射:$Y = f(x)$。这是最常见的学习任务,给定任意新的输入变量 $x$,我们就能预测出输出变量 $Y$ 的值。因为不知道目标函数 $f$ 的形式或样子,所以才要机器去把它找出来;否则,我们就可以直接用目标函数来进行预测,而不需要通过机器学习算法来学习数据。最常见的机器学习类型就是找到最佳映射 $Y = f(x)$,并以此来预测新 $x$ 所对应的 $Y$ 值。这一过程称为预测建模或预测分析,目标是尽可能得出最为准确的预测。

机器学习的完整过程如下:首先需要在计算机中存储历史的数据;然后将这些数据通过机器学习算法进行处理,这个过程在机器学习中叫"训练",处理的结果可以被用来对新的数据进行预测,这个结果一般称为"模型"。对新数据的预测过程在机器学习中叫"预测"。"训练"与"预测"是机器学习的两个过程,"模型"则是过程的中间输出结果,"训练"产生"模型","模型"指导"预测"。

## 4.1.1　数据挖掘

数据挖掘(Data Mining)=机器学习+数据库。数据挖掘可以从大量的数据中提取隐藏在其中的,事先不知道的但潜在有用的信息。但实际上并不是每个数据都能挖掘出有用的信息,而一个系统也不会仅仅因为增加某个数据挖掘模块而变得无所不能,恰恰相反,一个拥有数据挖掘思维的人员才是关键,而且他还必须对数据有深刻的认识,这样才有可能从数据中导出模式来改善工作。大部分数据挖掘算法是机器学习算法在数据库中的优化。

数据挖掘从一个新的视角将数据库技术、统计学、机器学习、信息检索技术、数据可视化和模式识别与人工智能等领域有机结合起来,它结合了各个领域的优点,因而能从数据中挖掘到运用其他传统方法不能发现的有用知识。一般来说,统计特征只能反映数据的极少量信息。简单的统计分析可以帮助我们了解数据,如果希望对大数据进行逐个的、更深层次的探索,总结出规律和模型,则需要更加智能的基于机器学习的数据分析方法。

目前数据挖掘的主要功能包括概念描述、关联分析、分类、聚类和偏差检测等,用于描述对象内涵、概括对象特征、发现数据规律、检测异常数据等。一般来说,数据挖掘过程有五个步骤,即确定挖掘目的、数据准备、进行数据挖掘、结果分析、知识的同化。

随着大数据时代的来临,各行各业所积累的数据呈爆炸式增长,数据挖掘在各个领域的需求将会越来越强烈,与各个专业领域的结合也将会越来越广泛。无论是在科学领域还是工程领域、理论研究还是现实生活中,数据挖掘都将有着极为广阔的发展前景。

## 4.1.2  统计学习

统计学习近似于机器学习。统计学习是一门与机器学习高度重叠的学科。因为机器学习中的大多数方法来自统计学,甚至可以认为,统计学的发展促进机器学习的发展。例如,支持向量机算法就是源自统计学科。但是在某种程度上二者是有区别的,这个区别在于:统计学习者重点关注的是统计模型的发展与优化,偏数学;而机器学习者更关注的是解决问题,偏实践。因此,机器学习研究者会重点研究学习算法在计算机上执行的效率与准确性的提升。

数据是统计学习的对象。统计学习中关于数据的基本假设是同类数据具有一定的统计规律性,这是统计学习的前提。这些数据具有某种共同的性质,并且由于具有统计规律性,因此可以用统计学习方法来加以处理。预测与分析是统计学习的目的,特别是对于未知新数据进行预测与分析。统计学习方法概括如下:从给定的、有限的、用于学习的训练数据集合出发,假设数据是独立同分布产生的;并且假设要学习的模型属于某个函数的集合,称为假设空间;应用于某个评价准则,从假设空间中选取一个最优的模型,使它对已知训练数据及未知测试数据在给定的评价准则中有最优的预测;最优模型的选取由算法实现。

实现统计学习方法的步骤如下:

(1)得到一个有限的训练数据集合;

(2)确定包含所有可能的模型的假设空间,即学习模型的集合;

(3)确定模型选择的准则,即学习的策略;

(4)实现求解最优模型的算法,即学习的算法;

(5)通过学习方法选择最优模型;

(6)利用学习的最优模型对新数据进行预测或分析。

## 4.2　隐马尔可夫模型(Hidden Markov Model,HMM)及其应用

### 4.2.1　贝叶斯推断

朴素贝叶斯法是基于贝叶斯定理与特征条件独立假设的分类方法。对于给定的训练数据集,首先基于特征条件独立假设学习输入/输出的联合概率分布;然后基于此模型,对给定的输入 $x$,利用贝叶斯定理求出后验概率最大的输出 $y$。朴素贝叶斯法实现简单,学习与预测的效率都很高,是一种常用的方法。

设输入空间 $\chi \subseteq \mathbf{R}^n$ 为 $n$ 维向量的集合,输出空间为类标记集合 $\gamma = \{c_1, c_2, \cdots, c_k\}$。输入为特征向量 $x \in \chi$,输出为类标记(class label) $y \in \gamma$。$X$ 是定义在输入空间 $\chi$ 上的随机向量,$Y$ 是定义在输出空间 $\gamma$ 上的随机变量。$P(X, Y)$ 是 $X$ 和 $Y$ 的联合概率分布。训练数据集

$$T = \{(x_1, y_1), (x_2, y_2), \cdots, (x_N, y_N)\}$$

由 $P(X, Y)$ 独立同分布产生。

朴素贝叶斯法通过训练数据集学习联合概率分布 $P(X, Y)$。具体地,学习以下先验概率分布及条件分布。先验概率分布为

$$P(Y = c_k), \quad k = 1, 2, \cdots, K \tag{4.1}$$

条件概率分布为

$$P(X = x | Y = c_k) = p(X^{(1)} = x^{(1)}, \cdots, X^{(n)} = x^{(n)} | Y = c_k), \quad k = 1, 2, \cdots, K \tag{4.2}$$

于是学习到联合概率分布 $P(X, Y)$。

条件概率分布 $P(X = x | Y = c_k)$ 有指数级数量的参数,其估计实际上是不可行的。事实上,假设 $x^{(j)}$ 可取值有 $S_j$ 个,$j = 1, 2, \cdots, n$,$Y$ 可取值有 $K$ 个,那么参数个数为 $K \prod_{j=1}^{n} S_j$。

朴素贝叶斯法对条件概率分布作了条件独立性假设。由于这是一个较强的假设,朴素贝叶斯法也由此得名。具体地,条件独立性假设是

$$P(X = x | Y = c_k) = p(X^{(1)} = x^{(1)}, \cdots, x^{(n)} = x^{(n)} | Y = c_k)$$

$$= \prod_{j=1}^{n} P(X^{(j)} = x^{(j)} | Y = c_k) \tag{4.3}$$

朴素贝叶斯法实际上学习到生成数据的机制,所以属于生成模型。条件独立假设等于是说用于分类的特征在类确定的条件下都是条件独立的。这一假设使朴素贝叶斯法

变得简单，但有时会牺牲一定的分类准确率。

朴素贝叶斯法分类时，对给定的输入 $x$，通过学习到的模型计算后验概率分布 $P(Y=c_k|X=x)$，将后验概率最大的类作为 $x$ 的类输出。后验概率计算根据贝叶斯定理进行：

$$P(Y=c_k \mid X=x)=\frac{P(X=x \mid Y=c_k)P(Y=c_k)}{\sum\limits_k P(X=x \mid Y=c_k)P(Y=c_k)} \tag{4.4}$$

将式(4.3)代入式(4.4)，有

$$P(Y=c_k \mid X=x)=\frac{P(Y=c_k)\prod\limits_j P(X^{(j)}=x^{(j)} \mid Y=c_k)}{\sum\limits_k P(Y=c_k)\prod\limits_j P(X^{(j)}=x^{(j)} \mid Y=c_k)}, \quad k=1,2,\cdots,K$$

$$\tag{4.5}$$

这是朴素贝叶斯法分类的基本公式。于是，朴素贝叶斯分类器可表示为

$$y=f(x)=\arg\max_{c_k}\frac{P(Y=c_k)\prod\limits_j P(X^{(j)}=x^{(j)} \mid Y=c_k)}{\sum\limits_k P(Y=c_k)\prod\limits_j P(X^{(j)}=x^{(j)} \mid Y=c_k)} \tag{4.6}$$

注意到，在上式中分母对所有 $c_k$ 都是相同的，所以

$$y=\arg\max_{c_k} P(Y=c_k)\prod\limits_j P(X^{(j)}=x^{(j)} \mid Y=c_k) \tag{4.7}$$

在朴素贝叶斯法中，学习意味着估计 $P(Y=c_k)$ 和 $P(X^{(j)}=x^{(j)}|Y=c_k)$。可以应用最大似然估计法估计相应的概率。先验概率 $P(Y=c_k)$ 的最大似然估计为

$$P(Y=c_k)=\frac{\sum\limits_{i=1}^N I(y_i=c_k)}{N}, \quad k=1,2,\cdots,K \tag{4.8}$$

设第 $j$ 个特征 $X^{(j)}$ 可能取值的集合为 $\{a_{j1},a_{j2},\cdots,a_{jS_j}\}$，条件概率 $P(X^{(j)}=a_{jl}|Y=c_k)$ 的极大似然估计为

$$P(X^{(j)}=a_{jl} \mid Y=c_k)=\frac{\sum\limits_{i=1}^N I(x_i^{(j)}=a_{jl},y_i=c_k)}{\sum\limits_{i=1}^N I(y_i=c_k)}$$

$$j=1,2,\cdots,n; l=1,2,\cdots,S_j; k=1,2,\cdots,K \tag{4.9}$$

式中：$x_i^{(j)}$ 是第 $i$ 个样本的第 $j$ 个特征；$a_{jl}$ 是第 $j$ 个特征可能取的第 $l$ 个值；$I$ 为指示函数。

在直接使用最大似然估计法时，需要注意，若某个属性值在训练集中没有与某个类同时出现，则直接基于之前的公式进行概率估计，再进行判别将出现的问题。例如，当我们判断一个人是否感冒，给出的属性包含：年龄＝{少年，中年，老年}；是否头痛＝{是，否}。如果当前我们的训练集中没有包含少年人群的数据，而此时来了一个新的数据是少年且头痛，那么

$$P_{少年|感冒}=P(年龄＝少年|是否感冒＝是)=0$$

上式等于 0 的原因就是我们的训练数据集中没有"年龄＝少年"的数据。但经验告诉我们,少年头痛且很有可能会感冒,这显然不太合理。

解决这一问题的方法是采用贝叶斯估计。具体地,条件概率的贝叶斯估计为

$$P_\lambda(X^{(j)} = a_{jl} \mid Y = c_k) = \frac{\sum_{i=1}^{N} I(x_i^{(j)} = a_{jl}, y_i = c_k) + \lambda}{\sum_{i=1}^{N} I(y_i = c_k) + S_j\lambda} \tag{4.10}$$

式中:$\lambda \geqslant 0$。等价于在随机变量各个取值的频数上赋予一个正数 $\lambda > 0$。当 $\lambda = 0$ 时,就是最大似然估计。常取 $\lambda = 1$,这时称为拉普拉斯平滑(Laplacian smoothing)。显然,对任何 $l = 1, 2, \cdots, S_j, k = 1, 2, \cdots, K$,有

$$P_\lambda(X^{(j)} = a_{jl} \mid Y = c_k) > 0 \tag{4.11}$$

$$\sum_{l=1}^{S_j} P(X^{(j)} = a_{jl} \mid Y = c_k) = 1 \tag{4.12}$$

表明式(4.10)确为一种概率分布。同样,先验概率的贝叶斯估计为

$$P_\lambda(Y = c_k) = \frac{\sum_{i=1}^{N} I(y_i = c_k) + \lambda}{N + K\lambda} \tag{4.13}$$

## 4.2.2　马尔可夫模型

马尔可夫模型(Markov model)是一种统计模型,广泛应用在语音识别、词性自动标注、音字转换、概率文法等各个自然语言处理等应用领域。经过长期发展,尤其是在语音识别中的成功应用,使它成为一种通用的统计工具。随机过程最早是用于统计物理学的数学方法,研究空间粒子的随机运动。后来随机过程应用的领域越来越广。这里介绍随机过程的一种——马尔可夫链模型。

马尔可夫的无后效性:系统在 $t > t_0$ 时刻所处的状态与系统在 $t_0$ 时刻以前的状态无关,这就是马尔可夫性或者无后效性。

马尔可夫模型具体公式描述如下:

设有随机过程 $\{x_n\}$,$n$ 为整数,对于任意 $n$ 和 $i_0, i_1, \cdots, i_n$,满足条件概率

$$P\{x_{n+1} = i_{n+1} \mid x_0 = i_0, \cdots, x_n = i_n\} = P\{x_{n+1} = i_{n+1} \mid x_n = i_n\} \tag{4.14}$$

就称为马尔可夫链,简称马氏链(Markov Chain)。

马氏链的最初应用如图 4-3 所示。

下面是一个马尔可夫模型在天气预测方面的简单例子。如果第一天是雨天,第二天还是雨天的概率是 0.8,是晴天的概率是 0.2;如果第一天是晴天,第二天还是晴天的概率是 0.6,是雨天的概率是 0.4。问:如果第一天下雨了,第二天仍然是雨天的概率,第十天是晴天的概率;经过很长一段时间后雨天、晴天的概率分别是多少?

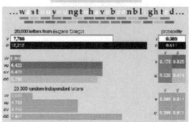
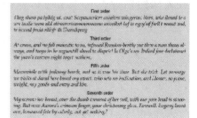

普希金诗作　　　　基于统计，确定转移概率参数　　　　马氏链作诗
《叶甫盖尼·奥涅金》

图 4-3　马尔可夫设计马氏链的最初应用（本质上就是机器学习）

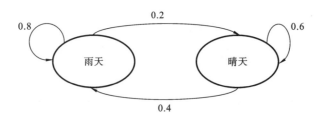

首先构建转移概率矩阵：

| 雨天 | 晴天 | |
|------|------|------|
| 0.8 | 0.4 | 雨天 |
| 0.2 | 0.6 | 晴天 |

每列和为 1，分别对雨天、晴天构建转移概率矩阵，$\boldsymbol{A} = \begin{pmatrix} 0.8 & 0.4 \\ 0.2 & 0.6 \end{pmatrix}$。初始状态第一

天是雨天，记为 $\boldsymbol{P}_0 = \begin{pmatrix} 1 \\ 0 \end{pmatrix}$，这里 1 和 0 分别对应于雨天、晴天。

初始条件：第一天是雨天，第二天仍然是雨天（记为 $\boldsymbol{P}_1$）的概率为：$\boldsymbol{P}_1 = \boldsymbol{A} \times \boldsymbol{P}_0$，得到 $\boldsymbol{P}_1 = (0.8 \quad 0.2)$，正好满足题干第一天是雨天，第二天还是雨天概率为 0.8。下面计算第十天（记为 $\boldsymbol{P}_9$）是晴天的概率：$\boldsymbol{P}_9 = \boldsymbol{A} \times \boldsymbol{P}_8 = \cdots = \boldsymbol{A}^9 \times \boldsymbol{P}_0$，算得 $\boldsymbol{P}_9 = (0.6668 \quad 0.3332)$，即第十天为雨天的概率为 0.6668，为晴天的概率为 0.3332。

下面计算经过很长一段时间后雨天、晴天的概率：

$$P_n = A^n \times P_0$$

直接计算 $A$ 的 $n$ 次方显然不行,任意一个可逆矩阵 $A$ 总可以化为 $TD^nT^{-1}$ 形式。其中,$T$ 为 $A$ 的特征值对应的两个特征向量组成的矩阵,这两个特征向量分别为 $\begin{bmatrix} 2 \\ 1 \end{bmatrix}$、$\begin{bmatrix} 1 \\ -1 \end{bmatrix}$。$D$ 为一个对角矩阵 $\begin{bmatrix} 1 & 0 \\ 0 & 0.4 \end{bmatrix}$,那么

$$P_n = A^n \times P_0 = TD^nT^{-1}P_0 = \frac{1}{3}\begin{bmatrix} 2 & 1 \\ 1 & -1 \end{bmatrix}\begin{bmatrix} 1 & 0 \\ 0 & 0.4^n \end{bmatrix}\begin{bmatrix} 1 & 1 \\ 1 & -2 \end{bmatrix}\begin{bmatrix} 1 \\ 0 \end{bmatrix}$$

$$= \frac{1}{3}(2 + 0.4^n \quad 1 - 0.4^n)$$

显然,当 $n$ 趋于无穷即很长一段时间以后,$P_n = (0.67 \quad 0.33)$,即雨天概率为 $0.67$,晴天概率为 $0.33$。并且初始状态如果是 $P_0 = \begin{bmatrix} 0 \\ 1 \end{bmatrix}$,最后结果仍然是 $P_n = (0.67 \quad 0.33)$。这表明,马尔可夫过程与初始状态无关,而与转移矩阵有关。

## 4.2.3　隐马尔可夫模型

**1. 隐马尔可夫模型的定义**

隐马尔可夫模型(HMM)是可用于标注问题的统计学习模型,描述由隐藏的马尔可夫链随机生成观测序列的过程,属于生成模型。隐马尔可夫模型是关于时序的概率模型,描述由一个隐藏的马尔可夫链随机生成不可观测的状态随机序列,再由各个状态生成一个观测从而产生观测随机序列的过程。隐藏的马尔可夫链随机生成的状态的序列,称为状态序列(state sequence);每个状态生成一个观测,而由此产生的观测的随机序列,称为观测序列(observation sequence)。序列的每一个位置又可以看作是一个时刻。

隐马尔可夫模型由初始概率分布、状态转移概率分布以及观测概率分布确定。隐马尔可夫模型的定义如下:

设 $Q$ 是所有可能的状态的集合,$V$ 是所有可能的观测的集合:

$$Q = \{q_1, q_2, \cdots, q_N\}, \quad V = \{v_1, v_2, \cdots, v_M\}$$

其中,$N$ 是可能的状态数,$M$ 是可能的观测数。

$I$ 是长度为 $T$ 的状态序列,$O$ 是对应的观测序列:

$$I = (i_1, i_2, \cdots, i_T), \quad O = (o_1, o_2, \cdots, o_T)$$

$A$ 是状态转移矩阵:

$$A = [a_{ij}]_{N \times N}$$

其中,

$$a_{ij} = P(i_{t+1} = q_j \mid i_t = q_i), \quad i = 1, 2, \cdots, N; j = 1, 2, \cdots, N$$

是在时刻 $t$ 处于状态 $q_i$ 的条件下在时刻 $t+1$ 转移到状态 $q_j$ 的概率。

**B** 是观测概率矩阵:

$$\boldsymbol{B} = \left[ b_j(k) \right]_{N \times M}$$

其中,

$$b_j(k) = P(o_t = v_k | i_t = q_j), \quad k = 1,2,\cdots,M; j = 1,2,\cdots,N$$

是在时刻 $t$ 处于状态 $q_j$ 的条件下生成观测 $v_k$ 的概率。

**π** 是初始状态概率向量:

$$\boldsymbol{\pi} = (\pi_i)$$

其中,

$$\pi_i = P(i_1 = q_i), \quad i = 1,2,\cdots,N \tag{4.15}$$

是时刻 $t=1$ 处于状态 $q_i$ 的概率。

隐马尔可夫模型由初始状态概率向量 **π**、状态转移概率矩阵 **A** 和观测概率矩阵 **B** 决定。**π** 和 **A** 决定状态序列,**B** 决定观测序列。因此,隐马尔可夫模型 $\lambda$ 可以用三元符号表示,即

$$\lambda = (\boldsymbol{A}, \boldsymbol{B}, \boldsymbol{\pi}) \tag{4.16}$$

$\boldsymbol{A}, \boldsymbol{B}, \boldsymbol{\pi}$ 称为隐马尔可夫模型的三要素。

状态转移概率矩阵 **A** 与初始状态概率向量 **π** 确定了隐藏的马尔可夫链,生成不可观测序列。观测概率矩阵 **B** 确定了如何从状态生成观测,与状态序列综合确定了如何产生观测序列。

从定义可知,隐马尔可夫模型作了两个基本假设:

(1) 齐次马尔可夫性假设,即假设隐藏的马尔可夫链在任意时刻 $t$ 的状态只依赖于其前一时刻的状态,与其他时刻的状态及观测无关,也与时刻 $t$ 无关:

$$P(i_t | i_{t-1}, o_{t-1}, \cdots, i_1, o_1) = P(i_t | i_{t-1}), \quad t = 1,2,\cdots,T \tag{4.17}$$

(2) 观测独立性假设,即假设任意时刻的观测只依赖于该时刻的马尔可夫链的状态,与其他观测及状态无关:

$$P(o_t | i_T, o_T, i_{T-1}, o_{T-1}, \cdots, i_{t+1}, o_{t+1}, i_t, i_{t-1}, o_{t-1}, \cdots, i_1, o_1) = P(o_t | i_t) \tag{4.18}$$

隐马尔可夫模型可以用于标注,这时状态对应着标记。标注问题是给定观测的序列预测其对应的标记序列。可以假设标注问题的数据是由隐马尔可夫模型生成的。这样我们可以利用隐马尔可夫模型的学习与预测算法进行标注。

下面介绍一个隐马尔可夫模型的例子。

【例 4.1】 假设有 4 个盒子,每个盒子里都装有红、白两种颜色的球,盒子里的红、白球数由下表给出。

| | 盒　子 | | | |
|---|---|---|---|---|
| | 1 | 2 | 3 | 4 |
| 红球数 | 5 | 3 | 6 | 8 |
| 白球数 | 5 | 7 | 4 | 2 |

按照下面的方法抽球,产生一个球的颜色的观测序列:

首先,从 4 个盒子里以等概率随机选取一个盒子,从这个盒子里随机抽出 1 个球,记下其颜色后放回;

然后,从当前盒子随机转移到下一个盒子,规则是:如果当前盒子是盒子 1,那么下一个盒子一定是盒子 2;如果当前是盒子 2 或 3,那么分别以概率 0.4 和 0.6 转移到左边或右边的盒子;如果当前是盒子 4,那么各以 0.5 的概率停留在盒子 4 或转移到盒子 3;

确定转移的盒子后,再从这个盒子里随机抽出 1 个球,记录其颜色,放回;

如此下去,重复进行 5 次,得到一个球的颜色的观测序列:

$$O=(红,红,白,白,红)$$

在这个过程中,观察者只能观测到球的颜色的序列,观测不到球是从哪个盒子取出的,即观测不到盒子的序列。

在这个例子中有两个随机序列:一个是盒子的序列(状态序列);另一个是球的颜色的序列(观测序列)。前者是隐藏的,只有后者是可观测的。这是一个隐马尔可夫模型的例子。根据所给条件,可以明确状态集合、观测集合、序列长度以及模型的三要素。

盒子对应状态,状态的集合是:

$$Q=\{盒子 1,盒子 2,盒子 3,盒子 4\}, \quad N=4$$

球的颜色对应观测,观测的集合是:

$$V=\{红,白\}, \quad M=2$$

状态序列和观测序列长度 $T=5$。

初始概率分布为

$$\boldsymbol{\pi}=(0.25,0.25,0.25,0.25)^{\mathrm{T}}$$

状态转移概率矩阵为

$$\boldsymbol{A}=\begin{bmatrix} 0 & 1 & 0 & 0 \\ 0.4 & 0 & 0.6 & 0 \\ 0 & 0.4 & 0 & 0.6 \\ 0 & 0 & 0.5 & 0.5 \end{bmatrix}$$

观测概率矩阵为

$$\boldsymbol{B}=\begin{bmatrix} 0.5 & 0.5 \\ 0.3 & 0.7 \\ 0.6 & 0.4 \\ 0.8 & 0.2 \end{bmatrix}$$

**2. 观测序列的生成过程**

根据隐马尔可夫模型定义,可以将一个长度为 $T$ 的观测序列 $O=(o_1,o_2,\cdots,o_T)$ 的生成过程描述如下。

输入:隐马尔可夫模型 $\lambda=(\boldsymbol{A},\boldsymbol{B},\boldsymbol{\pi})$,观测序列长度为 $T$;

输出:观测序列 $O=(o_1,o_2,\cdots,o_T)$。

(1) 按照初始状态分布 $\boldsymbol{\pi}$ 产生状态 $i_1$;

(2) 令 $t=1$;

(3) 按照状态 $i_t$ 的观测概率分布 $b_{i_t}(k)$ 生成 $o_t$;

(4) 按照状态 $i_t$ 的状态转移概率分布 $\{a_{i_t i_{t+1}}\}$ 产生状态 $i_{t+1}$,$i_{t+1}=1,2,\cdots,N$;

(5) 令 $t=t+1$,如果 $t<T$,转步骤(3);否则,终止。

### 3. 隐马尔可夫模型的 3 个基本问题

隐马尔可夫模型有 3 个基本问题:

(1) 概率计算问题。给定模型 $\lambda=(\boldsymbol{A},\boldsymbol{B},\boldsymbol{\pi})$ 和观测序列 $O=(o_1,o_2,\cdots,o_T)$,计算在模型 $\lambda$ 下观测序列 $O$ 出现的概率 $P(O|\lambda)$。

(2) 学习问题。已知观测序列 $O=(o_1,o_2,\cdots,o_T)$,估计模型 $\lambda=(\boldsymbol{A},\boldsymbol{B},\boldsymbol{\pi})$,使得在该模型下观测序列概率 $P(O|\lambda)$ 最大,即用最大似然法估计的方法估计参数。

(3) 预测问题,也称为解码(decoding)问题。已知模型 $\lambda=(\boldsymbol{A},\boldsymbol{B},\boldsymbol{\pi})$ 和观测序列 $O=(o_1,o_2,\cdots,o_T)$,求对给定观测序列条件概率 $P(I|O)$ 最大的状态序列 $I=(i_1,i_2,\cdots,i_T)$。即给定观测序列,求最有可能对应的状态序列。

下面将逐一介绍这些基本问题的解法。

1) 概率计算问题

本小节介绍计算观测序列概率 $P(O|\lambda)$ 的前向(forward)与后向(backward)算法。首先介绍概念上可行但计算上不可行的直接计算法。

(1) 直接计算法。

给定模型 $\lambda=(\boldsymbol{A},\boldsymbol{B},\boldsymbol{\pi})$ 和观测序列 $O=(o_1,o_2,\cdots,o_T)$,计算观测序列 $O$ 出现的概率 $P(O|\lambda)$。最直接的方法是按概率公式直接计算。通过列举所有可能的长度为 $T$ 的状态序列 $I=(i_1,i_2,\cdots,i_T)$,求各个状态序列 $I$ 与观测序列 $O=(o_1,o_2,\cdots,o_T)$ 的联合概率 $P(O,I|\lambda)$,然后对所有可能的状态序列求和,得到 $P(O|\lambda)$。

状态序列 $I=(i_1,i_2,\cdots,i_T)$ 的概率为

$$P(I|\lambda)=\pi_{i_1}a_{i_1 i_2}a_{i_2 i_3}\cdots a_{i_{T-1} i_T} \tag{4.19}$$

对固定的状态序列 $I=(i_1,i_2,\cdots,i_T)$,观测序列 $O=(o_1,o_2,\cdots,o_T)$ 的概率为

$$P(O|I,\lambda)=b_{i_1}(o_1)b_{i_2}(o_2)\cdots b_{i_T}(o_T) \tag{4.20}$$

$O$ 和 $I$ 同时出现的联合概率为

$$P(O,I|\lambda)=P(O|I,\lambda)P(I|\lambda)=\pi_{i_1}b_{i_1}(o_1)a_{i_1 i_2}b_{i_2}(o_2)\cdots a_{i_{T-1} i_T}b_{i_T}(o_T) \tag{4.21}$$

对所有可能的状态序列 $I$ 求和,得到观测序列 $O$ 的概率 $P(O|\lambda)$,即

$$P(O|\lambda)=\sum_I P(O|I,\lambda)P(I|\lambda)=\sum_{i_1,i_2,\cdots,i_T}\pi_{i_1}b_{i_1}(o_1)a_{i_1 i_2}b_{i_2}(o_2)\cdots a_{i_{T-1} i_T}b_{i_T}(o_T)$$

$$\tag{4.22}$$

但是,利用式(4.22)的计算量很大,是 $O(TN^T)$ 阶的,这种算法不可行。

下面介绍计算观测序列概率 $P(O|\lambda)$ 的有效算法,即前向-后向算法(forward-backward algorithm)。

（2）前向算法。

首先定义前向概率。

**前向概率**　给定隐马尔可夫模型 $\lambda$，定义到时刻 $t$ 部分观测序列为 $o_1, o_2, \cdots, o_t$ 且状态为 $q_i$ 的概率为前向概率，记作

$$\alpha_t(i) = P(o_1, o_2, \cdots, o_t, i_t = q_i | \lambda) \tag{4.23}$$

可以递进地求得前向概率 $\alpha_t(i)$ 及观测序列概率 $P(O|\lambda)$。

观测序列概率的前向算法：

输入：隐马尔可夫模型 $\lambda$，观测序列 $O$；

输出：观测序列概率 $P(O|\lambda)$。

① 初值

$$\alpha_1(i) = \pi_i b_i(o_1), \quad i = 1, 2, \cdots, N \tag{4.24}$$

② 递推　对 $t = 1, 2, \cdots, T-1$，

$$\alpha_{t+1}(i) = \Big[ \sum_{j=1}^{N} \alpha_t(j) a_{ji} \Big] b_i(o_{t+1}), \quad i = 1, 2, \cdots, N \tag{4.25}$$

③ 终止

$$P(O|\lambda) = \sum_{i=1}^{N} \alpha_T(i) \tag{4.26}$$

步骤①初始化前向概率，是初始时刻的状态 $i_1 = q_i$ 和观测 $o_1$ 的联合概率。步骤②是前向概率的递推公式，计算到时刻 $t+1$ 部分观测序列为 $o_1, o_2, \cdots, o_t, o_{t+1}$ 且在时刻 $t+1$ 处于状态 $q_i$ 的前向概率，如图 4-4 所示。在式 (4.25) 的中括号里，既然 $\alpha_t(j)$ 是时刻 $t$ 观测到 $o_1, o_2, \cdots, o_t$ 并在时刻 $t$ 处于状态 $q_j$ 的前向概率，那么乘积 $\alpha_t(j) a_{ji}$ 就是在时刻 $t$ 观测到 $o_1, o_2, \cdots, o_t$ 并在时刻 $t$ 处于状态 $q_j$ 而在时刻 $t+1$ 到达状态 $q_i$ 的联合概率。对这个乘积在时刻 $t$ 的所有可能的 $N$ 个状态 $q_j$ 求和，其结果

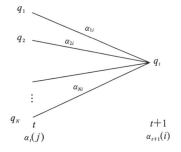

图 4-4　前向概率的递推公式

就是在时刻 $t$ 观测为 $o_1, o_2, \cdots, o_t$ 并在时刻 $t+1$ 处于状态 $q_i$ 的联合概率。中括号里的值与观测概率 $b_i(o_{t+1})$ 的乘积恰好是在时刻 $t+1$ 观测到 $o_1, o_2, \cdots, o_t, o_{t+1}$ 并在时刻 $t+1$ 处于状态 $q_i$ 的前向概率 $\alpha_{t+1}(i)$。步骤③给出 $P(O|\lambda)$ 的计算公式。因为

$$\alpha_T(i) = P(o_1, o_2, \cdots, o_T, i_T = q_i | \lambda) \tag{4.27}$$

所以

$$P(O|\lambda) = \sum_{i=1}^{N} \alpha_T(i) \tag{4.28}$$

**【例 4.2】**　考虑盒子和球模型 $\lambda = (A, B, \pi)$，状态集合 $Q = \{1, 2, 3\}$，观测集合 $V = \{红, 白\}$，

$$A = \begin{bmatrix} 0.5 & 0.2 & 0.3 \\ 0.3 & 0.5 & 0.2 \\ 0.2 & 0.3 & 0.5 \end{bmatrix}, \quad B = \begin{bmatrix} 0.5 & 0.5 \\ 0.4 & 0.6 \\ 0.7 & 0.3 \end{bmatrix}, \quad \pi = \begin{bmatrix} 0.2 \\ 0.4 \\ 0.4 \end{bmatrix}$$

设 $T=3, O=(红,白,红)$,试用前向算法计算 $P(O|\lambda)$。

**解** 按照观测序列概率的前向算法,

(1) 计算初值:

$$\alpha_1(1) = \pi_1 b_1(o_1) = 0.10$$
$$\alpha_1(2) = \pi_2 b_2(o_1) = 0.16$$
$$\alpha_1(3) = \pi_3 b_3(o_1) = 0.28$$

(2) 递推计算:

$$\alpha_2(1) = \left[ \sum_{i=1}^{3} \alpha_1(i) a_{i1} \right] b_1(o_2) = 0.154 \times 0.5 = 0.077$$

$$\alpha_2(2) = \left[ \sum_{i=1}^{3} \alpha_1(i) a_{i2} \right] b_2(o_2) = 0.184 \times 0.6 = 0.1104$$

$$\alpha_2(3) = \left[ \sum_{i=1}^{3} \alpha_1(i) a_{i3} \right] b_3(o_2) = 0.202 \times 0.3 = 0.0606$$

$$\alpha_3(1) = \left[ \sum_{i=1}^{3} \alpha_2(i) a_{i1} \right] b_1(o_3) = 0.04187$$

$$\alpha_3(2) = \left[ \sum_{i=1}^{3} \alpha_2(i) a_{i2} \right] b_2(o_3) = 0.03551$$

$$\alpha_3(3) = \left[ \sum_{i=1}^{3} \alpha_2(i) a_{i3} \right] b_3(o_3) = 0.05284$$

(3) 终止:

$$P(O|\lambda) = \sum_{i=1}^{3} \alpha_3(i) = 0.13022$$

(3) 后向算法。

**后向概率** 给定隐马尔可夫模型 $\lambda$,定义在时刻 $t$ 状态为 $q_i$ 的条件下,从 $t+1$ 到 $T$ 的部分观测序列为 $o_{t+1}, o_{t+2}, \cdots, o_T$ 的概率为后向概率,记作

$$\beta_t(i) = P(o_{t+1}, o_{t+2}, \cdots, o_T | i_t = q_i, \lambda) \tag{4.29}$$

可以用递推的方法求得后向概率 $\beta_t(i)$ 及观测序列概率 $P(O|\lambda)$。

观测序列概率的后向算法:

输入:隐马尔可夫模型 $\lambda$,观测序列 $O$;

输出:观测序列概率 $P(O|\lambda)$。

① 初值:

$$\beta_T(i) = 1, \quad i = 1, 2, \cdots, N$$

② 递推:对 $t = T-1, T-2, \cdots, 1,$

$$\beta_t(i) = \sum_{j=1}^{N} a_{ij} b_j(o_{t+1}) \beta_{t+1}(j), \quad i = 1, 2, \cdots, N \tag{4.30}$$

③ 终止：

$$P(O \mid \lambda) = \sum_{i=1}^{N} \pi_i b_i(o_1) \beta_1(i) \qquad (4.31)$$

步骤①初始化后向概率，对最终时刻的所有状态 $q_i$ 规定 $\beta_T(i)=1$。步骤②是后向概率的递推公式。如图 4-5 所示，为了计算在时刻 $t$ 状态为 $q_i$ 条件下时刻 $t+1$ 之后的观测序列为 $o_{t+1}, o_{t+2}, \cdots, o_T$ 的后向概率 $\beta_t(i)$，只需考虑在时刻 $t+1$ 所有可能的 $N$ 个状态 $q_j$ 的转移概率（即 $a_{ij}$ 项），以及在此状态下的观测 $o_{t+1}$ 的观测概率（即 $b_j(o_{t+1})$ 项），然后考虑状态 $q_j$ 之后的观测序列的后向概率（即 $\beta_{t+1}(j)$ 项）。步骤③求 $P(O\mid\lambda)$ 的思路与步骤②一致，只是初始概率 $\pi_i$ 代替转移概率。

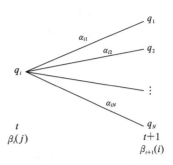

图 4-5　后向概率递推公式

利用前向概率和后向概率的定义可以将观测序列概率 $P(O\mid\lambda)$ 统一写成

$$P(O \mid \lambda) = \sum_{i=1}^{N} \sum_{j=1}^{N} \alpha_t(i) a_{ij} b_j(o_{t+1}) \beta_{t+1}(j), \quad t = 1, 2, \cdots, T-1 \qquad (4.32)$$

利用前向概率和后向概率，可以得到关于单个状态和两个状态概率的计算公式。

a. 给定模型 $\lambda$ 和观测 $O$，在时刻 $t$ 处于状态 $q_i$ 的概率记为

$$\gamma_t(i) = P(i_t = q_i \mid O, \lambda) \qquad (4.33)$$

它可以通过前向、后向概率计算。事实上，

$$\gamma_t(i) = P(i_t = q_i \mid O, \lambda) = \frac{P(i_t = q_i, O \mid \lambda)}{P(O \mid \lambda)} \qquad (4.34)$$

由前向概率 $\alpha_t(i)$ 和后向概率 $\beta_t(i)$ 定义可知：

$$\alpha_t(i) \beta_t(i) = P(i_t = q_i, O \mid \lambda) \qquad (4.35)$$

于是得到：

$$\gamma_t(i) = \frac{\alpha_t(i) \beta_t(i)}{P(O \mid \lambda)} = \frac{\alpha_t(i) \beta_t(i)}{\sum_{j=1}^{N} \alpha_t(j) \beta_t(j)} \qquad (4.36)$$

b. 给定模型 $\lambda$ 和观测 $O$，在时刻 $t$ 处于状态 $q_i$ 且在时刻 $t+1$ 处于状态 $q_j$ 的概率记为

$$\xi_t(i,j) = P(i_t = q_i, i_{t+1} = q_j \mid O, \lambda) \qquad (4.37)$$

它可以通过前向、后向概率计算。事实上，

$$\xi_t(i,j) = \frac{P(i_t = q_i, i_{t+1} = q_j, O \mid \lambda)}{P(O \mid \lambda)} = \frac{P(i_t = q_i, i_{t+1} = q_j, O \mid \lambda)}{\sum_{i=1}^{N} \sum_{j=1}^{N} P(i_t = q_i, i_{t+1} = q_j, O \mid \lambda)}$$

$$(4.38)$$

而 $P(i_t = q_i, i_{t+1} = q_j, O \mid \lambda) = \alpha_t(i) a_{ij} b_j(o_{t+1}) \beta_{t+1}(j)$，所以

$$\xi_t(i,j) = \frac{\alpha_t(i) a_{ij} b_j(o_{t+1}) \beta_{t+1}(j)}{\sum_{i=1}^{N} \sum_{j=1}^{N} \alpha_t(i) a_{ij} b_j(o_{t+1}) \beta_{t+1}(j)} \qquad (4.39)$$

c. 将 $\gamma_t(i)$ 和 $\xi_t(i,j)$ 对各个时刻 $t$ 求和,可以得到一些有用的期望值。

（a）在观测 $O$ 下状态 $i$ 出现的期望值:

$$\sum_{t=1}^{T}\gamma_t(i)$$

（b）在观测 $O$ 下由状态 $i$ 转移的期望值:

$$\sum_{t=1}^{T-1}\gamma_t(i)$$

（c）在观测 $O$ 下由状态 $i$ 转移到状态 $j$ 的期望值:

$$\sum_{t=1}^{T-1}\xi_t(i,j)$$

2）学习问题

隐马尔可夫模型的学习,根据训练数据是包括观测序列和对应的状态序列还是只有观测序列,可以分别由监督学习与无监督学习实现。本节首先介绍监督学习算法,而后介绍无监督学习算法——Baum-Welch 算法(也就是 EM 算法)。

（1）监督学习算法。

假设已给训练数据包含 $S$ 个长度相同的观测序列和对应的状态序列 $\{(o_1,I_1),(o_2,I_2),\cdots,(o_s,I_s)\}$,那么可以利用最大似然估计法来估计隐马尔可夫模型的参数。具体方法如下。

① 转移概率 $a_{ij}$ 的估计。

设样本中在时刻 $t$ 处于状态 $i$ 到时刻 $t+1$ 转移到状态 $j$ 的频数为 $A_{ij}$,那么状态转移概率 $a_{ij}$ 的估计是

$$\hat{a}_{ij}=\frac{A_{ij}}{\sum_{j=1}^{N}A_{ij}},\quad i=1,2,\cdots,N;j=1,2,\cdots,N \tag{4.40}$$

② 观测概率 $b_j(k)$ 的估计。

设样本中状态为 $j$ 并观测为 $k$ 的频数是 $B_{jk}$,那么状态为 $j$ 并观测为 $k$ 的概率 $b_j(k)$ 的估计是

$$\hat{b}_j(k)=\frac{B_{jk}}{\sum_{k=1}^{M}B_{jk}},\quad j=1,2,\cdots,N;k=1,2,\cdots,M \tag{4.41}$$

③ 初始状态概率 $\pi_i$ 的估计 $\hat{\pi}_i$ 为 $S$ 个样本中初始状态为 $q_i$ 的频率。

由于监督学习需要使用标注的训练数据,而人工标注训练数据往往代价很高,有时就会利用无监督学习的方法。

（2）Baum-Welch 算法。

假设给定训练数据只包含 $S$ 个长度为 $T$ 的观测序列 $\{O_1,O_2,\cdots,O_S\}$ 而没有对应的状态序列,目标是学习隐马尔可夫模型 $\lambda=(\boldsymbol{A},\boldsymbol{B},\boldsymbol{\pi})$ 的参数。我们将观测序列数据看作观测数据 $O$,状态序列数据看作不可观测的隐数据 $I$,那么隐马尔可夫模型事实上是一个含有隐变量的概率模型:

$$P(O \mid \lambda) = \sum_I P(O \mid I,\lambda) P(I \mid \lambda) \tag{4.42}$$

它的参数学习可以由 EM 算法实现。

① 确定完全数据的对数似然函数。

所有观测数据写成 $O=(o_1,o_2,\cdots,o_T)$，所有隐数据写成 $I=(i_1,i_2,\cdots,i_t)$，完全数据是 $(O,I)=(o_1,o_2,\cdots,o_T,i_1,i_2,\cdots,i_t)$。完全数据的对数似然函数是 $\log P(O,I|\lambda)$。

② EM 算法的 $E$ 步：求 $Q$ 函数 $Q(\lambda,\bar{\lambda})$，即

$$Q(\lambda,\bar{\lambda}) = \sum_I \log P(O,I \mid \lambda) P(O,I \mid \bar{\lambda}) \tag{4.43}$$

式中：$\bar{\lambda}$ 是隐马尔可夫模型参数的当前估计值；$\lambda$ 是要极大化的隐马尔可夫模型参数。

$$P(O,I|\lambda) = \pi_{i_1} b_{i_1}(o_1) a_{i_1 i_2} b_{i_2}(o_2) \cdots a_{i_{T-1} i_T} b_{i_T}(o_T) \tag{4.44}$$

于是函数 $Q(\lambda,\bar{\lambda})$ 可以写成：

$$
\begin{aligned}
Q(\lambda,\bar{\lambda}) = {} & \sum_I \log \pi_{i_1} P(O,I \mid \bar{\lambda}) + \sum_I \left( \sum_{t=1}^{T-1} \log a_{i_t i_{t+1}} \right) P(O,I \mid \bar{\lambda}) \\
& + \sum_I \left( \sum_{t=1}^{T} \log b_{i_t}(o_t) \right) P(O,I \mid \bar{\lambda})
\end{aligned} \tag{4.45}
$$

式中求和都是对所有数据的序列总长度 $T$ 进行的。

③ EM 算法的 $M$ 步：极大化 $Q$ 函数 $Q(\lambda,\bar{\lambda})$ 求模型参数 $\boldsymbol{A},\boldsymbol{B},\boldsymbol{\pi}$。

由于要极大化的参数在上式中单独地出现在 3 个项中，所以只需对各项分别极大化。

（a）式（4.45）的第一项可以写成：

$$\sum_I \log \pi_{i_1} P(O,I \mid \bar{\lambda}) = \sum_{i=1}^{N} \log \pi_i P(O,i_1 = i \mid \bar{\lambda}) \tag{4.46}$$

注意到 $\pi_i$ 满足约束条件 $\sum_{i=1}^{N} \pi_i = 1$，利用拉格朗日乘数法，写出拉格朗日函数：

$$\sum_{i=1}^{N} \log \pi_i P(O,i_1 = i \mid \bar{\lambda}) + \gamma \left( \sum_{i=1}^{N} \pi_i - 1 \right) \tag{4.47}$$

对其求偏导数并令结果为 0，即

$$\frac{\partial}{\partial \pi_i} \Big[ \sum_{i=1}^{N} \log \pi_i P(O,i_1 = i \mid \bar{\lambda}) + \gamma \Big( \sum_{i=1}^{N} \pi_i - 1 \Big) \Big] = 0 \tag{4.48}$$

得 $P(O,i_1 = i \mid \bar{\lambda}) + \gamma \pi_i = 0$。

对 $i$ 求和得到 $\gamma$

$$\gamma = -P(O \mid \bar{\lambda})$$

代入上式即得

$$\pi_i = \frac{P(O,i_1 = i \mid \bar{\lambda})}{P(O \mid \bar{\lambda})} \tag{4.49}$$

（b）式（4.45）的第 2 项可以写成：

$$\sum_I \left( \sum_{t=1}^{T-1} \log a_{i_t i_{t+1}} \right) P(O,I \mid \bar{\lambda}) = \sum_{i=1}^{N} \sum_{j=1}^{N} \sum_{t=1}^{T-1} \log a_{ij} P(O,i_t = i,i_{t+1} = j \mid \bar{\lambda}) \tag{4.50}$$

类似第 1 项，应用具有约束条件 $\sum_{i=1}^{N} a_{ij} = 1$ 的拉格朗日乘数法可以求出

$$a_{ij} = \frac{\sum_{t=1}^{T-1} P(O, i_t = i, i_{t+1} = j \mid \bar{\lambda})}{\sum_{t=1}^{T-1} P(O, i_t = i \mid \bar{\lambda})} \tag{4.51}$$

（c）式（4.45）的第 3 项可以写成：

$$\sum_{I} \left( \sum_{t=1}^{T} \log b_{i_t}(o_t) \right) P(O, I \mid \bar{\lambda}) = \sum_{j=1}^{N} \sum_{t=1}^{T} \log b_j(o_t) P(O, i_t = j \mid \bar{\lambda}) \tag{4.52}$$

同样用拉格朗日乘数法，约束条件是 $\sum_{k=1}^{M} b_j(k) = 1$。注意，只有当 $o_t = v_k$ 时，$b_j(o_t)$ 对 $b_j(k)$ 的偏导数才不为 0，用 $I(o_t = v_k)$ 表示。求得

$$b_j(k) = \frac{\sum_{t=1}^{T} P(O, i_t = j \mid \bar{\lambda}) I(o_t = v_k)}{\sum_{t=1}^{T} P(O, i_t = j \mid \bar{\lambda})} \tag{4.53}$$

将式（4.51）、式（4.53）、式（4.49）中的各概率分别用 $\gamma_t(i)$、$\xi_t(i,j)$ 表示，则可将相应的公式写成：

$$a_{ij} = \frac{\sum_{t=1}^{T-1} \xi_t(i,j)}{\sum_{t=1}^{T-1} \gamma_t(i)} \tag{4.54}$$

$$b_j(k) = \frac{\sum_{t=1, o_t = v_k}^{T} \gamma_t(j)}{\sum_{t=1}^{T} \gamma_t(j)} \tag{4.55}$$

$$\pi_i = \gamma_1(t) \tag{4.56}$$

其中，$\gamma_t(i)$，$\xi_t(i,j)$ 分别由式（4.36）及式（4.39）给出。式（4.54）~式（4.56）就是 Baum-Welch 算法，它是 EM 算法在隐马尔可夫模型学习中的具体实现，由 Baum 和 Welch 提出。

3）预测问题

预测问题有两种解决办法：近似算法，其实就是"HMM 概率计算问题"中"单个状态的概率"的解法；Viterbi（维特比）算法。

（1）Viterbi 算法。

在介绍维特比算法之前，先举一个相关的例子。

① 题目背景。

假设某村的村民身体情况只有两种可能：健康或者发烧，且这个村子的人没有体温计，所以村民唯一判断身体状况的途径是通过医生询问村民的感觉，判断病情。而村民只会回答正常、头晕或冷。有一天村里的村民去询问医生，情况如下。

第一天他告诉医生他感觉正常；

第二天他告诉医生他有点冷；

第三天他告诉医生感觉有点头晕。

那么医生如何根据村民的描述,推断出这三天中村民的身体状况? 为此医生通过搜索,发现 Viterbi 算法正好能解决这个问题。

② 已知情况。

隐含的身体状况＝{健康,发烧}

可观察的感觉状态＝{正常、冷、头晕}

医生预判村民的身体状态的概率分布＝{健康:0.6,发烧:0.4}

医生认为村民的身体健康的转换概率分布＝{健康→健康:0.7

健康→发烧:0.3

发烧→健康:0.4

发烧→发烧:0.6}

医生认为在相应的健康状况条件下,村民的感觉的概率分布＝{

健康,正常:0.5,冷:0.4,头晕:0.1;

发烧,正常:0.1,冷:0.3,头晕:0.6}

村民连续三天的身体感觉依次是:正常、冷、头晕。

③ 已知上述情况,求村民这三天的身体健康状态变换的过程是怎么样的?

④ 过程:

根据 Viterbi 理论,后一天的状态会依赖前一天的状态和当前可能观察的状态。那么只要根据第一天的正常状态依次推算找出到达第三天头晕状态的最大概率,就可以知道这三天的身体变化情况。

a. 初始情况:

$P($健康$)=0.6,P($发烧$)=0.4$。

b. 求第一天的身体情况:

计算在村民感觉正常的情况下最可能的身体状态。

$P($今天健康$)=P($正常$|$健康$)\times P($健康$|$初始情况$)=0.5\times0.6=0.3$

$P($今天发烧$)=P($正常$|$发烧$)\times P($发烧$|$初始情况$)=0.1\times0.4=0.04$

那么就可以认为第一天最可能的身体状态是:健康。

c. 求第二天的身体状况:

计算在村民感觉冷的情况下最可能的身体状态。

那么第二天有四种情况,由于第一天的发烧或者健康转换到第二天的发烧或者健康。

$P($前一天发烧,今天发烧$)=P($前一天发烧$)\times P($发烧→发烧$)\times P($冷$|$发烧$)$
$=0.04\times0.6\times0.3=0.0072$

$P($前一天发烧,今天健康$)=P($前一天发烧$)\times P($发烧→健康$)\times P($冷$|$健康$)$
$=0.04\times0.4\times0.4=0.0064$

$P($前一天健康,今天健康$)=P($前一天健康$)\times P($健康→健康$)\times P($冷$|$健康$)$

$$=0.3\times0.7\times0.4=0.084$$

$P(前一天健康,今天发烧)=P(前一天健康)\times P(健康\rightarrow发烧)\times P(冷|发烧)$
$$=0.3\times0.3\times0.3=0.027$$

那么可以认为,第二天最可能的状态是:健康。

d. 求第三天的身体状态:

计算在村民感觉头晕的情况下最可能的身体状态。

$P(前一天发烧,今天发烧)=P(前一天发烧)\times P(发烧\rightarrow发烧)\times P(头晕|发烧)$
$$=0.027\times0.6\times0.6=0.00972$$

$P(前一天发烧,今天健康)=P(前一天发烧)\times P(发烧\rightarrow健康)\times P(头晕|健康)$
$$=0.027\times0.4\times0.1=0.00108$$

$P(前一天健康,今天健康)=P(前一天健康)\times P(健康\rightarrow健康)\times P(头晕|健康)$
$$=0.084\times0.7\times0.1=0.00588$$

$P(前一天健康,今天发烧)=P(前一天健康)\times P(健康\rightarrow发烧)\times P(头晕|发烧)$
$$=0.084\times0.3\times0.6=0.01512$$

那么可以认为,第三天最可能的状态是发烧。

⑤ 结论。

根据如上计算,医生可以断定,村民这三天身体变化的序列是:健康→健康→发烧。

这个算法就是通过已知的、可以观察到的序列,以及一些已知的状态转换之间的概率情况,通过综合状态之间的转移概率和前一个状态的情况计算出概率最大的状态转换路径,从而推断出隐含状态的序列的情况。

综上所述,Viterbi算法就是以下过程:

a. 先从前向后推出一步步路径的最大可能,最终会得到一个从起点连接每一个终点的 $m$ 条路径(假设有 $m$ 个终点);

b. 确定终点之后再反过来选择前面的路径;

c. 确定最优路径。

下面介绍 Viterbi 算法的定义。

(2) Viterbi 算法的定义。

定义变量 $\delta_t(i)$:表示时刻 $t$ 状态为 $i$ 的所有路径中的概率最大值,公式如下:

$$\delta_t(i)=\max P(i_t=i,i_{t-1},\cdots i_1,O_t,\cdots O_1|\lambda) \tag{4.57}$$

计算过程如下:

① 初始化。

$$\delta_1(i)=\pi_i b_i(o_1),\quad i=1,2,\cdots,N \tag{4.58}$$

$$\psi_1(i)=0,\quad i=1,2,\cdots,N \tag{4.59}$$

② 递推。

对于 $t=2,3,\cdots,T$,有

$$\delta_t(i)=\max_{1\leqslant j\leqslant N}[\delta_{t-1}(j)a_{ji}]b_i(O_t),\quad i=1,2,\cdots,N \tag{4.60}$$

$$\psi_1(i)=0, \quad i=1,2,\cdots,N$$

③ 终止。

$$P^*=\max_{1\leqslant i\leqslant N}\delta_T(i) \tag{4.61}$$

$$i_T^*=\arg\max_{1\leqslant t\leqslant N}\left[\delta_T(i)\right] \tag{4.62}$$

④ 最优路径回溯。

对于 $t=T-1,T-2,\cdots,1$，有

$$i_t^*=\psi_{t+1}(i_{t+1}^*) \tag{4.63}$$

⑤ 求得最优路径。

$$I^*=(i_1^*,i_2^*,\cdots,i_T^*)$$

上面的符号之前都已经见过，这里不再解释。下面为了更好地理解以上步骤，再来举个例子。

还是以盒子和球模型为例。

盒子和球模型 $\lambda=(\boldsymbol{A},\boldsymbol{B},\boldsymbol{\pi})$，状态集合 $Q=\{1,2,3\}$，观测集合 $V=\{红，白\}$，

$$\boldsymbol{A}=\begin{bmatrix}0.5 & 0.2 & 0.3\\0.3 & 0.5 & 0.2\\0.2 & 0.3 & 0.5\end{bmatrix}, \quad \boldsymbol{B}=\begin{bmatrix}0.5 & 0.5\\0.4 & 0.6\\0.7 & 0.3\end{bmatrix}, \quad \boldsymbol{\pi}=(0.2,0.4,0.4)^{\mathrm{T}}$$

已知观测序列 $O=(红，白，红)$，试求最优状态序列，即最优路径 $I^*=(i_1^*,i_2^*,i_3^*)$。

**解**　如图 4-6 所示（图中的数字在之后的步骤中会一一推导出来），要在所有可能的路径中选择一条最优路径，按照以下步骤求出。

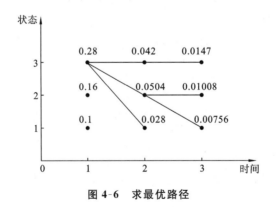

图 4-6　求最优路径

（1）初始化。

当 $t=1$ 时，对每个状态 $i(i=1,2,3)$，求状态为 $i$ 观测 $o_1$ 为红的概率，记此概率为 $\delta_1(i)$，则

$$\delta_1(i)=\pi_i b_i(o_1)=\pi_i b_i(红), \quad i=1,2,3$$

代入实际数据，得

$$\delta_1(1)=0.10, \quad \delta_1(2)=0.16, \quad \delta_1(3)=0.28$$

记 $\psi_1(i)=0, i=1,2,3$。

（2）当 $t=2$ 时，对每个状态 $i$，求在 $t=1$ 时状态为 $j$ 观测为红，并且在 $t=2$ 时状态为 $i$ 观测为白的路径的最大概率，记为 $\delta_2(t)$，则根据

$$\delta_2(i)=\max_{1\leqslant j\leqslant 3}\left[\delta_1(j)a_{ji}\right]b_i(o_2)$$

计算。同时，对每个状态 $i(i=1,2,3)$，记录概率最大路径的前一个状态 $j$：

$$\psi_2(i)=\arg\max_{1\leqslant j\leqslant 3}\left[\delta_1(j)a_{ji}\right],\quad i=1,2,3$$

$$\delta_2(1)=\max_{1\leqslant j\leqslant 3}\left[\delta_1(j)a_{j1}\right]b_1(o_2)$$

$$=\max_j\{0.10\times 0.5,0.16\times 0.3,0.28\times 0.2\}\times 0.5=0.028$$

$$\psi_2(1)=3$$

$$\delta_2(2)=0.0504,\quad \psi_2(2)=3$$

$$\delta_2(3)=0.042,\quad \psi_2(3)=3$$

同样，当 $t=3$ 时，

$$\delta_3(i)=\max_{1\leqslant j\leqslant 3}\left[\delta_2(j)a_{ji}\right]b_i(o_3)$$

$$\psi_3(i)=\arg\max_{1\leqslant j\leqslant 3}\left[\delta_2(j)a_{ji}\right]$$

$$\delta_3(1)=0.00756,\quad \psi_3(1)=2$$

$$\delta_3(2)=0.01008,\quad \psi_3(2)=2$$

$$\delta_3(3)=0.0147,\quad \psi_3(3)=3$$

（3）求最优路径的终点。

以 $P^*$ 表示最优路径的概率，则

$$P^*=\max_{1\leqslant i\leqslant 3}\delta_3(i)=0.0147$$

最优路径的终点是 $i_3^*$：

$$i_3^*=\arg\max_i\left[\delta_3(i)\right]=3$$

（4）逆向找 $i_2^*$，$i_1^*$：

当 $t=2$ 时，

$$i_2^*=\psi_3(i_3^*)=\psi_3(3)=3$$

当 $t=1$ 时，

$$i_1^*=\psi_2(i_2^*)=\psi_2(3)=3$$

于是求得最优路径，即最优状态序列 $I^*=(i_1^*,i_2^*,i_3^*)=(3,3,3)$。

## 4.2.4　HMM 的应用

### 一、基因组序列中的基因预测

#### 1. 基因组

在生物学中，一个生物体的基因组是指包含在该生物的 DNA（部分病毒是 RNA）中

的全部遗传信息,或者说是一套染色体中完整的 DNA 序列。

**2. 基因预测**

所谓基因预测(genefinding)或注释(annotation)是指基因结构预测,主要预测 DNA 序列中编码蛋白质的区域(CDS),抽象一点说,就是识别 DNA 序列上的具有生物学特征的片段。预测基因的完整 HMM 模型如图 4-7 所示。

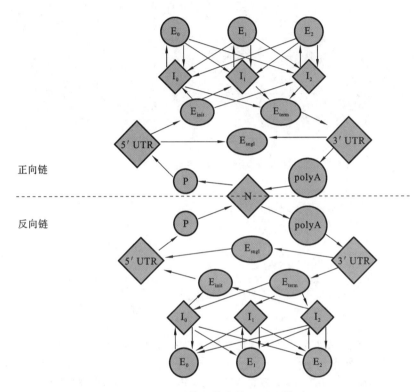

**图 4-7 预测基因的完整 HMM 模型**

一段核苷酸序列组成一小段基因,基因有显性、隐性、连接子三种类型。现在标注一段核苷酸序列的类型(外显子、内显子或基因间序列)时,遇到以下问题:

(1) 如何对分类结果进行评分;

(2) 概率的解释,即对评分的信心;

(3) 如何做一个通用的模型,而不是定制化的模型。

面向预测基因的 HMM 模型中的隐状态和显状态如图 4-8 所示。

下面给出了一个例子:已知核苷酸的类型,找到 exons(E)和 introns(I)序列的拼接点(5)的位置。

E、5、I 是三个隐状态,ACGT 是可观测空间状态,概率转移图如图 4-9 所示。

下面要计算的是 $\max_z P(x,z|\lambda)$。

解决方法:采用 Viterbi 算法。

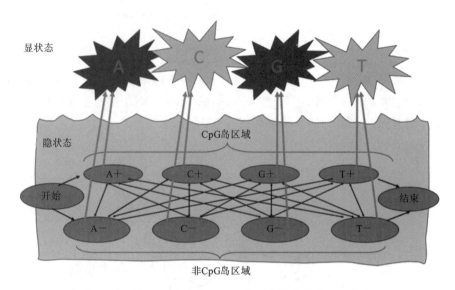

图 4-8　面向预测基因的 HMM 模型中的隐状态和显状态

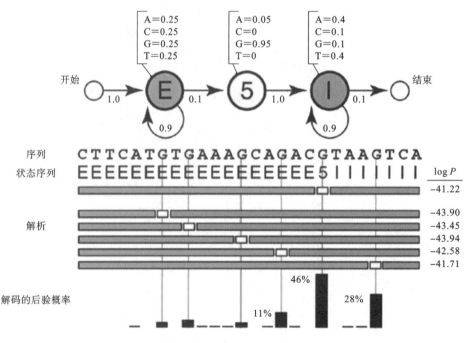

图 4-9　概率转移图（Sean R. Eddy，2004）

面临的问题：

（1）Viterbi 算法只能找到概率最大的隐序列，其他隐序列是如何算出来的呢？

由于 5 只能表现为 G 和 A，取其中一个 G，在 $t_1$ 时刻，$t_1$ 之前 $d$ 动态规划的过程中只保留了最大概率的路径，到达 $t_1$ 时，不取 $t_1$ 层的概率最大值，只取 G，再以此为起点继续往后算最大概率的路径。

（2）当 $P(x,z_1|\lambda)$ 与 $P(x,z_2|\lambda)$ 非常接近时,怎样描述确信度?

由于本序列的特殊性,所有的 $z$ 可以算出 $P(x,z|\lambda)$,因此可以归一化计算某一序列的确信度。

```
1  log_value=[-41.22,-43.90,-43.45,-43.94,-42.58,-41.71]
2  value=[]
3  for x in log_value:
4  value.append(math.exp(x))
5  normalization(value)
1  [0.473652261716756951,
2  0.03247509303560841,
3  0.05093108413267137,
4  0.031201726424101746,
5  0.1215679574980319,
6  0.29017187719282955]
```

删除过小数据,只保留 6 个,会观察到出现了一点小的偏差,但是不进行 log 计算能体现出概率的不同,如 $e^{-41.22}$ 与 $e^{-41.71}$。

在这个例子中状态转移图就类似于一个带概率的自动机,对序列的要求都可以加在状态图中。这个例子相当于是一个 Conditional Viterbi,因为要求必经某个点作为一个条件。

另外,这个例子刚好只有 14 个序列,真实情况下不可能算出所有情况归一化,一般除掉分母 $P(x,\lambda)$ 即可。

## 二、微生物组样本的来源预测(source tracking)

### 1. Source Tracker

该软件称目标样本为 Sink,微生物污染源或来源的样品为 Source;基于贝叶斯算法,探究目标样本(Sink)中微生物污染源或来源(Source)的分析(Knights, et al., 2011)。根据 Source 样本和 Sink 样本的群落结构分布,来预测 Sink 样本中来源于各 Source 样本的组成比例。

Source Tracker 在以下方面的应用:

● 婴儿的肠道菌群有哪些继承了母亲的肠道菌群,哪些来自阴道菌群,哪些来自皮肤。

● 法医学的应用,尸体中的菌群与来源土壤的鉴定,腐败菌来自本身,还是周围环境。

● 河流污染物的来源分析,周围工厂、农田、养殖场对河流污染的贡献和来源追溯。

● 分析植物菌组形成过程:植物根际菌在土壤中来源和种子来源;叶际菌群的土壤来源比例等。

使用 Source Tracker 软件的分析步骤如下:

（1）过滤 OTU(operational taxonomic units，即操作分类单元)，通过一定的距离度量方法计算两两不同序列之间的距离度量或相似性，继而设置特定的分类阈值，获得同一阈值下的距离矩阵，进行聚类操作，形成不同的分类单元。

OTU 在样本中有分布的数目与总的样本数相比，如果比例低于 1%，则将该 OTU 去除。

（2）mapping 文件准备。

需要准备一个 mapping 文件，其中 Env 和 SourceSink 这 2 列必不可少，范例如图4-10所示。

| #SampleID | BarcodeSequence | LinkerPrimerSequence | SOURCE_ENV | Env | SourceSink |
|---|---|---|---|---|---|
| M1.489861 | AACCAAGG | CAAGAGTTTGATCCTGGCTCAG | air | Indoor_air | sink |
| M2.489854 | CCAAGGAA | CAAGAGTTTGATCCTGGCTCAG | air | Indoor_air | source |
| M3.489857 | GAAGACCA | CAAGAGTTTGATCCTGGCTCAG | air | Outdoor_air | sink |
| M4.489862 | GCTTGCTT | CAAGAGTTTGATCCTGGCTCAG | air | Outdoor_air | source |
| M5.489864 | TCCTCTTC | CAAGAGTTTGATCCTGGCTCAG | air | Outdoor_air | source |

图 4-10　mapping 文件示例(Knights D.，et al.，2011)

（3）运行 Source Tracker 软件。

R--slave--vanilla--args-i filtered_otu_table. txt-m map. txt-o sourcetracker_out<
$ SOURCETRACKER_PATH/sourcetracker_for_qiime. r

通过上述 3 个步骤后，得到结果范例文件。

图 4-11 所示的为 8 个样本中微生物的来源分布情况，饼图中的面积代表微生物来源的比例。面积越大，代表比例越大。

### 2. FEAST:快速准确的微生物来源追溯工具

● 快速准确的微生物来源分析一直是本领域的难点，Source Tracker 存在速度慢、准确率不高的问题；

● FEAST 可以实现快速、更准确的微生物来源追踪；

● 软件基于 R 语言开发，保证了方法跨平台的可用性；

● 此方法在分类问题中，也比 JSD、加权 UniFrac 指标有更好的 AUC 值，在医学诊断中有更好的应用前景。

由于诸如"地球微生物组计划"之类的微生物组数据库的空前扩展，人们对微生物生命的各种功能和分布及其对人类健康的影响的知识迅速增加。如此丰富的数据集为研究不同生境中的分类单元丰度分布之间的关系提供了机会。然而，分析微生物组群落的一项关键挑战是分析其组成。每一个微生物群落中的单种微生物通常都由几种来源环境组成，包括不同的污染物以及与采样栖息地相互作用的其他微生物群落。为了说明这种结构，已经提出了"微生物源跟踪"的方法（Simpson，Santo Domingo，Reasoner，2002）。这些方法可量化目标微生物群落中不同微生物样品（来源）的比例。

虽然微生物组数据库是在传统的量化污染的背景下构建的，但微生物来源跟踪已用

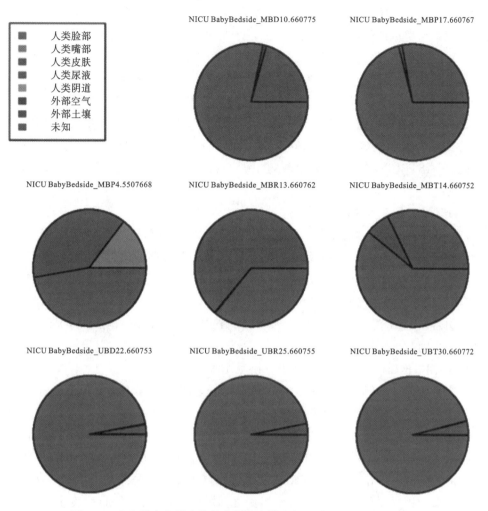

图 4-11 8 个样本中微生物的来源分布情况(Knights D, et al. 2011)

于多种其他情况(例如,对重症监护病房(ICU)的患者进行特征分析,通过阴道微生物测量剖宫产婴儿的微生物群的部分恢复;转移并量化某些来源对疾病暴发的贡献)(McDonald, et al., 2016)。微生物来源跟踪还可用于量化来源对生态斑块的贡献。在此用例中,微生物源跟踪可以帮助揭示从人类肠道到土壤的生境中微生物群落的组成模式。这些例子表明,了解微生物群落的起源不仅可以大大改善我们目前对微生物群落形成方式的了解,而且还可以为疾病预防、农业实践和新生儿护理提供信息。

但是,当前的微生物来源跟踪方法并非没有限制。一些较早的方法通常将它们的环境限制为污染,仅专注于检测特定的预定污染物种。利用整个群落结构的最新方法通常缺乏适当的概率框架或依赖于指示物种类的识别,指示物种类的分布情况反映了特定的环境条件。一个值得注意的方法是采用 Source Tracker(Knights, et al., 2011),这是迄今为止微生物追踪最广泛使用的方法。与以前的方法不同,Source Tracker 使用贝叶斯方法,利用给定群落的结构并测量 Sink 群落与潜在源环境之间的相似度来估算给定群落中污染物的比例。通过直接将接收器建模为潜在微生物源环境的混合，Source Tracker 为该领域做出了重大贡献。但是，此方法基于马尔可夫链蒙特卡洛（MCMC），这是一种计算昂贵的过程，因此仅适用于源数量少的中小型数据集。

为了解决这些限制，作者开发了快速期望最大化微生物源跟踪（FEAST）。FEAST 将微生物样品划分为其源成分的速度比目前最新方法快 30～300 倍，在某些情况下，FEAST 将运行时间从数天或数周缩短至数小时。FEAST 的计算效率使它能够及时地同时估算成千上万个潜在的源环境，从而帮助阐明复杂的微生物群落的起源。此外，作者发现 FEAST 比以前的方法更准确，尤其是当目标微生物群落包含来自未知来源的分类单元时。

1）FEAST 的简要说明

FEAST 是一种高效的基于期望最大化的方法，该方法将微生物群落，以及单独的一组潜在源环境作为输入，并估算每个源环境贡献的 Sink 群落的比例。由于这些混合比例的总和通常小于整个接收器的接收量，因此 FEAST 还报告了归因于其他来源（统称为未知源）的接收器的潜在比例。FEAST 使用的统计模型假设每个 Sink 都是已知和未知来源的凸组合。FEAST 与测序数据类型（即 16S 核糖体 RNA 或鸟枪法测序）无关，可以有效地估计多达数千个样品的来源。

2）使用数据驱动的合成混合物进行模型评估

研究者将 FEAST 的准确性与 Source Tracker 和先前的源跟踪工作中使用的随机森林分类器进行了比较。研究者根据来自地球微生物组计划的真实源环境中的分布模拟了源社区，同时改变了源之间的差异程度。在研究者的每个模拟中，FEAST 在所有级别的发散度上均比 Source Tracker 和随机森林分类器显示出更高的准确性（见图 4-12(a)）。由于 Source Tracker 和 FEAST 都大大提高了随机森林方法的准确性，因此研究者随后主要使用这两种方法。接下来，当源之间的歧义微不足道时（高度发散），研究者通过不同深度的测序来检查 FEAST 和 Source Tracker 的鲁棒性。如预期的那样，两种算法的准确性都随着测序深度的增加而提高。尽管如此，研究者观察到 FEAST 在所有级别的测序深度上仍具有可比性。最后，由于在一项研究中几乎不可能获得所有潜在来源的测序数据，因此研究者试图评估 FEAST 对未知来源贡献的能力。为此，研究者使用了 Lax 等人（2014）的真实源环境，同时将未知源的贡献从不存在更改为专有。在所有这些实验中，FEAST 在估计未知来源比例方面都更加准确。值得注意的是，通过适当地调整其对未知源的估计，FEAST 还可以为观察到的微生物源产生更准确的混合比例以及低方差（见图 4-12(b)）。

3）运行时间

FEAST 与其他方法相比的明显优势之一是它的速度快（见图 4-13）。特别是在所有实验中，与 Source Tracker 相比，FEAST 的运行时间减少了 30～300 倍，同时保持甚至提高了准确性。因此，FEAST 可以在几分钟到几小时的时间内同时估计数千种潜在的源环境，而 Source Tracker 可能需要花费几天甚至更长的时间。研究者注意到 Source

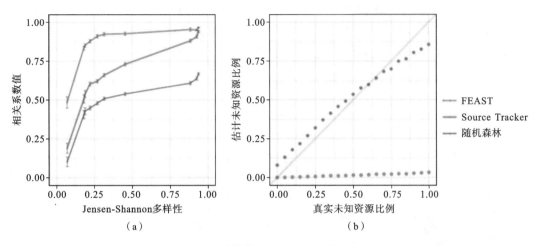

（a）                                （b）

**图 4-12 方法比较**（Shenhav，et al.，2019）

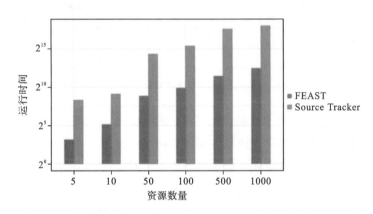

**图 4-13 当前最先进方法的运行时间比较**（Shenhav，et al.，2019）

Tracker 的准确性可能会通过增加迭代次数或以其他方式增加马尔可夫链的迭代次数来提高，但是，这是以额外的运行时间为代价的。

4）实际数据应用

研究者将 FEAST 应用于五个真实数据集，以展示跨不同环境的微生物源跟踪方法的实用性。研究者使用 FEAST 最初的意图是量化生物源对特定接收器环境的贡献。

5）婴儿的继承和最初定值

使用 FEAST 进行时间序列分析可提供定量方法来表征发育中的微生物种群，如婴儿肠道。在这种情况下，研究者可以利用以前的时间点和外部资源来了解特定的临时社区状态的起源。例如，研究者可以估计婴儿肠道中的分类单元是否起源于产道，或者它们是在以后的某个时间从其他外部来源获得的。为了证明这种方法正确性，研究者使用了 Backhed 等人（2015）的纵向数据，其中包含婴儿及其对应母亲的肠道微生物组样本。在这项分析中，研究者将 12 个月大的婴儿样本视为 Sink，考虑了各个早期时间点和母体样本作为来源。在这些情况下，FEAST 显示，与剖宫产的产妇相比，顺产的产妇贡献明显更大（见图 4-14），而其他方法则没有。这些结果与 Backhed 等人的结果一致。研究者进一步探讨了与其他潜在来源社区相比，亲生母亲是否更可能被确定为婴儿微生物组的来源。研究者认为所有母婴样品都是潜在的来源，发现超过 83% 的样品中，贡献最大的来源是同一家庭。

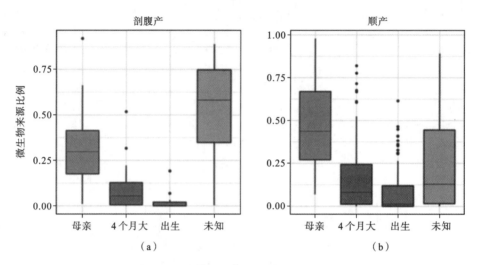

图 4-14　1 岁婴儿肠道微生物来源估计（Shenhav, et al. , 2019）

图 4-14(a)所示的为剖腹产情况，图 4-14(b)所示的为顺产情况。来源于样本母亲肠道、刚出生的婴儿肠道及 4 个月大的婴儿肠道。明显看到顺产的婴儿肠道微生物主要来源于母体，而剖腹产的婴儿肠道微生物最大来源于未知环境。目标样本量为 98 个。

6）检测污染

为了验证 FEAST 在检测污染中的效用，研究者首先复制了 Knights 等人（2011）的分析，他们研究了办公楼、医院和实验室等环境中的污染。在这些情况下，尽管源之间的分歧相对容易消除，但 FEAST 估计的源贡献与 Knights 等人的报告相一致，差异很小。接下来，研究者分析了 Lax 等人收集的纵向数据。在此分析中，研究者调查了一些有遗传关联的家庭成员。研究者使用了来自 4 个居民身体部位的皮肤样本作为生物源，而将居家房屋表面作为环境。研究者使用 FEAST 进行的分析表明，居家环境中的表面比居民皮肤的表面的生物源更多样化，并且可能不完全由居民皮肤的细菌组成。研究者的结果与 Lax 等人的定性形成了鲜明对比，他们发现这些表面上的绝大多数微生物源来源于居民；但研究者认为，其差异主要是由于 Source Tracker 对未知来源的低估所致，该来源曾用于 Lax 等人的原始分析中。在这样的情况下，当消除歧义的来源面临挑战时，即由于所有被采集样本的居民都住在同一所房屋中，这种低估会加剧。研究者进一步研究了是否可以在第一时间点通过纳入地球微生物组项目的其他来源环境来解释这些未知来源的组成。除了这 4 个居民的贡献外，研究者还发现了禽蛋产品（8%）、淡水鱼（8%）和土壤（1%）的潜在证据。结果发现，未知源的贡献率从大约 25% 降低到了 5.8%（见图 4-15）。

FEAST 旨在满足快速发展的微生物组研究领域的一项重要需求，即通过自然、可扩

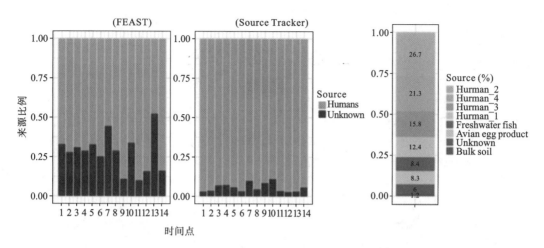

**图 4-15**　**使用 FEAST 和 Source Tracker 的厨房柜台样品中未知来源的比例**(Shenhav, et al., 2019)

展的统计模型来量化目标微生物群落(Sink)中每个源环境的比例。它是一种计算效率高的工具,可以同时评估数百到数千个潜在的源环境,以及未知的源的贡献,在速度和准确性方面均优于目前最新方法。

　　FEAST 的效用是在两种不同的情况下建立的。首先,研究者使用 FEAST 的最初目的是量化不同生物源环境对目标微生物群落的贡献。在这种情况下,研究者能够解决有关微生物物种演替和初始定殖的问题。具体来说,研究者使用 FEAST 定量地证实了 Backhed 等人的发现,他们证明,与顺产的婴儿相比,剖宫产的婴儿的肠道菌群与母亲的相似性明显降低。其次,研究者使用 FEAST 作为相似性度量工具。在这种情况下,FEAST 可以帮助研究人员更好地了解人类微生物组的组成特征,这是一项重要的任务,因为它已经与人类生理和健康的许多方面联系在一起,包括肥胖、炎性疾病、癌症、代谢性疾病和衰老(Marchesi, et al., 2011)。

　　研究者展示了采用 FEAST 比较 ICU 患者的肠道微生物组与健康对照组之间的不同。FEAST 的结果表明,有营养不良症的患者和没有营养不良症的对照组在其微生物来源组成上存在差异,即健康成人的肠道微生物组与其他健康肠道菌群的相似性高于经历营养不良症的患者。此外,研究者调查了肠道优势菌群的患者的特征。由 FEAST 产生的生物源贡献估算值显示,与没有肠道优势菌群的患者相比,未知来源的贡献增加且未知来源的变异性降低。这些结果表明,FEAST 可能有助于区分和表征与微生物损伤有关的表型或病状。此外,通过突出显示来源组成之间的新颖差异,FEAST 可能有助于下游分析,以期在分类群水平上暗示健康和患病表型之间的差异。

　　研究者注意到,在某些情况下,如接收异位 HSCT 的癌症患者违反了 FEAST 的基本假设。在这些情况下,由于某些源环境之间的显著差异,接收器不是其(已知和未知)源的凸组合。例如,癌症患者的肠道微生物组由于抗生素和免疫系统关闭或重新启动而导致相当长的时间变化。

# 4.3  进化树的概率模型

系统发育树(phylogenetic tree)又称为系统进化树,是用一种类似树状分支的图形来概括各物种之间的亲缘关系,可用来描述物种之间的进化关系。进化树的结构如图 4-16 所示。例如,鸟类进化数如图 4-17 所示。

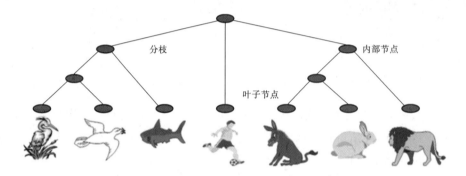

图 4-16　进化树的结构(参考文献:https://itol.embl.de/)

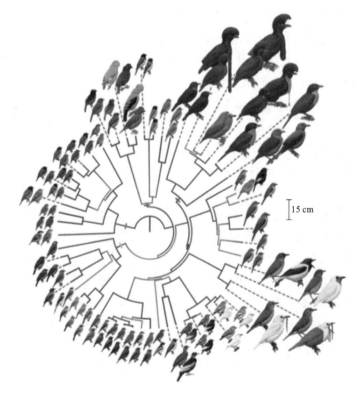

图 4-17　鸟类进化树(数据来源:https://b10k.genomics.cn/)

## 4.3.1　建树方法

系统发育树构建的第一步是进行多序列比对,常用的软件包括 MEGA、Cluster X、Muscle、Phylip 等。

各种建树软件的对比如表 4-1 所示。

表 4-1　常用建树软件的对比

|  | MEGA | Cluster X | Muscle 和 Phylip |
|---|---|---|---|
| 优点 | 最常用的比对建树软件,优点是可视化图形界面,使用简单方便 | 图形界面,可输出多种格式(如 phy) | 运算速度快 |
| 缺点 | 比对速度慢,输出格式单一 | 比对速度慢 | 需要输入简单的代码,可能不适合初学者 |

下面重点介绍 MEGA 软件。

### 一、序列文本的准备

构树之前先将目标基因序列都分别保存为 txt 文本文件(或者把所有序列保存在同一个 txt 文本中,可以用">基因名称"作为第一行,然后重起一行编辑基因序列),序列只包含序列字母(ATCG 或氨基酸简写字母)。文件名称可以随意编辑。

### 二、序列导入 MEGA 5 软件

(1) 打开 MEGA 5 软件。

(2) 导入需要构建系统发育树的目的序列。

① 选择分析序列类型(如果是 DNA 序列,单击 DNA;如果是蛋白质序列,单击 Protein);

② 出现新的对话框,创建新的数据文件;

③ 选择序列类型;

④ 导入序列;

⑤ 导入序列成功。

(3) 序列比对分析。

单击工具栏中的"W"工具,进行比对分析,比对结束后删除两端不能够完全对齐的碱基。

(4) 系统发育分析。

关闭窗口,选择保存文件路径,自定义文件名称。

### 三、系统发育树构建

系统发育树构建的基本方法有如下几种：

**1. 距离法**(distance-based methods,DBM)

基于距离的方法:首先通过各个物种之间的比较,根据一定的假设(进化距离模型)推导得出分类群之间的进化距离,构建一个进化距离矩阵。进化树的构建则是基于这个矩阵中的进化距离关系。

**2. 特征法**(character-based methods,CBM)

基于特征的方法:不计算序列间的距离,而是将序列中有差异的位点作为单独的特征,并根据这些特征来建树。

**3. 非加权配对平均算法**(unweighted pair group method using arithmetic average,UPGMA)

前提条件:在进化过程中,每一代发生趋异的次数相同,即碱基或氨基酸的替换速率是均等且恒等的。

UPGMA 法计算原理和过程如下:

(1) 以已求得的距离系数,所有进行比较的分类单元的成对距离构成一个 $t \times t$ 方阵,即建立一个距离矩阵 $\boldsymbol{M}$。

(2) 对于一个给定的距离矩阵,寻求最小距离值 $D_{pq}$。

(3) 定义类群 $p$ 和 $q$ 之间的分支深度 $L_{pq} = D_{pq}/2$。

(4) 若 $p$ 和 $q$ 是最后一个类群,则聚类过程完成,否则合并 $p$ 和 $q$ 成为一个新类群 $r$。

(5) 定义并计算新类群 $r$ 到其他各类群 $i(i \neq p, i \neq q)$ 的距离 $D_{ir} = (D_{pi} + D_{qi})/2$。

(6) 回到步骤(1),在矩阵中消除 $p$ 和 $q$,加入新类群 $r$,矩阵减少一阶,重复进行直至达到最后归群。

UPGMA 法比较直观和简单,运算速度快,应用范围很广。它的缺点在于当分子进化速率较大时,在建树过程会引入系统误差。

**4. 邻接法**(neighbor joining method,NJ)

NJ 法是一种推论叠加树的方法。在概念上与 UPGMA 法相同,但是有四点不同:

(1) NJ 法不要求距离符合超度量特性,但要求数据非常接近或符合叠加性条件,即该方法要求对距离进行校正;

(2) NJ 法在成聚过程中连接的是分类单元之间的节点(node),而不是分类单元本身;

(3) NJ 法中原始距离数据用于估算系统树上所有节点分类单元之间的距离矩阵,校正后的距离用于确定节点之间的连接顺序;

（4）在重建系统发育树时，NJ 法取消了 UPGMA 法所做的假定，认为在此进化分支上，发生趋异的次数可以不同。

**5. MP 法**(maximum parsimony method, MP)

MP 法的理论基础是奥卡姆(Ockham)哲学原则，这个原则认为：解释一个过程的最好理论是所需假设数目最少的那一个。

最大简约法的方法：

（1）计算所有可能的拓扑结构；

（2）计算出所需替代数最小的那个拓扑结构，作为最优树。

**6. 最大似然法**(maximum likelihood method, ML)

其原理是考虑到每个位点出现残基的似然值，将每个位置所有可能出现的残基替换概率进行累加，产生特定位点的似然值。ML 法对所有可能的系统发育树都计算似然函数，似然函数值最大的那棵树即为最可能的系统发育树。

利用 ML 法来推断一组序列的系统发生树，需首先确定序列进化的模型，如 Jukes-Cantor 模型、Kimura 二参数模型及一般二参数模型等。在进化模型选择合理的情况下，ML 法是与进化事实吻合最好的建树算法。其缺点是计算强度非常大，极为耗时。

下面比较以上几种主要的构树方法：一般情况下，若有合适的分子进化模型可供选择，用 ML 法构树获得的结果较好；对于近缘物种序列，通常情况下使用最大简约法；而对于远缘物种序列，一般使用 NJ 法或 ML 法。对于相似度很低的序列，NJ 法往往出现长枝吸引(branch attraction)现象，有时会严重干扰进化树的构建。对于各种方法重建进化树的准确性，Hall（2005）认为贝叶斯法最好，其次是 ML 法，然后是 MP 法。其实如果序列的相似性较高，各种方法都会得到不错的结果，模型间的差别也不大。NJ 法和 ML 法是需要选择模型的。蛋白质序列和 DNA 序列的模型选择是不同的。蛋白质序列的构树模型一般选择 Poisson correction(泊松修正)，而核酸序列的构树模型一般选择 Kimura2-parameter（Kimura2 参数）。

## 4.3.2　Bootstrap 检验

不同的方法可能会得到不同的结论，需要用不同的方法以及不同的参数，加上对生物问题的理解来构建最好的进化树，进而帮助我们更好地理解生物学问题。其中一个衡量进化树好坏的方法就是看 Bootstrap 值，该值越大越好。

Bootstrap 值即自展值，可用来检验所计算的进化树分支可信度。在重建进化树过程中，均需选择 Bootstrap 进行树的检验。如果 Bootstrap 值大于 70%，则认为重建的进化树较为可靠。如果 Bootstrap 值太低，则进化树的拓扑结构可能有错误，进化树是不可靠的。因此，一般推荐用两种以上不同的方法构建进化树，如果所得到的进化树类似，且

Bootstrap 值总体较高,则得到的结果较为可靠。通常情况下,只要选择了合适的方法和模型,构出的进化树均是有意义的,研究者可根据自己研究的需要选择最佳的树进行分析。

Bootstrap 值是指根据所选的统计计算模型,设定初始值 1000 次,就是把序列的位点都重排,重排后的序列再用相同的办法构树,如此让模型计算并绘制 1000 株系统发育树,这是命令阶段产生的。如果原来树的分枝在重排后构建的树中也出现了,就给这个分枝打上 1 分,如果没有出现就打 0 分,这样给进化树打分后,每个分枝就得出分值。系统发育树中每个节点上的数字则代表在命令阶段要求的 1000 次进化树分析中有多少次。重排的序列有很多组合,值越小说明分枝的可信度越低,最好根据数据的情况选用不同的构树方法和模型。

## 4.3.3 水平基因转移(HGT)及其对进化树分析的影响

众所周知,基因是一代一代垂直传递的。然而,科学家最近发现了一种基因,可以在不同的物种之间发生转移,这种基因水平转移涉及很多物种。有些基因可通过遗传获得,有些基因则不是,如溶菌酶基因 GH25。

数亿年以来,这种基因存在于病毒、细菌、古菌、真菌、植物和昆虫之间。这个基因之所以可以不遵照传统遗传法则,而在进化树上间隔性出现(见图 4-18),是因为它可以在不同的物种之间进行转移。也就是说,它的转移不是亲代和子代之间的垂直传递,而是不同生物个体之间的水平转移!

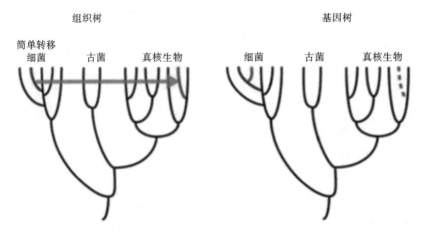

**图 4-18　HGT 的存在影响进化树分析**

水平基因转移(horizontal gene transfer,HGT)又称侧向基因转移(lateral gene transfer,LGT),是指在差异生物个体之间或单个细胞内部细胞器之间所进行的遗传物质的交流。差异生物个体可以是同种但含有不同的遗传信息的生物个体,也可以是远缘的,甚至没有亲缘关系的生物个体。单个细胞内部细胞器主要指的是叶绿体、线粒体及细胞核。水平基因转移是相对于垂直基因转移(亲代传递给子代)而提出的,它打破了亲缘关系的界限,使基因流动变得更为复杂。

水平基因转移是指在差异物种之间所进行的遗传物质的交流,是生物将遗传物质传递给其他细胞而非其子代的过程。与此相对,基因垂直转移是指生物由其"祖先"继承遗传物质。遗传学一般关心更为普遍的垂直传递,但目前的知识表明,基因水平转移是一个重要的现象。由于此现象的存在,使生物早期的演化关系更为复杂。

自从水平基因转移的概念被提出来以后,就成为分子生物学一个新的研究热点。早期对水平基因转移的研究主要集中在原核生物,一个重要的原因就是大量原核生物的核苷酸序列已经得到,可以利用生物信息学进行相关的分析。随着许多高等生物基因组测序的完成,人们开始关注真核生物的水平基因转移现象,水平基因转移研究开始在更广泛的范围开展。

评判水平基因转移的方法有进化树分析法、碱基组成分析法、选择压力分析法、内含子分析法、特殊序列分析法和核苷酸组成偏向性分析法等几种,或用以上方法联合起来综合评判。

运用最广泛、最简单的检验水平基因转移的方法是利用 Blast 相似性搜索。在亲缘关系较远的物种间,它们的某个特定基因或特定基因的某一段序列相似性极高,一般就可以作为水平基因转移的初始证据或怀疑对象。物种间绝大部分基因的进化关系与生物分类相符合,只有少数发生水平转移的基因进化关系与传统生物分类学差异极大。因而,进化树上进化枝的排列就成了判断水平基因转移的重要标准。有些基因在物种中是相当保守的,可以用它们来建立所研究物种的进化关系,作为判断其他基因是否发生水平转移的参考标准。用水平转移目标基因所构建的进化树与用保守基因或传统的分类学方法构建的进化树作比较,从而判断出目标基因是否发生水平转移以及发生转移的时间和地点。

# 4.4　Motif finding 中的概率模型

在统计学中,似然函数(likelihood function,通常简写为 likelihood,似然)是一个非常重要的内容,在非正式场合似然和概率(probability)几乎是一对同义词,但是在统计学中似然和概率却是两个不同的概念。概率是在特定环境下某件事情发生的可能性。也就是结果没有产生之前依据环境所对应的参数来预测某件事情发生的可能性,比如抛硬币,抛之前不知道最后是哪一面朝上,但是根据硬币的性质可以推测任何一面朝上的可能性均为 50%,这个概率只有在抛硬币之前才是有意义的,抛完硬币后的结果便是确定的;而似然刚好相反,是在确定的结果下去推测产生这个结果的可能环境(参数)。还是以抛硬币为例,假设随机抛掷一枚硬币 1000 次,结果 500 次人头朝上,500 次数字朝上,很容易判断这是一枚标准的硬币，两面朝上的概率均为 50％，这个过程就是根据结果来判断这个事情本身的性质（参数），也就是似然。

## 4.4.1　最大似然估计（MLE）

最大似然的基本原理如下：假设现在有一个样本，并且服从某种分布，这个分布中有参数，如果这个样本分布的具体参数是未知的，就需要通过抽样得到的样本进行分析，从而估计出一个较准确的相关参数。

这种通过抽样结果反推分布参数的方法就是"最大似然估计"。简单思考一下怎么去估计：已知的一个抽样结果和可能的分布（比如说高斯分布），就需要先设出分布的参数（比如高斯分布中就是设出 $\sigma$ 和 $\mu$），然后计算得到现在这个抽样数据的概率函数，令这个概率最大，得到相关参数的取值。

MLE 的思路简单表述就是能使得概率最大的参数一定是"最可能"的那个，这里的"最可能"也就是最大似然估计中"最大似然"的真正含义。

下面介绍一个具体的例子。设产品有合格、不合格两类，未知的是不合格品的概率 $p$，显然这是一个典型的两点分布 $b(1,p)$。用随机变量 $X$ 表示是否合格，$X=0$ 表示合格，$X=1$ 表示不合格。如果现在得到了一组抽样数据 $(x_1, x_2, \cdots, x_n)$，那么抽样得到这组数据的概率：

$$f(x_1 = x_1, x_2 = x_2, \cdots, x_n = x_n : p) = \prod_{i=1}^{n} p^{x_i} (1-p)^{1-x_i}$$

把上面这个联合概率称为样本的似然函数，一般将它两侧同时取对数（记为对数似然函数 $L(\theta)$）。$L(\theta)$ 关于 $p$ 的求偏导数，令偏导数为 0，即可求得使得 $L(p)$ 最大的 $p$ 值。

$$\frac{\partial L(p)}{\partial p} = 0 \rightarrow \hat{p} = \sum_{i=1}^{n} \frac{x_i}{n}$$

其中，求得的 $p$ 值称为 $p$ 的最大似然估计，为示区分，用 $\hat{p}$ 表示。其他分布可能计算过程更加复杂，然而基本的步骤与这个例子是一致的。

假设有一个造币厂生产某种硬币，现在拿到了一枚这种硬币，想试试这枚硬币是不是均匀的。即想知道抛这枚硬币，正反面出现的概率各是多少？（假设出现正面的概率为 $\theta$）

这是一个统计问题，要解决这个问题最重要的是数据，于是为了研究这枚硬币是否均匀，将这枚硬币抛掷 10 次，得到的数据（$x$）是：反正正正正反正正正反。正面概率 $\theta$ 是模型参数，而抛硬币模型可以假设是二项分布。

那么，出现实验结果 $x$（即反正正正正反正正正反）的似然函数是什么呢？

$$f(x, \theta) = (1-\theta) \times \theta \times \theta \times \theta \times \theta \times (1-\theta) \times \theta \times \theta \times \theta \times (1-\theta) = \theta^7 (1-\theta)^3 = f(\theta)$$

这是个只关于 $\theta$ 的函数。而最大似然估计就是要最大化这个函数。函数 $f(\theta)$ 的函数图像如图 4-19 所示。

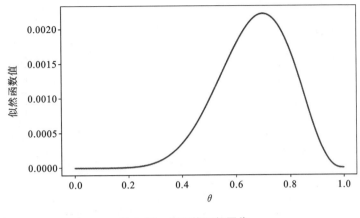

**图 4-19** $f(\theta)$ 的函数图像

可以看出,当 $\theta=0.7$ 时,似然函数取得最大值。

这样就完成了对 $\theta$ 的最大似然估计。即抛掷 10 次硬币,发现 7 次硬币正面向上,最大似然估计认为正面向上的概率是 0.7。即使在这个实验中发现结果是"反正正正正反正正正反",也很难说明所有人认为 $\theta=0.7$。

这里就包含了贝叶斯学派的思想——要考虑先验概率。为此,引入了最大后验概率估计。

## 4.4.2　最大后验概率估计(MAP)

最大似然估计是求参数 $\theta$,使似然函数 $P(x|\theta)$ 最大。最大后验概率估计(maximum a posteriori estimation)则是求 $\theta$,使 $P(x|\theta)P(\theta)$ 最大。求得的 $\theta$ 不仅要使似然函数大,而且要保证 $\theta$ 出现的先验概率也得大。

MAP 其实是求最大化

$$P(\theta|x)=\frac{P(x|\theta)\cdot P(\theta)}{P(x)} \tag{4.64}$$

中的参数 $\theta$。$x$ 是确定的(即投出的"反正正正正反正正正反"),$P(x)$ 是一个已知值,所以去掉了分母 $P(x)$(假设"投 10 次硬币"是一次实验,实验做了 1000 次,"反正正正正反正正正反"出现了 $n$ 次,则 $P(x)=n/1000$。总之,这是一个可以由数据集得到的值)。最大化 $P(\theta|x)$ 的意义也很明确,当 $x$ 确定时,求 $\theta$ 取何值使 $P(\theta|x)$ 最大。$P(\theta|x)$ 即后验概率,这就是"最大后验概率估计"名字的由来。

对于投硬币的例子来看,我们认为("先验地知道")$\theta$ 取 0.5 的概率很大,取其他值的概率小一些。用一个高斯分布来具体描述这个先验知识,如假设 $P(\theta)$ 为均值 0.5、方差 0.1 的高斯函数,其图像如图 4-20 所示,则 $P(x|\theta)P(\theta)$ 的函数图像如图 4-21 所示。

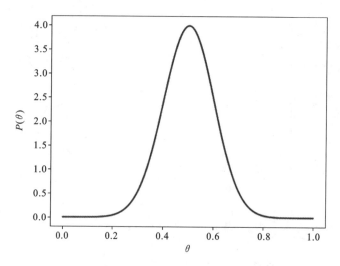

**图 4-20 均值 0.5、方差 0.1 的高斯函数**

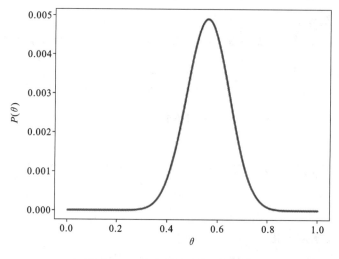

**图 4-21 $P(x|\theta)P(\theta)$ 的函数图像**

注意,此时函数取最大值时,$\theta$ 取值已向左偏移,不再是 0.7。实际上,当 $\theta = 0.558$ 时,函数取得了最大值。即用最大后验概率估计,得到 $\theta = 0.558$。

最后,要怎样才能说服一个贝叶斯派相信 $\theta = 0.7$ 呢? 这就得多做一些实验。如果做了 1000 次实验,其中 700 次都是正面向上,这时似然函数的图像如图 4-22 所示。

如果仍然假设 $P(\theta)$ 为均值 0.5、方差 0.1 的高斯函数,则 $P(x|\theta)P(\theta)$ 的函数图像如图 4-23 所示。

在 $\theta = 0.696$ 处,$P(x|\theta)P(\theta)$ 取得最大值。

这样,就算考虑了先验概率,$\theta$ 估计也可以被认为是在 0.7 附近了。

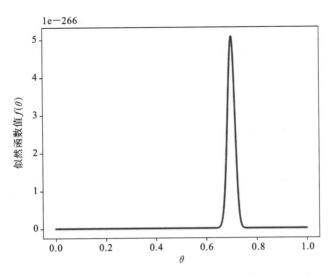

图 4-22　1000 次实验中 700 次都是正面向上时的似然函数

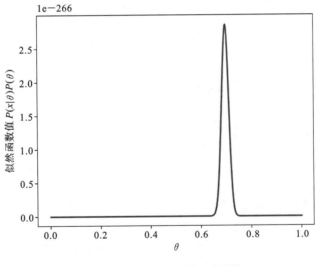

图 4-23　$P(x|\theta)P(\theta)$ 的函数图像

### 4.4.3　最大似然估计与最大后验概率估计的区别

通过前面介绍的内容,MLE 和 MAP 的区别已比较清楚了。最大似然估计以最大化观测数据集上的似然度为目标,强调从观测数据集上拟合出产生观测数据的分布;而最大后验概率估计则是以贝叶斯推断的一个典型应用,其强调将关于参数的先验知识代入参数估计中,以达到对参数不确性的建模。

在介绍最大似然估计与最大后验概率估计之前,不得不对于概率有不同看法的两大派别——频率学派与贝叶斯派进行介绍。他们看待世界的视角不同,导致他们对于产生数据的模型参数的理解也不同。

**1. 频率学派**

频率学派认为世界是确定的。他们直接为事件本身建模,也就是说事件在多次重复实验中趋于一个稳定的值 $p$,那么这个值就是该事件的概率。他们认为模型参数是个定值,希望通过类似解方程组的方式从数据中求得该未知数。这就是频率学派使用的参数估计方法——最大似然估计(MLE),这种方法在大数据量的情况下可以很好地还原模型的真实情况。

**2. 贝叶斯派**

贝叶斯派认为世界是不确定的,因获取的信息不同而异。假设对世界先有一个预先的估计,然后通过获取的信息来不断调整之前的预估计。他们不试图对事件本身进行建模,而是从旁观者的角度考虑。因此,对于同一个事件,不同的人掌握的先验知识不同的话,那么他们所认为的事件状态也会不同。他们认为,模型参数源自某种潜在分布,希望从数据中推知该分布。如果数据的观测方式或者假设不同,那么推知的该参数也会因此而存在差异。这就是贝叶斯派视角下用来估计参数的常用方法——最大后验概率估计(MAP),这种方法在先验假设比较靠谱的情况下效果显著。

## 4.4.4 最大期望算法(Expectation-Maximization algorithm,EM)

EM 算法是一种迭代算法,用于含有隐变量(hidden variable)的概率模型参数的极大似然估计或最大后验概率估计。EM 算法的每次迭代由两步组成,如图 4-24 所示:E 步,求期望(Expectation);M 步,求极大(Maximization)。所以该算法称为最大期望算法,简称 EM 算法。

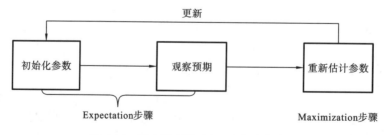

图 4-24 最大期望算法(EM)的迭代过程

EM 算法是针对测量数据不完全时，求参数的最大似然估计的统计方法。HMM 模型参数的估计，是 EM 算法的一个最常见且极有用的一种典型例子。

前面介绍的最大似然估计仅适用于不存在隐藏变量的概率模型。什么是隐藏变量，请看以下例子。假设现在班上有男女同学若干，同学们的身高服从正态分布，且男生身高分布的参数与女生身高分布的参数是不一样的。现在如果知道一个同学的身高，你很难确定这个同学是男是女。如果这个时候抽取样本，做最大似然估计，那么就需要做以下两步操作：第一步是估计样本中的每个同学是男生还是女生；第二步是估计男生和女生的身高分布的参数。

第二步就是最大似然估计，但难点在第一步猜测男女。用更抽象的语言可以这样描述：属于多个类别的样本混在一起，不同类别样本的参数不同，现在的任务是从总体中抽样，再通过抽样数据估计每个类别的分布参数。这个描述就是所谓的"在依赖于无法观测的隐藏变量的概率模型中，寻找参数最大似然估计"，隐藏变量在此处就是样本的类别（如上例中的男女）。这个时候则可以使用 EM 算法。

直观考虑这种隐藏变量的问题，会发现它很麻烦，因为会产生一个问题：只有知道了哪些样本是属于同一个类别的，才能根据最大似然函数估计这个类别样本的分布参数；同样，只有知道了不同类别样本的分布参数，才有可能判断某个样本到底属于哪个类别的概率更大。

这种情况下，可以先让其中一方随机确定一个值，然后根据这个值观察另一个值如何变化，再根据对方的变化调整己方。循环往复，最终双方都趋于收敛，从而确定相关的值。

百度百科上有一个形象的例子：

"食堂的大厨做了一道菜，等分成两份给俩人食用，显然没有必要用天平精确地等分，最方便的方法是先把菜随意分到两个盘中，再用肉眼看是否一样多，如果有一份比较多，则把多的那一份匀出一些放到另一个盘中，此过程一直迭代地执行下去，直到看不出两只盘盛的菜分量不同为止。"

EM 算法的求解思路：① 先根据经验为每个类别（即隐藏变量）赋予一个初始分布，这相当于假定了分布参数，然后根据分布的参数求取每个数据元组的隐藏变量的期望（相当于实施了归类操作）；② 再根据归类结果计算分布参数（向量）的最大似然值，然后根据这个最大似然值反过来重新计算每个元组的隐藏变量的期望。这样循环往复，如果隐藏变量的期望与参数的最大似然值趋于稳定，则 EM 算法执行完毕。

回顾上面男女生身高的例子：① 首先，我们根据经验，随机估计男生的身高分布为 $(1.7, 0.1)$，女生的为 $(1.55, 0.1)$，然后，可以根据参数求出每个数据（身高值）可能是男生的还是女生的，这个分类结果就是隐藏变量的期望；② 写出最大似然函数，根据"已知"每个数据的隐藏变量求出参数列表的最大似然值，反过来再执行①步，反复迭代，直到收敛。

综上，可以理解为什么 EM 算法要叫"最大化期望"算法，它由两步组成：第一步是 E

步,就是求期望;第二步是 M 步,就是最大化。

E 步(Expectation):根据当前的参数值,计算样本隐藏变量的期望。

M 步(Maximum):根据当前样本的隐藏变量,求解参数的最大似然估计。

现有样本 $x_1,x_2,\cdots,x_n$,设每个样本的隐藏变量(这里就当作是属的类别)为 $z_i$,其取值有 $m$ 种,即 $z^{(1)},\cdots,z^{(m)}$。EM 算法的任务是求解不同类别样本的参数的最大似然估计。具体步骤如下:

(1) 写出对数化后的似然函数。

假设对数似然函数如下:

$$\ln L(\theta)=\ln(p(x_1;\theta)\cdot\cdots\cdot p(x_n;\theta))=\sum_{i=1}^{n}\ln p(x_i;\theta)$$

$$=\sum_{i=1}^{n}\ln\sum_{j=1}^{m}p(x_i,z^{(j)};\theta) \tag{4.65}$$

式(4.65)其实就是分两步计算,第一步是对似然函数正常的对数化处理,第二步则把每个 $p(x_i;\theta)$ 用不同类别的联合分布的概率和表示。可以理解为抽到样本 $x_i$ 的概率为 $x_i$ 属于类 $z^{(1)}$ 的概率,加上 $x_i$ 属于类 $z^{(2)}$ 的概率,一直加到 $x_i$ 属于类 $z^{(m)}$ 的概率。

对式(4.65)化简,转换其形式。

为了方便推导,将 $x_i$ 对 $z$ 的分布函数用 $Q_i(z)$ 表示。那么对于 $Q_i(z)$,它一定满足如下条件:

$$\sum_{j=1}^{m}Q_i(z^{(j)})=1,\quad Q_i(z^{(j)})\geqslant 0$$

所以式(4.65)化简为

$$\ln L(\theta)=\sum_{i=1}^{n}\ln\sum_{j=1}^{m}p(x_i,z^{(j)};\theta)=\sum_{i=1}^{n}\ln\left[\sum_{j=1}^{m}Q_i(z^{(j)})\frac{p(x_i,z^{(j)};\theta)}{Q_i(z^{(j)})}\right]$$

使用凸函数情况下的琴生不等式有

$$\sum_{i=1}^{n}\ln\left[\sum_{j=1}^{m}\theta_i(z^{(j)})\frac{p(x_i,z^{(j)};\theta)}{\theta_i(z^{(j)})}\right]\geqslant\sum_{i=1}^{n}\left[\sum_{j=1}^{m}\theta_i(z^{(j)})\ln\frac{p(x_i,z^{(j)};\theta)}{Q_i(z^{(j)})}\right] \tag{4.66}$$

式(4.66)是整个 EM 算法的核心公式。化简的过程实际上包含了两步:第一步,简单地把 $Q_i(z)$ 嵌入;第二步,根据 $\ln()$ 函数是凸函数的性质,得到的最后 $\geqslant$ 的结果。通过化简,其实是求得了似然函数的一个下界(记为 $J(z,Q)$):

$$J(z,Q)=\sum_{i=1}^{n}\sum_{j=1}^{m}Q_i(z^{(j)})\ln\frac{p(x_i,z^{(j)};\theta)}{Q_i(z^{(j)})} \tag{4.67}$$

这个 $J(z,Q)$ 其实就是变量 $p(x_i,z^{(j)};\theta)/Q_i(z^{(j)})$ 的期望。在期望的算法 $E(X)=\sum xp(x)$ 中,$Q_i(z^{(j)})$ 相当于是概率。

$J(z,Q)$ 求导比较容易,但不应该对下界求导,而是要对似然函数求导。换个思路,下界取决于 $p(x_i,z^{(j)};\theta)$ 和 $Q_i(z^{(j)})$,如果能通过这两个值不断提升下界,使之不断逼近似然函数 $\ln L(\theta)$,则在某种情况下,$J(z,Q)=\ln L(\theta)$,就可以计算出结果。

# 4.5　聚类方法和基因表达数据分析

聚类算法(clustering)是机器学习中涉及对数据进行分组的一种算法。在给定的数据集中,可以通过聚类算法将其分成不同的组。在理论上,相同组的数据之间有相同的属性或特征,不同组的数据之间的属性或特征相差较大。聚类算法是一种非监督学习算法,并且作为一种常用的数据分析算法在很多领域得到广泛应用。

聚类是针对给定的样本,依据它们特征的相似度或距离,将其归并到若干个"类"或"簇"的数据分析问题。一个类是给定样本集合的一个子集。直观上,相似的样本聚集在相同的类,不相似的样本分散在不同的类。这里,样本之间的相似度或距离起着重要作用。

## 4.5.1　$k$ 均值($k$-means)聚类算法

$k$ 均值聚类算法是基于样本集合划分的聚类算法。$k$ 均值聚类算法将样本集合划分为 $k$ 个子集,构成 $k$ 个类,将 $n$ 个样本划分到 $k$ 个类中,每个样本到其所属类的中心的距离最小。每个样本只能属于一个类,所以 $k$ 均值聚类是硬聚类。

$k$ 均值聚类归结为样本集合 $X$ 的划分,或者从样本到类的函数的选择问题。$k$ 均值聚类的策略是通过损失函数的最小化选取最优的划分或函数 $C^*$。

首先,采用欧式距离平方(squared Euclidean distance)作为样本之间的距离 $d(x_i, x_j)$,即

$$d(x_i, x_j) = \sum_{k=1}^{m} (x_{ki} - x_{kj})^2 = \| x_i - x_j \|^2 \tag{4.68}$$

然后,定义样本与其所属类的中心之间的距离的总和为损失函数,即

$$W(C) = \sum_{l=1}^{k} \sum_{C(i)=l} \| x_i - \overline{x}_l \|^2 \tag{4.69}$$

式中:$\overline{x}_l = (\overline{x}_{1l}, \overline{x}_{2l}, \cdots, \overline{x}_{ml})^{\mathrm{T}}$ 是第 $l$ 类的均值或中心。函数 $W(C)$ 也称为能量,表示相同类中的样本相似的程度。

$k$ 均值聚类就是求解最优化问题:

$$C^* = \arg \min_C W(C) = \arg \min_C \sum_{l=1}^{k} \sum_{C(i)=l} \| x_i - \overline{x}_l \|^2$$

相似的样本被聚到同类时,损失函数最小,这个目标函数的最优化能达到聚类的目的。$k$ 均值聚类的算法是一个迭代的过程,每次迭代包括两个步骤。首先选择 $k$ 个类的中心,将样本逐个指派到与其最近的中心的类中,得到一个聚类结果;然后更新每个类的

样本的均值,作为类的新的中心;重复以上步骤,直到收敛为止。

$k$ 均值聚类算法的计算步骤如下:

(1)初始化。令 $t=0$,随机选择 $k$ 个样本点作为初始聚类中心 $m^{(0)}=(m_1^{(0)},\cdots,m_l^{(0)},\cdots,m_k^{(0)})$。

(2)对样本进行聚类。对固定的类中心 $m^{(t)}=(m_1^{(t)},\cdots,m_l^{(t)},\cdots,m_k^{(t)})$,其中 $m_l^{(t)}$ 为类 $G_l$ 的中心,计算每个样本到类中心的距离,将每个样本指派到与其最近的中心的类中,构成聚类结果 $C^{(t)}$。

(3)计算新的类中心。对聚类结果 $C^{(t)}$,计算当前各个类中的样本的均值,作为新的类中心 $m^{(t+1)}=(m_1^{(t+1)},\cdots,m_l^{(t+1)},\cdots,m_k^{(t+1)})$。

(4)如果迭代收敛或符合停止条件,输出 $C^*=C^{(t)}$。

否则,令 $t=t+1$,返回步骤(2)。

【例 4.3】 给定含有 5 个样本的集合

$$X=\begin{bmatrix}0&0&1&5&5\\2&0&0&0&2\end{bmatrix}$$

试用 $k$ 均值聚类算法将样本聚到 2 个类中。

**解** 按照上面的算法进行如下操作。

(1)选择两个样本点作为类的中心。假设选择 $m_1^{(0)}=x_1=(0,2)^T,m_2^{(0)}=x_2=(0,0)^T$。

(2)以 $m_1^{(0)}$、$m_2^{(0)}$ 为类 $G_1^{(0)}$、$G_2^{(0)}$ 的中心,计算 $x_3=(1,0)^T,x_4=(5,0)^T,x_5=(5,2)^T$ 与 $m_1^{(0)}=(0,2)^T,m_2^{(0)}=(0,0)^T$ 的欧式距离平方。

对 $x_3=(1,0)^T,d(x_3,m_1^{(0)})=5,d(x_3,m_2^{(0)})=1$,将 $x_3$ 分到类 $G_2^{(0)}$。

对 $x_4=(5,0)^T,d(x_4,m_1^{(0)})=29,d(x_4,m_2^{(0)})=25$,将 $x_4$ 分到类 $G_2^{(0)}$。

对 $x_5=(5,2)^T,d(x_5,m_1^{(0)})=25,d(x_5,m_2^{(0)})=29$,将 $x_5$ 分到类 $G_1^{(0)}$。

(3)得到新的类 $G_1^{(1)}=\{x_1,x_5\},G_2^{(1)}=\{x_2,x_3,x_4\}$,计算类的中心 $m_1^{(1)},m_2^{(1)}$:

$$m_1^{(1)}=(2.5,2.0)^T,\quad m_2^{(1)}=(2,0)^T$$

(4)重复步骤(2)和(3)。

将 $x_1$ 分到类 $G_1^{(1)}$,将 $x_2$ 分到类 $G_2^{(1)}$,$x_3$ 分到类 $G_2^{(1)}$,$x_4$ 分到类 $G_2^{(1)}$,$x_5$ 分到 $G_1^{(1)}$,得到新的类 $G_1^2=\{x_1,x_5\},G_2^2=\{x_2,x_3,x_4\}$。

由于得到的新的类没有改变,聚类停止。得到聚类结果如下:

$$G_1^*=\{x_1,x_5\},\quad G_2^*=\{x_2,x_3,x_4\}$$

## 4.5.2 基于高斯混合模型(GMM)的期望最大化(EM)聚类

高斯混合模型(GMM)较 $k$-means 具有更好的灵活性。使用 GMM 时,需要假设数据点是高斯分布的,相对于环形的数据而言,这个假设的严格程度与均值相比弱很多。为了在每个聚类簇中找到这两个高斯参数(均值和标准差),将使用优化算法——EM。

（1）首先设定聚类簇的数量，然后随机初始化每个集群的高斯分布参数。也可以通过快速查看数据来为初始参数提供一个很好的猜测。

（2）给定每个簇的高斯分布，计算每个数据点属于特定簇的概率。一个点越靠近高斯分布的中心，它就越可能属于该簇。对于高斯分布，这应该可以直观地进行理解，因为我们假设了大多数数据都靠近集群的中心。

（3）基于这些概率，为高斯分布计算一组新的参数，这样就可以最大化集群中数据点的概率。使用数据点位置的加权和计算这些新参数，其中权重是属于特定集群的数据点的概率。

（4）重复进行第（2）步和第（3）步，直至收敛，也就是在收敛过程中，迭代变化不大。

### 4.5.3 EM 聚类与 $k$-means 的区别

在特定条件下，$k$-means 和 GMM 方法可以互相用对方的思想来表达。在 $k$-means 中，根据距离每个点最接近的类中心来标记该点的类别，这里假设每个类簇的尺度接近且特征的分布不存在不均匀性。这也解释了为什么在使用 $k$-means 前对数据进行归一会有效。高斯混合模型则不会受到这个约束，因为它对每个类簇分别考察特征的协方差模型。$k$-means 算法和高斯混合模型的区别如图 4-25 所示。

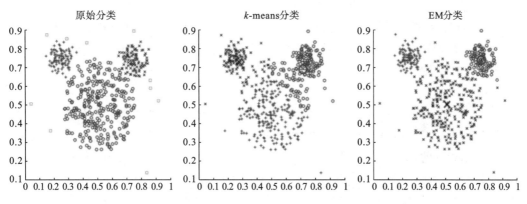

**图 4-25** $k$-means **算法和高斯混合模型（GMM）的区别**

$k$-means 算法可以被视为高斯混合模型的一种特殊形式。整体上看，高斯混合模型能提供更强的描述能力，因为聚类时数据点的从属关系不仅与近邻相关，还会依赖于类簇的形状。$n$ 维高斯分布的形状由每个类簇的协方差决定。在协方差矩阵上添加特定的约束条件后，可能会通过 GMM 和 $k$-means 得到相同的结果。

在 $k$-means 方法中使用 EM 来训练高斯混合模型时对初始值的设置非常敏感。而对比 $k$-means，GMM 方法有更多的初始条件要设置。实践中不仅初始类中心要指定，协方差矩阵和混合权重也要设置。可以运行 $k$-means 来生成类中心，并以此作为高斯混合模型的初始条件。由此可见,两个算法有相似的处理过程,主要区别在于模型的复杂度不同。

## 4.5.4　基因表达数据分析

基因集富集分析(gene set enrichment analysis,GSEA)用来评估一个预先定义的基因集的基因在与表型相关度排序的基因表中的分布趋势,从而判断其对表型的贡献。其输入数据包含两部分:一是已知功能的基因集(可以是 GO 注释、MsigDB 的注释或其他符合格式的基因集定义);二是表达矩阵(也可以是排序好的列表)。软件首先会根据基因与表型的关联度(可以理解为表达值的变化)对其从大到小进行排序,然后判断基因集内每条注释下的基因是否富集于表型相关度排序后基因表的上部或下部,从而判断此基因集内基因的协同变化对表型变化的影响。

给定一个排序的基因表 L 和一个预先定义的基因集 S(如编码某个代谢通路的产物的基因、基因组上物理位置相近的基因或同一 GO 注释下的基因),GSEA 的目的是判断 S 里面的成员 s 在 L 里面是随机分布还是主要聚集在 L 的顶部或底部。这些基因排序的依据是其在不同表型状态下的表达差异,若研究的基因集 S 的成员显著聚集在 L 的顶部或底部,则说明此基因集成员对表型的差异有贡献,也是我们关注的基因集。

GSEA 计算中的几个关键概念:

(1) 计算富集得分(enrichment score,ES)。ES 反映基因集成员 s 在排序列表 L 的两端富集的程度。计算方式是,从基因集 L 的第一个基因开始,计算一个累计统计值。若遇到一个落在 s 里面的基因,则增加统计值;若遇到一个不在 s 里面的基因,则降低统计值。

每一步统计值增加或减小的幅度与基因的表达变化程度(更严格的是与基因与表型的关联度,可能是 fold-change,也可能是 pearson corelation 值,后面将介绍几种不同的计算方式)是相关的,既可以是线性相关,也可以是指数相关(具体见后面参数选择)。富集得分最后定义为最大的峰值。正值 ES 表示基因集在列表的顶部富集,负值 ES 表示基因集在列表的底部富集。

(2) 评估富集得分(ES)的显著性。通过基于表型而不改变基因之间关系的排列检验(permutation test)计算观察到的富集得分(ES)出现的可能性。若样品量少,也可基于基因集做排列检验,计算 p-value。

(3) 多重假设检验校正。首先对每个基因子集 s 计算得到的 ES 根据基因集的大小进行标准化得到 Normalized Enrichment Score(NES)。随后针对 NES 计算假阳性率(计算 NES 也有另外一种方法,计算出的 ES 除以排列检验得到的所有 ES 的平均值)。

(4) Leading-edge subset,对富集得分贡献最大的基因成员。

与 GO 富集分析的差异在于 GSEA 分析不需要指定阈值($p$ 值或 FDR)来筛选差异基因,我们可以在没有经验存在的情况下分析我们感兴趣的基因集,而这个基因集不一定是显著差异表达的基因。GSEA 分析可以将那些 GO/KEGG 富集分析中容易遗漏掉的差异表达不显著却有着重要生物学意义的基因包含在内。

# 4.6 基因网络推断和分析

对于某些特征,个体与个体之间的差异不大,如中国成年男子的身高绝大多数在 1.74 m。正态分布描述类似这样群体特征大致相同的情况。

对于另一些特征,个体与个体之间的差异明显。如个人收入,大多数人月收入不到 1 万,而少数人月收入高达百万。幂律分布描述类似这样多数个体量级很小,少数个体量级很大的情况。

幂律分布广泛存在于物理学、生物学、社会学、经济学等众多领域中,也同样存在于复杂网络中。学者发现,对于许多现实世界中的复杂网络,如互联网、社会网络等,各节点拥有的连接数(度,Degree)服从幂律分布,如图 4-26 所示。也就是说,大多数"普通"节点拥有很少的连接,而少数"热门"节点拥有极多的连接。这样的网络称为无标度网络(scale-free Network),网络中的"热门"节点称为枢纽节点(Hub)。

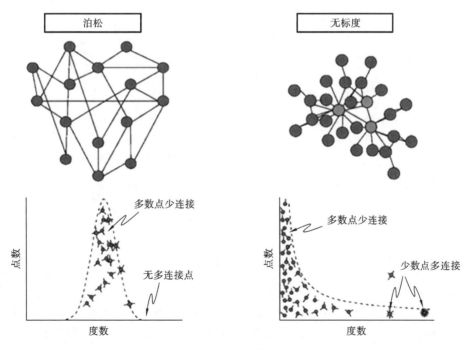

图 4-26  正态分布(左)与无标度网络(右)(Li, et al., 2011)

如社会网络中,大多数节点的度会很小,而少数节点的度很大,这部分节点在消息的传递上具有相当高的话语权。又如在互联网中,各个网站通过页面链接建立关系。绝大部分网站只有少数站外链接,但有一些网站有相当多的站外链接,如新浪网等门户网站。生物网络大多是无标度网络。

### 4.6.1 贝叶斯网络

贝叶斯网络(Bayesian Network),是一种概率图模型,模拟人类推理过程中因果关系的不确定性处理模型,其网络拓扑结构是一个有向无环图(DAG)。贝叶斯网络的有向无环图中的节点表示随机变量,它们是可观察到的变量、隐变量、未知参数等。认为有因果关系(或非条件独立)的变量或命题用箭头来连接。若两个节点间以一个单箭头连接在一起,表示其中一个节点是"因",另一个节点是"果",两个节点就会产生一个条件概率值。连接两个节点的箭头代表此两个随机变量具有因果关系,或非条件独立。

图 4-27 所示的是一个简单的贝叶斯网络,其对应的全概率公式为

$$P(a,b,c)=P(c|a,b)P(b|a)P(a) \tag{4.70}$$

图 4-28 所示的为一个较复杂的贝叶斯网络,其对应的全概率公式为

$$P(x_1,x_2,x_3,x_4,x_5,x_6,x_7)$$
$$=P(x_1)P(x_2)P(x_3)P(x_4|x_1,x_2,x_3)P(x_5|x_1,x_3)P(x_6|x_4)P(x_7|x_4,x_5) \tag{4.71}$$

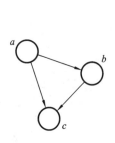

图 4-27　一个简单的贝叶斯网络

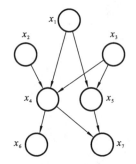

图 4-28　较复杂的贝叶斯网络

### 4.6.2 贝叶斯网络 Student 模型

将学生的成绩、课程难度、智力、SAT(scholastic assessment test)得分、推荐信等作为变量,通过一张有向无环图可以把这些变量的关系表示出来。成绩由课程难度和智力决定,SAT 成绩由智力决定,而推荐信由成绩决定。该模型对应的概率图如图 4-29 所示。

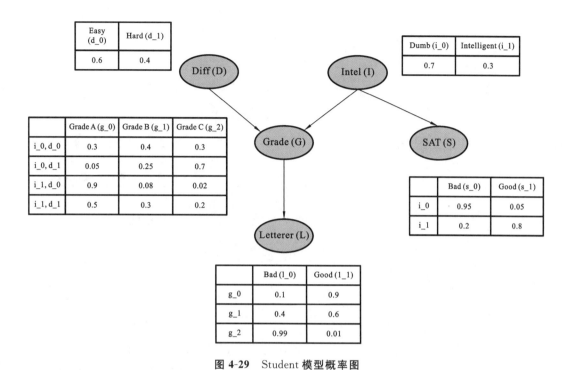

图 4-29　Student 模型概率图

# 4.7　数据降维及其应用

## 4.7.1　降维的目的

在机器学习中,降维的目的是进行特征选择和特征提取。特征选择和特征提取的不同之处如下。

(1) 特征选择:选择重要特征子集,并删除其余特征;

(2) 特征提取:由原始特征形成较少的新特征。

在特征提取中,要找到 $k$ 个新的维度的集合,这些维度是原来 $k$ 个维度的组合,这个方法可以是监督的,也可以是非监督的,其中 PCA(主成分分析)是非监督的降维方法,LDA(线性判别分析)是监督的方法,这两个都是通过线性投影来做降维的。另外,因子分析和多维标定(mds)也是非监督的线性降维方法。

数据降维的方法如图 4-30 所示。

数据降维的目的主要有以下几方面:

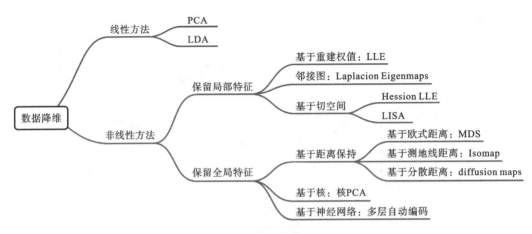

图 4-30　数据降维的方法

（1）减少预测变量的个数；

（2）确保这些变量是相互独立的；

（3）提供一个框架来解释结果。

降维算法是一种无监督学习算法，其特征是将数据从高维降低到低维层次。这里，维度表示数据特征量的大小，例如，房价包含房子的长、宽、面积与房间数量四个特征，也就是维度为 4 维的数据。可以看出，面积＝长×宽，长与宽事实上与面积表示的信息重叠了。通过降维，可以去除长与宽，即将特征减少为面积与房间数量两个特征。

降维的好处如下：

（1）去除冗余信息，数据从高维降低到低维；

（2）压缩数据；

（3）数据可视化（如将 5 维的数据压缩至 2 维，则可以用二维平面来可视）。

在有关"阅读机器学习"方面的论文中，经常会看到有作者提到"curse of dimensionality"，中文译为"维数灾难"，这到底是一个什么样的"灾难"？本文将通过一个例子来介绍"curse of dimensionality"以及它在分类问题中的重要性。

假设现在有一组照片，每一张照片里有一只猫或者一条狗。我们希望设计一个分类器，可以自动地将照片中的动物辨别开来。为了实现这个目标，首先需要考虑如何将照片中动物的特征用数字的形式表达出来。猫与狗的最大区别是什么？有人可能首先想到猫与狗的颜色不一样，有人则可能想到猫与狗的大小不一样。假设从颜色来辨别猫与狗，可以设计三个特征：红色的平均值、绿色的平均值和蓝色的平均值，来决定照片中的动物属于哪一个类：

```
1 if 0.5* red+0.3* green+0.2*blue>0.6
2     return cat
3     else
4     return dog
```

但是,仅仅通过这三个特征进行分类可能无法得到一个令人满意的结果。因此,可以再增加一些特征,如大小、纹理等。也许增加特征之后,分类的结果满意度会有所提高。但是,特征是不是越多越好?

从图 4-31 可以看出,分类器的性能随着特征个数的变化不断增加,超过某一个值后,性能不升反降。这种现象称为"维数灾难"。

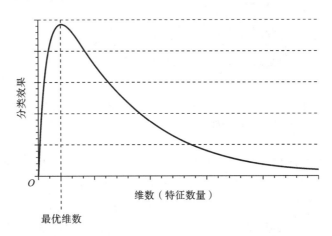

图 4-31　随着维数的增加,分类器的性能也会提高,直到达到最佳特征数为止。在不增加训练样本数量的情况下进一步增加维数会导致分类器性能下降(Vincent Spruyt,2014)

继续之前的例子。假设地球上猫和狗的数量是无限的,由于有限的时间和计算能力,仅仅选取了 10 张照片作为训练样本。我们的目的是基于这 10 张照片来训练一个线性分类器,使得这个线性分类器可以对剩余的猫或狗的照片进行正确分类。从只用一个特征来辨别猫和狗开始:

从图 4-32 可以看出,如果仅仅只有一个特征的话,猫和狗几乎是均匀分布在这条线段上,很难将 10 张照片线性分类。那么,增加一个特征后的情况会怎么样?

Feature 1

图 4-32　单一特征无法完全分离我们的训练数据(Vincent Spruyt,2014)

增加一个特征后,从图 4-33 可以发现,仍然无法找到一条直线将猫和狗分开。所以,考虑需要再增加一个特征。

如果我们在图 4-34 的基础上再增加一个特征,就可以成功地将类完美地分类出来,如图 4-35 所示。

此时,我们找到了一个平面将猫和狗分开,如图 4-34 所示。需要注意的是,只有一个特征时,假设特征空间是长度为 5 的线段,则样本密度是 $10/5＝2$。有两个特征时,特征

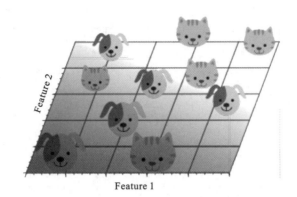

图 4-33 添加第二个特征仍然不会导致线性可分离的分类问题:在此示例
中,没有一行可以将所有猫与所有狗分开(Vincent Spruyt, 2014)

空间大小是 $5 \times 5 = 25$,样本密度是 $10/25 = 0.4$。有三个特征时,特征空间大小是 $5 \times 5 \times 5 = 125$,样本密度是 $10/125 = 0.08$。如果继续增加特征数量,样本密度会更加稀疏,也就更容易找到一个超平面将训练样本分开。因为随着特征数量趋向于无限大,样本密度非常稀疏,训练样本被分错的可能性趋向于零。当我们将高维空间的分类结果映射到低维空间时,一个严重的问题出现了,如图 4-36 所示。

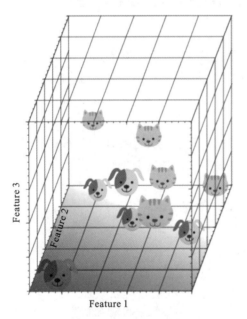

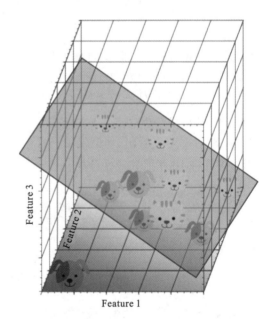

图 4-34 在我们的示例中,添加第三个特征会导致线性可分离的分类问题。存在一种可以将狗和猫完美分开的平面(Vincent Spruyt, 2014)

图 4-35 我们使用的功能越多,成功将类完美分离的可能性就越高(Vincent Spruyt, 2014)

从图 4-36 可以看出,将三维特征空间映射到二维特征空间后的结果。尽管在高维特征空间时训练样本线性可分,但是映射到低维空间后,结果正好相反。事实上,增加特征数量使得高维空间线性可分,相当于在低维空间内训练了一个复杂的非线性分类器。不过,这个非线性分类器太过"聪明",仅仅学到了一些特例。如果将其用来辨别那些未曾出现在训练样本中的测试样本时,通常结果不太理想。这其实就是我们在机器学习中学过的过拟合问题。

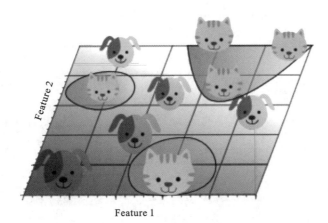

图 4-36　使用太多特征会导致过拟合。分类器开始学习特定于训练数据的异
常,并且在遇到新数据时不能很好地概括(Vincent Spruyt,2014)

　　尽管图 4-37 所示的只采用两个特征的线性分类器分错了一些训练样本,准确率似乎没有图 4-35 所示的高,但是采用两个特征的线性分类器的泛化能力比采用三个特征的线性分类器要强。因为采用两个特征的线性分类器学习到的不只是特例,而是一个整体趋势,对于那些未曾出现过的样本也可以较好地辨别开来。换句话说,通过减少特征数量,可以避免出现过拟合问题,从而避免"维数灾难"。

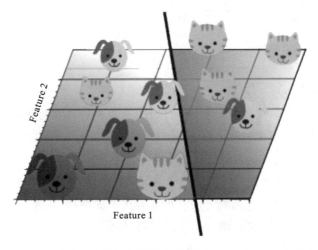

图 4-37　采用两个特征的线性分类器(Vincent Spruyt,2014)

图 4-38 从另一个角度诠释了"维数灾难"。假设只有一个特征时，特征的值域是[0，1]，每一只猫和狗的特征值都是唯一的。如果希望训练样本覆盖特征值值域的 20％，那么就需要猫和狗总数的 20％。增加一个特征后，为了继续覆盖特征值值域的 20％就需要猫和狗总数的 45％（$0.45^2 = 0.2$）。继续增加一个特征后，需要猫和狗总数的 58％（$0.58^3 = 0.2$）。随着特征数量的增加，为了覆盖特征值值域的 20％，就需要更多的训练样本。如果没有足够的训练样本，就可能会出现过拟合问题。

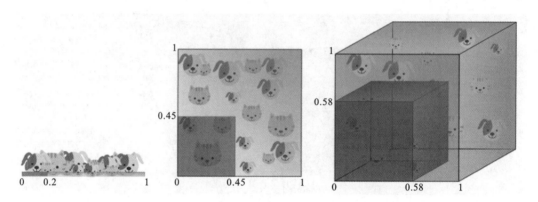

**图 4-38** 覆盖 20％的特征范围所需的训练数据量随尺寸的数量呈指数增长（Vincent Spruyt，2014）

通过上述例子可以看出，特征数量越多，训练样本就会越稀疏，分类器的参数估计就会越不准确，更容易出现过拟合问题。"维数灾难"的另一个影响是训练样本的稀疏性并不是均匀分布，处于中心位置的训练样本比四周的训练样本更加稀疏。

假设有一个二维特征空间，如图 4-39 所示的矩形，在矩形内部有一个内切的圆形。由于越接近圆心的样本越稀疏，因此，相比于圆形内的样本，那些位于矩形四个角落的样本更加难以分类。那么，随着特征数量的增加，圆形的面积会不会变化呢？这里假设超立方体（hypercube）的边长 $d=1$，那么计算半径为 0.5 的超球体（hypersphere）的体积（volume）的公式为

$$V(d) = \frac{\pi^{d/2}}{\Gamma\left(\frac{d}{2}+1\right)} 0.5^d$$

从图 4-40 可以看出，随着特征数量的增加，超球体的体积逐渐减小直至趋向于零，然而超立方体的体积却不变。这个结果有点出乎意料，但部分说明了分类问题中的"维数灾难"：在高维特征空间中，大多数的训练样本位于超立方体的角落。

图 4-41 显示了不同维度下样本的分布情况。在 8 维特征空间中，共有 $2^8 = 256$ 个角落，而 98％的样本分布在这些角落。随着维度 $d$ 的不断增加，从样本点到质心的最大、最小欧氏距离的差值与其最小欧氏距离的比值趋于 0，即

$$\lim_{d \to \infty} \frac{\text{dist}_{max} - \text{dist}_{min}}{\text{dist}_{min}} \to 0 \tag{4.72}$$

式中：$\text{dist}_{max}$ 和 $\text{dist}_{min}$ 分别表示样本到中心的最大与最小欧氏距离。

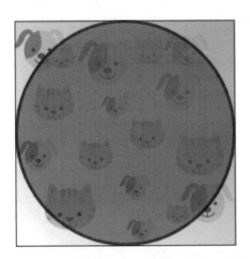

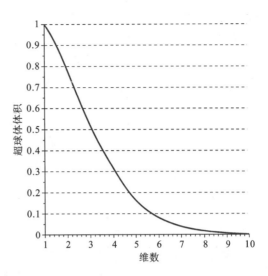

图 4-39　落在单位圆之外的训练样本位于特征空间的角落,并且比靠近特征空间中心的样本更难分类(Vincent Spruyt,2014)

图 4-40　随着维数的增加,超球体的体积趋于零(Vincent Spruyt,2014)

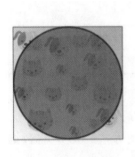 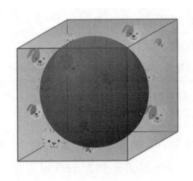 

图 4-41　随着维数的增加,较大比例的训练数据驻留在特征空间的角落(Vincent Spruyt,2014)

因此,在高维特征空间中对于样本距离的度量就失去了意义。由于分类器基本都依赖于如 Euclidean 距离、Manhattan 距离等,所以在特征数量过大时,分类器的性能就会下降。

如何避免"维数灾难"呢? 图 4-31 显示了分类器的性能随着特征个数的变化而不断增加,过了某一个值后,性能不升反降。这里的某一个值到底是多少呢? 目前,还没有方法来确定分类问题中的这个阈值,而是依赖于训练样本的数量、决策边界的复杂性以及分类器的类型。理论上,如果训练样本的数量无限大,那么就不会存在"维数灾难",可以采用任意多的特征来训练分类器。但事实上,训练样本的数量是有限的,所以不应该采用过多的特征。此外,那些需要精确的非线性决策边界的分类器,如 Neural Network、KNN、Decision Trees 等的泛化能力往往并不是很好,更容易发生过拟合问题。因此,在设计这些分类器时应当慎重考虑特征的数量。相反,那些泛化能力较好的分类器,如 Na-ive Bayesian、Linear Classifier 等,可以适当增加特征的数量。

如果给定了 $N$ 个特征,该如何从中选出 $M$ 个最优特征呢？最简单粗暴的方法是尝试所有特征的组合,从中挑出 $M$ 个最优特征。然而,这非常耗时,或者说是不可行。其实,已经有许多特征选择算法(feature selection algorithms)来帮助我们确定特征的数量以及选择特征。此外,还有许多特征抽取方法(feature extraction methods),如 PCA 等。交叉验证(cross-validation)也常常被用于检测与避免过拟合问题。

## 4.7.2　数据降维的常见方法

数据降维的常见方法如表 4-2 所示。

**表 4-2　数据降维的常见方法**

| 降维方法 | 属性选择 | 过滤法 |
|---|---|---|
| | 映射方法 | 线性映射,如 PCA、LDA 等 |
| | | 非线性映射,如 KPCA、KFDA 等 |
| | | 非线性映射:二维化 |
| | | 非线性映射,如流形学习、ISOMap、LLE、LPP 等 |
| | 其他方法 | 神经网络和聚类 |

**1. LDA(线性判别式分析)法**

LDA 的思想可以用一句话概括,即"投影后类内方差最小,类间方差最大"。将数据在低维度上进行投影,投影后希望每一种类别数据的投影点尽可能的接近,而不同类别的数据的类别中心之间的距离尽可能的大。

1) 优点

在降维过程中可以使用类别的先验知识经验,而像 PCA 这样的无监督学习则无法使用类别先验知识;LDA 在样本分类信息依赖均值而不是方差时,比 PCA 之类的算法要更好。

2) 缺点

LDA 不适合对非高斯分布样本进行降维,PCA 也有这个问题;LDA 降维最多降到类别数 $k-1$ 的维数,如果降维的维度大于 $k-1$,则不能使用 LDA。当然,目前有一些 LDA 的进化版算法可以绕过这个问题。LDA 在样本分类信息依赖方差而不是均值时,降维效果不好,可能过度拟合数据。

**2. PCA(主成分分析)法**

主成分分析(principal components analysis,PCA)是重要的降维方法之一。PCA 顾

名思义,就是找出数据里最主要的方面,用数据里最主要的方面来代替原始数据。其中心思想是:"使得降维后数据整体的方差最大。"

　　PCA 是一种使用最广泛的数据降维算法。PCA 的主要思想是:将 $n$ 维特征映射到 $k$ 维上,这 $k$ 维特征是全新的正交特征,也称为主成分,是在原有 $n$ 维特征的基础上重新构造出来的。通俗讲,就是将高维度数据变为低维度数据。例如,基于电商的用户数据可能有上亿维,可以采用 PCA 把维度从亿级别降低到万级别或千级别,从而提高计算效率。

　　PCA 通过线性变换,将原始数据变换为一组各维度线性无关的表示,可用于提取数据的主要特征分量,常用于高维数据的降维。设有 $m$ 条 $n$ 维数据,进行如下操作:

　　(1) 将原始数据按列组成 $m$ 行 $n$ 列矩阵 $\boldsymbol{X}$;

　　(2) 将 $\boldsymbol{X}$ 的每一列进行零均值化,即减去这一行的均值;

　　(3) 求出协方差矩阵 $\boldsymbol{C}$;

　　(4) 求出协方差矩阵的特征值及对应的特征向量;

　　(5) 将特征向量按对应的特征值大小从左到右排成矩阵,取前 $k$ 列组成的 $n \times k$ 矩阵 $\boldsymbol{P}$;

　　(6) $\boldsymbol{Y} = \boldsymbol{XP}$,即为降到 $k$ 维后的数据。

　　PCA 把原先的 $n$ 个特征用数目更少的 $k$ 个特征取代,新特征是旧特征的线性组合,这些线性组合最大化样本方差,尽量使新的 $k$ 个特征互不相关。

　　1) 向量的内积

　　下述内容介绍之前,需要弄懂几个基本概念,首先是向量的内积。向量的内积在高中就已经学过,两个维数相同的向量的内积被定义为

$$(a_1, a_2, \cdots, a_n) \cdot (b_1, b_2, \cdots, b_n)^{\mathrm{T}} = a_1 b_1 + a_2 b_2 + \cdots + a_n b_n \tag{4.73}$$

这个定义很好理解,那么内积的几何意义是什么呢?如图 4-42 所示,$\overrightarrow{OA}$ 与 $\overrightarrow{OB}$ 的内积即为 $\overrightarrow{OA}$ 在 $\overrightarrow{OB}$ 方向上的投影 $\overrightarrow{OC}$ 的模与 $\overrightarrow{OB}$ 的模的乘积。

　　内积的另一种表述方法为向量的模乘向量之间的夹角的余弦值,即

$$\overrightarrow{OA} \cdot \overrightarrow{OB} = |\overrightarrow{OA}| \, |\overrightarrow{OB}| \cos\alpha \tag{4.74}$$

如果假设 $\overrightarrow{OB}$ 的模为 1,即单位向量,那么

$$\overrightarrow{OA} \cdot \overrightarrow{OB} = |\overrightarrow{OA}| \cos\alpha \tag{4.75}$$

可以发现,内积其实就是向量 $\overrightarrow{OA}$ 在向量 $\overrightarrow{OB}$ 的方向上的投影的长度。

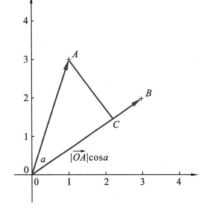

图 4-42　向量内积的几何意义

　　2) 散度

　　接下来考虑一个问题:对于空间中的所有样本点,如何找到一个超平面对所有的样本进行恰当的表达?举个例子,在二维空间内,想把数据降为一维,那么应该把样本点投影到 $x$ 轴还是 $y$ 轴呢?对于这个问题,需要找到的

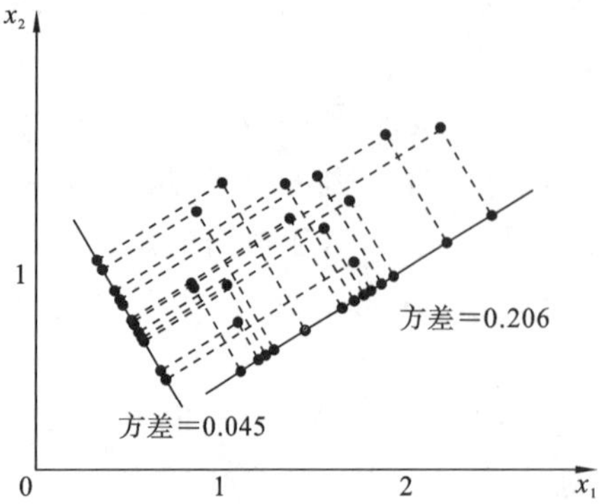

图 4-43  样本点在不同方差的超平面散度

超平面满足最大可分性:样本点在这个超平面上的投影尽可能分开,这个分开的程度称为散度。散度可以采用方差或协方差来衡量(在机器学习中,样本的方差较大时,对最终的结果影响会优于方差较小的样本)。如图 4-43 所示,对于方差为 0.2 的超平面,散度高于方差为0.045的超平面,因此,方差为 0.2 的超平面即为我们所需。

下面再简单补充下协方差的知识。

方差是用来形容单个维度样本的波动程度,协方差是指多个维度样本数据的相关性,其计算公式为

$$\text{Cov}(X,Y) = \frac{\sum_{i=1}^{n}(X_i - \bar{x})(Y_i - \bar{Y})}{n-1} = E(XY) - E(X)E(Y) \tag{4.76}$$

其中 $\text{Cov}(X,Y) \in (-1,1)$,绝对值越大说明相关性越高。注意,协方差不等于相关系数,相关系数是协方差除标准差,相关系数的相除操作把样本的单位去除了,因此结果更加标准化一些。

3) 协方差矩阵

PCA 的首要目标是让投影后的散度最大,因此要对所有超平面的投影都做一次散度的计算,并找到最大散度的超平面。为了方便计算,需要构建协方差矩阵:

$$\boldsymbol{C} = \begin{bmatrix} \text{Cov}(x,x) & \text{Cov}(x,y) & \text{Cov}(x,z) \\ \text{Cov}(y,x) & \text{Cov}(y,y) & \text{Cov}(y,z) \\ \text{Cov}(z,x) & \text{Cov}(z,y) & \text{Cov}(z,z) \end{bmatrix}$$

$\boldsymbol{C}$ 是一个三维的协方差矩阵,其中对角线的值是样本本身的协方差即方差,非对角线的值是不同样本之间的协方差。注意,在 PCA 中,我们会对所有的数据进行中心化的操作,中心化后数据的均值为 0,即

$$x_i = x_i - \frac{1}{m}\sum_{i=1}^{m} x_i \tag{4.77}$$

根据上文提到的协方差计算公式(4.76),可以得到数据样本的协方差矩阵为

$$\text{Cov}(\boldsymbol{X}_i) = \frac{1}{m}\sum_{i=1}^{m}(\boldsymbol{X}_i - \bar{\boldsymbol{X}}_i)^2 = \frac{1}{m}\sum_{i=1}^{m}\boldsymbol{X}_i^2$$
$$= \frac{1}{m}\sum_{i=1}^{m}\boldsymbol{X}_i \cdot \boldsymbol{X}_i^{\text{T}} \tag{4.78}$$

设可投影的超平面为 $\boldsymbol{V}$,要求投影的协方差,可以根据第一条提到的向量的内积。因此,可以得到投影后的值为 $\boldsymbol{V}^{\text{T}} \cdot \boldsymbol{X}_i$,计算投影后的方差为

$$S^2 = \frac{1}{m}\sum_{i=1}^{m}[\boldsymbol{V}^{\text{T}}\boldsymbol{X}_i - E(\boldsymbol{V}^{\text{T}}\boldsymbol{X})]^2 \tag{4.79}$$

进一步做中心化操作,期望值为 0,所以有

$$S^2 = \frac{1}{m}\sum_{i=1}^{m}(\boldsymbol{V}^{\mathrm{T}}\boldsymbol{X}_i)^2 = \frac{1}{m}\sum_{i=1}^{m}\boldsymbol{V}^{\mathrm{T}}\boldsymbol{X}_i\boldsymbol{X}_i^{\mathrm{T}}\boldsymbol{V}$$

$$= \frac{1}{m}\sum_{i=1}^{m}\boldsymbol{X}_i\boldsymbol{X}_i^{\mathrm{T}}\boldsymbol{V}\boldsymbol{V}^{\mathrm{T}} \tag{4.80}$$

投影的方差即以原数据样本的协方差矩阵乘 $\boldsymbol{V}\boldsymbol{V}^{\mathrm{T}}$。为了后续表述方便,设原数据样本的协方差矩阵为 $\boldsymbol{C}$,即

$$S^2 = \boldsymbol{V}^{\mathrm{T}}\boldsymbol{C}\boldsymbol{V} \tag{4.81}$$

4)最大化散度

目前已获得了投影散度的计算方法,再看看 PCA 的首要目标:让投影后的散度最大。既然是要最大化散度,那么就会涉及优化,然而这里有一个限制条件,即超平面向量的模为 1,即

$$\mathrm{argmax}\boldsymbol{V}^{\mathrm{T}}\boldsymbol{C}\boldsymbol{V}$$
$$\mathrm{s.\,t.}\quad |\boldsymbol{V}|=1 \tag{4.82}$$

对于有限制条件的优化问题,采用拉格朗日乘子法来解决,即

$$f(\boldsymbol{V},\alpha)=\boldsymbol{V}^{\mathrm{T}}\boldsymbol{C}\boldsymbol{V}-\alpha(\boldsymbol{V}\boldsymbol{V}^{\mathrm{T}}-1) \tag{4.83}$$

对于求极值的问题,通过求导解决,对 $\boldsymbol{V}$ 求导,即

$$\frac{\partial f}{\partial \boldsymbol{V}}=2\boldsymbol{C}\boldsymbol{V}-2\alpha\boldsymbol{V} \tag{4.84}$$

令导数为 0,即

$$\boldsymbol{C}\boldsymbol{V}=\alpha\boldsymbol{V} \tag{4.85}$$

上式是特征值、特征向量的定义式,其中 $\alpha$ 即是特征值,$\boldsymbol{V}$ 即是特征向量,这也就解释了前面提到的问题,为何 PCA 是求特征值与特征向量,即特征值分解。最后把求出来的偏导代入式(4.83)中,即

$$f(\boldsymbol{V},\alpha)=\alpha \tag{4.86}$$

由公式可知,散度的值只由 $\alpha$ 决定,$\alpha$ 的值越大,散度越大,也就是说,需要找到最大的特征值与对应的特征向量。

5)特征值、特征向量

通过上面的推导了解了特征值与特征向量,那么特征向量和特征值到底有什么意义?

首先,要明确一个矩阵和一个向量相乘有什么意义? 即等式左边 $\boldsymbol{C}\boldsymbol{V}$ 的意义。矩阵和向量相乘实际上是把向量投影到矩阵的列空间,更通俗的理解就是对该向量做个旋转或伸缩变换。下面来看一个例子。

给定一个矩阵 $\boldsymbol{A}=\begin{bmatrix}4&1\\1&4\end{bmatrix}$,对于 $\boldsymbol{X}_1=\begin{bmatrix}1\\0\end{bmatrix}$,则有 $\boldsymbol{A}\boldsymbol{X}_1=\begin{bmatrix}4\\1\end{bmatrix}$;对于 $\boldsymbol{X}_2=\begin{bmatrix}0\\1\end{bmatrix}$,则有 $\boldsymbol{A}\boldsymbol{X}_2=\begin{bmatrix}1\\4\end{bmatrix}$;对于 $\boldsymbol{X}_3=\begin{bmatrix}1\\1\end{bmatrix}$,则有 $\boldsymbol{A}\boldsymbol{X}_3=5\begin{bmatrix}1\\1\end{bmatrix}$。

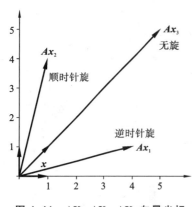

图 4-44　$AX_1$、$AX_2$、$AX_3$ 向量坐标

从图 4-44 中可以发现($X_3$ 为特征向量,$X_1$,$X_2$ 为非特征向量):

● 一个矩阵和该矩阵的非特征向量相乘是对该向量的旋转变换,如 $AX_1$、$AX_2$。

● 一个矩阵和该矩阵的特征向量相乘是对该向量的伸缩变换,如 $AX_3$。

再看下等式(4-85)右边 $\alpha V$,一个标量和一个向量相乘,就是对一个向量的伸缩变换。

通过以上分析发现,$CV = \alpha V$ 的意思就是:特征向量在矩阵的伸缩变换下,伸缩了"特征值"倍。

6) 降维

接下来是最后一步了,把所有的特征值按照降序排列,根据最终需要的维度 $d$ 来选取排在前 $d$ 的特征向量,并组成一个矩阵 $W^* = (w_1, w_2, \cdots, w_d)$,把原始样本数据与投影矩阵做矩阵乘法,即可得到降维后的结果。对于超参数 $d$ 的选择,可采用交叉验证来选择。PCA 与 LDA 是常用的两种降维方法,其特征如表 4-3 所示。

表 4-3　PCA 与 LDA 的区别

| | 相　同　点 | 不　同　点 |
|---|---|---|
| LDA 与 PCA 的区别 | 对数据进行降维处理 | LDA 有监督、PCA 无监督 |
| | 矩阵特征分解思想 | LDA 最多降维到 $k-1$ 维数,而 PCA 没有 |
| | 都假设数据符合高斯分布 | LDA 还可以用于分类 |
| | 都选择一个特定方向 | LDA 选择分类性能最好的投影方向,PCA 选择投影后样本点整体方差最大的方向 |

7) LASSO:通过参数缩减实现降维

LASSO(least absolute shrinkage and selection operator)是一种压缩估计,通过在 cost function 中构造一个正则化项,从而训练到一个较为精炼的模型,可以压缩一些系数(设定一些系数为零),也是一种有偏估计。LASSO 的基本思想是:在回归系数的绝对值之和小于一个常数的约束条件下,使残差平方和最小化(构造拉格朗日函数解决),从而产生某些严格等于 0 的回归系数,得到可解释的模型。

LASSO 本身是一种回归方法。与常规回归方法不同的是,LASSO 可以通过参数缩减对参数进行选择,从而达到降维的目的。

### 4.7.3　数据降维的应用

(1) 因在特征提取和数据降维方面的优越性,PCA 近年来被广泛应用于特征提取、信号评测和信号探测等方面。其中,人脸识别是 PCA 的一个经典应用领域:利用 $K\text{-}L$ 变换抽取人脸的主要成分,构成特征脸空间,识别时将测试图像投影到此空间,得到一组投影系数,通过与各个人脸图像比较进行识别。利用特征脸法进行人脸识别的数据降维部分具体步骤如下。

**Step 1**　假设训练集有 200 个样本,由灰度图组成,则训练样本矩阵为

$$x = (x_1, x_2, \cdots, x_{200})^\mathrm{T}$$

其中,向量 $x_i$ 为由第 $i$ 个图像的向量按列堆叠成一列的 $M \times N$ 维向量。

**Step 2**　计算训练图片的平均脸:

$$\psi = \frac{1}{200} \sum_{i=1}^{i=200} x_i$$

**Step 3**　计算差值脸,即每一张人脸与平均脸的差值:

$$d_i = x_i - \psi, \quad i = 1, 2, \cdots, 200$$

**Step 4**　构建协方差矩阵:

$$C = \frac{1}{200} \sum_{i=1}^{200} d_i d_i^\mathrm{T} = \frac{1}{200} AA^\mathrm{T}, \quad A = (d_1, d_2, \cdots, d_{200})$$

**Step 5**　求协方差矩阵的特征值和特征向量,构造特征脸空间:首先采用奇异值分解定理,通过求解 $A^\mathrm{T}A$ 的特征值和特征向量来获得 $AA^\mathrm{T}$ 的特征值和特征向量。求出 $A^\mathrm{T}A$ 的特征值 $\lambda_i$ 及其正交归一化特征向量 $V_i$。根据特征值的贡献率选取前 $p$ 个最大特征向量及其对应的特征向量。贡献率是指选取的特征值的和与占所有特征值的和比,即 $\varphi = \sum_{i=1}^{i=p} \lambda_i / \sum_{i=1}^{i=200} \lambda_i \geqslant a$。一般取 $a = 99\%$,即使训练样本在前 $p$ 个特征向量集上的投影有 99% 的能量,再求出原协方差矩阵的特征向量: $u_i = AV_i / \sqrt{\lambda_i} (i = 1, 2, \cdots, p)$。则特征脸空间为

$$w = (u_1, u_2, \cdots, u_p)$$

**Step 6**　将每一张人脸与平均脸的差值脸矢量投影到“特征脸”空间,即

$$\Omega_i = w^\mathrm{T} d_i, \quad i = 1, 2, \cdots, 200$$

至此,根据需要提取了前面最重要的部分,将 $p$ 后面的维数省去,从而达到降维的效果,同时保持了 99% 以上的原有的数据信息,接着就可以很方便地进行人脸的识别匹配了。

(2) LDA 常用来提取特征向量,因此被广泛用于模式识别、特征提取、图像识别等领域。因其利用有监督的学习得到可分离的数据,也被用于聚类分析中。如果用 LDA 算法进行人脸特征提取,假设对于一个 $\mathbf{R}^n$ 空间有 $m$ 个样本,分别为 $x_1, x_2, \cdots, x_m$,即每个 $x$ 是一个 $n$ 行的矩阵,其中 $n_i$ 表示属于 $i$ 类的样本个数,一共有 $c$ 个类。首先,得到类 $i$ 的样本均值和总体样本均值,再求出类间离散度矩阵和类内离散度矩阵。LDA 算法希望所分的类之间的耦合度低,同时类内的聚合度高,即类内离散度矩阵中的数值要小,而类间离散度矩阵中的数值要大,此处根据 Fisher 鉴别准则找到由一组最优鉴别矢量构成的投影矩阵 $W_\mathrm{opt}$,其列向量为 $d$ 个最大特征值所对应的特征向量,其中 $d \leqslant c-1$,从而完成了数据的降维和聚类。

# 4.8 其他概率统计模型方法简介和方法选择的建议

## 4.8.1 支持向量机

支持向量机（support vector machine,SVM）是一种二类分类模型。它的基本模型是定义在特征空间上的间隔最大的线性分类器；支持向量机还包括核技巧，这使它成为实质上的非线性分类器。支持向量机的学习策略就是间隔最大化，可形式化为一个求解凸二次规划（convex quadratic programming）的问题，也等价于正则化的合页损失函数的最小化问题。支持向量机的学习算法是求解凸二次规划的最优化算法。

考虑一个二类分类问题。假设输入空间与特征空间为两个不同的空间。输入空间为欧式空间或离散集合，特征空间为欧式空间或希尔伯特空间。线性可分支持向量机、线性支持向量机假设这两个空间的元素一一对应，并将输入空间中的输入映射为特征空间中的特征向量。非线性支持向量机利用一个从输入空间到特征空间的非线性映射将输入映射为特征向量。所以，输入都由输入空间转换到特征空间，支持向量机的学习是在特征空间进行的。

假设给定一个特征空间上的训练数据集

$$T = \{(x_1, y_1), (x_2, y_2), \cdots, (x_N, y_N)\}$$

其中，$x_i \in \chi = \mathbf{R}^n$，$y_i \in \gamma = \{+1, -1\}$，$i = 1, 2, \cdots, N$。$x_i$ 为第 $i$ 个特征向量，也称为实例，$y_i$ 为 $x_i$ 的类标记。当 $y_i = +1$ 时，称 $x_i$ 为正例；当 $y_i = -1$ 时，称 $x_i$ 为负例。$(x_i, y_i)$ 称为样本点。再假设训练数据集是线性可分的。

学习的目标是在特征空间中找到一个分离超平面，能将实例分到不同的类。分离超平面对应于方程 $\boldsymbol{w} \cdot \boldsymbol{x} + b = 0$，它由法向量 $\boldsymbol{w}$ 和截距 $b$ 决定的，可用 $(\boldsymbol{w}, b)$ 来表示。分离超平面将特征空间划分为两部分：一部分是正类；另一部分是负类。法向量指向的一侧为正类，另一侧为负类。

一般地，当训练数据集线性可分时，存在无穷个分离超平面，可将两类数据正确分开。线性可分支持向量机利用间隔最大化求最优分离超平面，这时解是唯一的。

给定线性可分训练数据集，通过间隔最大化或等价地求解相应的凸二次规划问题，学习得到的分离超平面为

$$\boldsymbol{w}^* \cdot \boldsymbol{x} + b^* = 0$$

以及相应的分类决策函数

$$f(\boldsymbol{x}) = \operatorname{sign}(\boldsymbol{w}^* \cdot \boldsymbol{x} + b^*)$$

称为线性可分支持向量机。

考虑图 4-45 所示的二维特征空间中的分类问题。图中"○"表示正类,"×"表示负类。训练数据集线性可分,这时有许多直线能将两类数据正确划分。线性可分支持向量机对应着将两类数据正确划分并且间隔最大的直线。

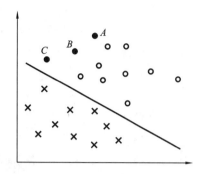

在图 4-45 中,有 $A$、$B$、$C$ 三个点,表示 3 个实例,均在分离超平面的正类一侧,预测它们的类。点 $A$ 距分离超平面较远,若预测该点为正类,就比较确信预测是正确的;点 $C$ 距分离超平面较近,若预测该点为正类,就不那么确信;点 $B$ 介于点 $A$ 与 $C$ 之间,预测其为正类的确信度也在 $A$ 与 $C$ 之间。

**图 4-45 线性可分支持向量机将两类数据正确划分并且间隔最大的直线**

一般来说,一个点距分离超平面的远近可以表示分类预测的确信程度。在超平面 $w \cdot x + b = 0$ 确定的情况下,$|w \cdot x + b|$ 能够相对地表示点 $x$ 距离超平面的远近。而 $w \cdot x + b$ 的符号与类标记 $y$ 的符号是否一致能够表示分类是否正确。所以可用量 $y(w \cdot x + b)$ 来表示分类的正确性及确信度,这就是函数间隔(functional margin)的概念。

## 4.8.2 决策树(有监督算法,概率算法)

决策树(decision tree)是一种基本的分类与回归方法。决策树模型呈树形结构,在分类问题中,表示基于特征对实例进行分类的过程。其主要优点是模型具有可读性,分类速度快。学习时,利用训练数据,根据损失函数最小化的原则建立决策树模型。预测时,利用决策树模型对新的数据进行分类。决策树学习通常包括 3 个步骤:特征选择、决策树的生成和决策树的修剪。

分类决策树模型是一种描述实例分类的树形结构。决策树由节点(node)和有向边(directed edge)组成。节点有内部节点(internal node)和叶节点(leaf node)两种类型。内部节点表示一个特征或属性,叶节点表示一个类。

用决策树分类,从根节点开始,对实例的某一特征进行测试,根据测试结果,将实例分配到其子节点;这时,每一个子节点对应着该特征的一个取值。如此递归地对实例进行测试并分配,直至达到叶节点。最后将实例分到叶节点的类中。图 4-46 是一个决策树的示意图。图中圆和方框分别表示内部节点和叶节点。

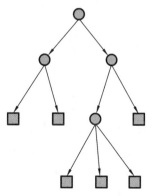

**图 4-46 决策树模型**

假设给定训练数据集

$$D = \{(x_1, y_1), (x_2, y_2), \cdots, (x_N, y_N)\}$$

其中，$\boldsymbol{x}_i = (x_i^{(1)}, x_i^{(2)}, \cdots, x_i^{(n)})^{\mathrm{T}}$ 为输入实例（特征向量），$n$ 为特征个数，$y_i \in \{1, 2, \cdots, K\}$ 为类标记，$i = 1, 2, \cdots, N$，$N$ 为样本容量。决策树学习的目标是根据给定的训练数据集构建一个决策树模型，使它能够对实例进行正确的分类。

**1. 特征选择问题**

特征选择在于选取对训练数据具有分类能力的特征，以提高决策树学习的效率。如果利用一个特征进行分类的结果与随机分类的结果没有很大差别，则称这个特征是没有分类能力的，经验上去除这样的特征对决策树学习的精度影响不大。通常特征选择的准则是信息增益（information gain）或信息增益比。

举个例子，客户向银行提出贷款申请，银行要根据申请人的特征利用决策树决定是否批准贷款申请。

图 4-47 所示的是两个可能的决策树，分别由两个不同特征的根节点构成。图 4-47（a）所示的根节点的特征是年龄，有 3 个取值，对应于不同的取值有不同的子节点。图 4-47（b）所示的根节点的特征是有工作，有 2 个取值，对应于不同的取值有不同的子节点。两个决策树都可以从此延续下去。问题是：究竟选择哪个特征更好？这就要求确定选择特征的准则。直观上，如果一个特征具有更好的分类能力，或者说，按照这一特征将训练数据集分割成子集，使得各个子集在当前条件下有最好的分类，那么就更应该选择这个特征。信息增益就能够很好地表示这一直观的准则。

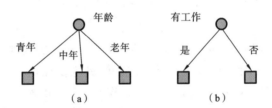

图 4-47　两个可能的决策树

为了便于说明，先给出熵与条件熵的定义。

在信息论与概率统计中，熵（entropy）是表示随机变量不确定性的度量。设 $X$ 是一个取有限个值的离散随机变量，其概率分布为

$$P(X = x_i) = p_i, \quad i = 1, 2, \cdots, n$$

则随机变量 $X$ 的熵定义为

$$H(X) = -\sum_{i=1}^{n} p_i \log p_i \tag{4.87}$$

式（4.87）中，若 $p_i = 0$，则定义为 $0\log 0 = 0$。通常，此式中的对数以 2 或 e 为底，这时熵的单位分别称为比特（bit）或纳特（nat）。由定义可知，熵只依赖于 $X$ 的分布，而与 $X$ 的取值无关，所以也可将 $X$ 的熵记作 $H_{(p)}$，即

$$H_{(p)} = -\sum_{i=1}^{n} p_i \log p_i \tag{4.88}$$

熵越大,随机变量的不确定性就越大。从定义可验证

$$0 \leqslant H_{(p)} \leqslant \log n$$

设有随机变量 $(X,Y)$,其联合概率分布为

$$P(X = x_i, Y = y_i) = p_{ij}, \quad i = 1, 2, \cdots, n; j = 1, 2, \cdots, m$$

条件熵 $H(Y|X)$ 表示在已知随机变量 $X$ 的条件下随机变量 $Y$ 的不确定性。随机变量 $X$ 给定的条件下随机变量 $Y$ 的条件熵(conditional entropy) $H(Y|X)$,定义为 $X$ 给定条件下 $Y$ 的条件概率分布的熵对 $X$ 的数学期望,即

$$H(Y \mid X) = \sum_{i=1}^{n} p_i H(Y \mid X = x_i) \tag{4.89}$$

这里, $p_i = P(X = x_i), i = 1, 2, \cdots, n$。

信息增益表示得知特征 $X$ 的信息而使得类 $Y$ 的信息的不确定性减少的程度。根据信息增益准则的特征选择方法是:对训练数据集(或子集) $D$,计算其每个特征的信息增益,并比较它们的大小,选择信息增益最大的特征。

信息增益的算法如下。

输入:训练数据集 $D$ 和特征 $A$;

输出:特征 $A$ 对训练数据集 $D$ 的信息增益 $g(D,A)$。

(1) 计算数据集 $D$ 的经验熵 $H(D)$,即

$$H(D) = -\sum_{k=1}^{K} \frac{|C_k|}{|D|} \log_2 \frac{|C_k|}{|D|} \tag{4.90}$$

(2) 计算特征 $A$ 对数据集 $D$ 的经验条件熵 $H(D|A)$,即

$$H(D \mid A) = \sum_{i=1}^{n} \frac{|D_i|}{|D|} H(D_i) = -\sum_{i=1}^{n} \frac{|D_i|}{|D|} \sum_{k=1}^{K} \frac{|D_{ik}|}{|D_i|} \log_2 \frac{|D_{ik}|}{|D_i|} \tag{4.91}$$

(3) 计算信息增益,即

$$g(D,A) = H(D) - H(D|A) \tag{4.92}$$

**2. 决策树的生成**

ID3 算法的核心是在决策树各个节点上应用信息增益准则选择特征,递归地构建决策树。具体方法是:从根节点(root node)开始,对节点计算所有可能的特征的信息增益,选择信息增益最大的特征作为节点的特征,由该特征的不同取值建立子节点;再对子节点递归地调用以上方法,构建决策树;直到所有特征的信息增益均很小或没有特征可以选择为止,最后得到一棵决策树。ID3 相当于用最大似然法进行概率模型的选择。

ID3 算法如下。

输入:训练数据集 $D$,特征集 $A$,阈值 $\varepsilon$;

输出:决策树 $T$。

(1) 若 $D$ 中所有实例属于同一类 $C_k$,则 $T$ 为单节点树,并将类 $C_k$ 作为该节点的类标记,返回 $T$;

(2) 若 $A = \varnothing$,则 $T$ 为单节点树,并将 $D$ 中实例数最大的类 $C_k$ 作为该节点的类标

记，返回 $T$；

（3）否则，按信息增益算法计算 $A$ 中各特征对 $D$ 的信息增益，选择信息增益最大的特征 $A_g$；

（4）如果 $A_g$ 的信息增益小于阈值 $\varepsilon$，则置 $T$ 为单节点树，并将 $D$ 中实例数最大的类 $C_k$ 作为该节点的类标记，返回 $T$；

（5）否则，对 $A_g$ 的每一可能值 $a_i$，依 $A_g = a_i$ 将 $D$ 分割为若干个非空子集 $D_i$，将 $D_i$ 中实例数最大的类作为标记，构建子节点，由节点及其子节点构成树 $T$，返回 $T$；

（6）对第 $i$ 个子节点，以 $D_i$ 为训练集，以 $A - \{A_g\}$ 为特征集，递归地调用第（1）～（5）步，得到子树 $T_i$，返回 $T_i$。

### 3. 决策树的剪枝

决策树算法递归地产生决策树，直到不能继续下去为止。这样产生的树往往对训练数据的分类很准确，但对未知的测试数据的分类却没有那么准确，即出现过拟合现象。过拟合的原因在于学习时过多地考虑如何提高对训练数据的正确分类，从而构建出过于复杂的决策树。解决这个问题的办法是考虑决策树的复杂度，对已生成的决策树进行简化。

在决策树学习中将已生成的树进行简化的过程称为剪枝（pruning）。具体来说，剪枝从已生成的树上裁掉一些子树或叶节点，并将其根节点或父节点作为新的叶节点，从而简化分类树模型。

树的剪枝算法如下。

输入：生成算法产生的整个树 $T$，参数 $\alpha$。

输出：修剪后的子树 $T_\alpha$。

（1）计算每个节点的经验熵。

（2）递归地从树的叶节点向上回缩。

设一组叶节点回缩到其父节点之前与之后的整体树分别为 $T_B$ 与 $T_A$，其对应的损失函数值分别是 $C_\alpha(T_B)$ 与 $C_\alpha(T_A)$，如果

$$C_\alpha(T_A) \leqslant C_\alpha(T_B)$$

则进行剪枝，即将父节点变为新的叶节点。

（3）返回步骤（2），直至不能继续为止，得到损失函数最小的子树 $T_\alpha$。

## 4.8.3　随机森林（集成算法中最简单的，模型融合算法）

随机森林是一种有监督学习算法，是以决策树为基本单元的集成学习算法。随机森林非常简单，易于实现，计算开销也很小，在分类和回归上表现出非常惊人的性能。因此，随机森林被誉为"代表集成学习技术水平的方法"。

集成学习通过建立几个模型组合来解决单一预测问题。它的工作原理是生成多个

分类器/模型,各自独立地学习和做出预测。这些预测最后结合成单预测,因此优于任何一个单分类做出的预测。随机森林是集成学习的一个子类,依靠于决策树的投票选择来决定最后的分类结果。

我们要将一个输入样本进行分类,就需要将该样本归纳到每棵决策树中进行分类。打个形象的比喻:森林中召开会议,讨论某个动物到底是老鼠还是松鼠,每棵树都要独立地发表对这个问题的看法,也就是每棵树都要投票。该动物到底是老鼠还是松鼠,要依据投票情况来确定,获得票数最多的类别就是森林的分类结果。森林中的每棵树都是独立的,99.9%不相关的树做出的预测结果涵盖所有的情况,这些预测结果将会彼此抵消。少数优秀的树的预测结果将会超脱于芸芸"噪声",做出一个好的预测。将若干个弱分类器的分类结果进行投票选择,从而组成一个强分类器,这就是随机森林 Bagging 的思想。

随机森林通过以下方式缓解决策树的过拟合问题,并能提高精度。

(1) 随机森林本质上是多个算法平等地聚集在一起。每棵决策树都是对随机生成的训练集(行)和随机生成的特征集(列)进行训练而得到的。

(2) 随机性的引入使得随机森林不容易陷入过拟合,具有很好的抗噪能力,有效缓解了单棵决策树的过拟合问题。

(3) 每一棵决策树训练样本是随机的有样本的放回抽样。

随机森林的特点如下:

(1) 在当前所有算法中,具有极高的准确率;

(2) 能够有效地运行在大数据集上;

(3) 能够处理具有高维特征的输入样本,而且不需要降维;

(4) 能够评估各个特征在分类问题上的重要性;

(5) 在生成过程中,能够获取到内部生成误差的一种无偏估计;

(6) 对于缺省值问题也能够获得很好的结果。

## 4.8.4 逻辑斯谛回归(线性算法)

逻辑斯谛回归(logistic regression)是统计学习中的经典分类方法。它是广义线性模型 GLM 的一种,可以看成是一个最简单的神经网络。

设 $X$ 是连续随机变量,$X$ 服从逻辑斯谛分布是指 $X$ 具有下列分布函数和密度函数:

$$F(x) = P(X \leqslant x) = \frac{1}{1 + e^{-\frac{x-\mu}{\gamma}}} \tag{4.93}$$

$$f(x) = F(x) = \frac{e^{-\frac{x-\mu}{\gamma}}}{\gamma(1 + e^{-\frac{x-\mu}{\gamma}})^2} \tag{4.94}$$

式中:$\mu$ 为位置参数;$\gamma > 0$ 为形状参数。

逻辑斯谛分布的密度函数 $f(x)$ 和分布函数 $F(x)$ 的图形如图 4-48 所示。分布函数属于逻辑斯谛函数,其图形是一条 $S$ 形曲线(sigmoid curve)。该曲线以点 $\left(\mu,\frac{1}{2}\right)$ 为中心对称,即满足

$$F(-x+\mu)-\frac{1}{2}=-F(x+\mu)+\frac{1}{2} \tag{4.95}$$

曲线在中心附近增长速度较快,在两端增长速度较慢。形状参数 $\gamma$ 的值越小,曲线在中心附近增长得越快。

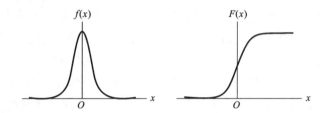

**图 4-48　逻辑斯谛分布的密度函数与分布函数**

二项逻辑斯谛回归模型(binomial logistic regression model)是一种分类模型,由条件概率分布 $P(Y|X)$ 表示,形式为参数化的逻辑斯谛方法。这里,随机变量 $X$ 取值为实数,随机变量 $Y$ 取值为 1 或 0,通过监督学习的方法来估计模型参数。

二项逻辑斯谛回归模型是如下的条件概率分布:

$$P(Y=1|\boldsymbol{x})=\frac{\exp(\boldsymbol{w}\cdot\boldsymbol{x}+b)}{1+\exp(\boldsymbol{w}\cdot\boldsymbol{x}+b)} \tag{4.96}$$

$$P(Y=0|\boldsymbol{x})=\frac{1}{1+\exp(\boldsymbol{w}\cdot\boldsymbol{x}+b)} \tag{4.97}$$

这里,$\boldsymbol{x}\in\mathbf{R}^n$ 是输入,$Y\in\{0,1\}$ 是输出,$\boldsymbol{w}\in\mathbf{R}^n$、$b\in\mathbf{R}$ 是参数,$\boldsymbol{w}$ 称为权值向量,$\boldsymbol{w}\cdot\boldsymbol{x}$ 为 $\boldsymbol{w}$ 和 $\boldsymbol{x}$ 的内积。

对于给定的输入实例 $\boldsymbol{x}$,按照上面两个式子可以求得 $P(Y=1|\boldsymbol{x})$ 和 $P(Y=0|\boldsymbol{x})$,逻辑斯谛回归比较两个条件概率值的大小,将实例 $\boldsymbol{x}$ 分到概率值较大的那一类。

有时为了方便,将权值向量和输入向量加以扩充,仍记作 $\boldsymbol{w}$、$\boldsymbol{x}$,即 $\boldsymbol{w}=(w^{(1)},w^{(2)},\cdots,w^{(n)},b)^{\mathrm{T}}$,$\boldsymbol{x}=(x^{(1)},x^{(2)},\cdots,x^{(n)},1)^{\mathrm{T}}$。这时,逻辑斯谛回归模型如下:

$$P(Y=1|\boldsymbol{x})=\frac{\exp(\boldsymbol{w}\cdot\boldsymbol{x})}{1+\exp(\boldsymbol{w}\cdot\boldsymbol{x})} \tag{4.98}$$

$$P(Y=0|\boldsymbol{x})=\frac{1}{1+\exp(\boldsymbol{w}\cdot\boldsymbol{x})} \tag{4.99}$$

现在考查逻辑斯谛回归的特点。一个事件的几率(odds)是指该事件发生的概率与该事件不发生的概率的比值。如果事件发生的概率是 $p$,那么该事件的几率是 $\frac{p}{1-p}$,该事件的对数几率(log odds)或 logit 函数是

$$\mathrm{logit}(p)=\log\frac{p}{1-p} \tag{4.100}$$

对逻辑斯谛回归而言,由式(4.98)和式(4.99)得

$$\log \frac{P(Y=1|\boldsymbol{x})}{1-P(Y=1|\boldsymbol{x})} = \boldsymbol{w} \cdot \boldsymbol{x} \tag{4.101}$$

这就是说,在逻辑斯谛回归模型中,输出 $Y=1$ 的对数几率是输入 $\boldsymbol{x}$ 的线性函数。或者说,输出 $Y=1$ 的对数几率是由输入 $\boldsymbol{x}$ 的线性函数表示的模型,即逻辑斯谛回归模型。

换一个角度看,考虑对输入 $\boldsymbol{x}$ 进行分类的线性函数 $\boldsymbol{w} \cdot \boldsymbol{x}$,其值域为实数域。注意,这里 $x \in \mathbf{R}^{n+1}$,$w \in \mathbf{R}^{n+1}$。通过逻辑斯谛回归模型定义式(4.98)可以将线性函数 $\boldsymbol{w} \cdot \boldsymbol{x}$ 转换为概率:

$$P(Y=1|x) = \frac{\exp(\boldsymbol{w} \cdot \boldsymbol{x})}{1+\exp(\boldsymbol{w} \cdot \boldsymbol{x})} \tag{4.102}$$

这时,线性函数的值越接近正无穷,概率值就越接近 1;线性函数的值越接近负无穷,概率值就越接近 0。这样的模型就是逻辑斯谛回归模型。

## 4.8.5　AdaBoost

AdaBoost 算法是一种提升方法,将多个弱分类器组合成强分类器。AdaBoost 是英文"Adaptive Boosting"(自适应增强)的缩写,由 Yoav Freund 和 Robert Schapire 在 1995 年提出。

它的自适应在于:前一个弱分类器分错的样本的权值(样本对应的权值)会得到加强,权值更新后的样本再次被用来训练下一个新的弱分类器。在每轮训练中,用总体(样本总体)训练新的弱分类器,产生新的样本权值、该弱分类器的话语权,一直迭代直至达到预定的错误率或达到指定的最大迭代次数。

提升方法基于这样一种思想:对于一个复杂任务来说,将多个专家的判断进行适当的综合所得出的判断,要比其中任何一个专家单独的判断好。实际上,就是"三个臭皮匠赛过诸葛亮"的道理。

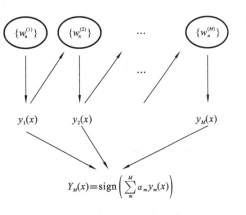

**图 4-49**　AdaBoost 的结构

图 4-49 所示的是 AdaBoost 的结构,最后的分类器 $Y_M$ 是由数个弱分类器(weak classifier)组合而成的,相当于最后 $m$ 个弱分类器来投票决定分类,而且每个弱分类器的"话语权"不一样。

(1) 初始化训练数据(每个样本)的权值分布:如果有 $N$ 个样本,则每一个训练的样本点最开始时都被赋予相同的权重:$1/N$。

(2) 训练弱分类器。具体训练过程中,如果某个样本已经被准确地分类,那么在构造下一个训练集中,它的权重就被降低;相反,如果某个样本点没有被准确地分类,那么它的权重就得到提高。同时,得到弱分类器对应的话语权。然后,更新权值后的样本集被用于训练下一个分类器,整个训练过程如此迭代地进行下去。

(3) 将各个训练得到的弱分类器组合成强分类器。各个弱分类器的训练过程结束后,分类误差率小的弱分类器的话语权较大,其在最终的分类函数中起着较大的决定作用,而分类误差率大的弱分类器的话语权较小,其在最终的分类函数中起着较小的决定作用。换言之,误差率低的弱分类器在最终分类器中占的比例较大,反之较小。

机器学习算法的选择取决于许多因素,包括:

(1) 数据的大小、质量和性质;

(2) 可用的计算时间;

(3) 任务的紧迫性;

(4) 想要用数据来做什么。

即使是一位经验丰富的数据科学家,在尝试不同的算法之前,也无法回答哪种算法的性能最好。机器学习的算法还有很多,但以上这些是最受欢迎的算法。

# 习 题 4

1. 选择题(课堂完成,扫右边二维码做题)

2. 名词解释

(1) 最大似然估计        (2) 向量的内积

(3) 马尔可夫模型        (4) 隐马尔可夫模型

(5) 隐马尔可夫模型的解码问题        (6) 隐马尔可夫模型的学习问题

(7) 隐马尔可夫模型的概率计算问题        (8) 状态转移矩阵

(9) Bootstrap 检验        (10) $k$-means 聚类

(11) 数据降维        (12) 协方差

(13) 肠型        (14) $k$-最近邻算法

(15) 主成分分析(PCA)        (16) AdaBoost 算法

(17) 支持向量机(SVM)

3. 简答题

(1) 简述进化树的结构和特点。

(2) 简述朴素贝叶斯模型的特点。

(3) 数据降维的常见方法有哪些?

(4) 从理论上来说,HMM 要解决哪三个问题?

(5) 常见的分类有哪些方法?

(6) 支持向量机有何特点?

(7) 简述 PCA 算法应用。

（8）比较线性判别式分析和主成分分析的差异。

（9）简述主成分分析(PCA)的降维原理。

（10）大数据降维有什么好处？

（11）随机森林的特点有哪些？

（12）简述聚类分析在生物统计学的应用。

4. 计算题

（1）假定一个特定的 SNP 在人群中出现的概率是 0.3,不出现的概率是 0.7,那么在 10 个人中这个 SNP 被检测到 9 次的概率是多少？

（2）给定两种状态 G(GC 含量高的区域)和 N(GC 含量低的区域),初始概率、转移概率和条件概率如下表所示。请根据以下观测到的序列,利用 Viterbi 算法得到最有可能的隐状态？

|  | G | N |
|---|---|---|
| G | 0.8 | 0.2 |
| N | 0.1 | 0.9 |
| 初概率 | 0.6 | 0.4 |

|  | A | C | G | T |
|---|---|---|---|---|
| N | 1/4 | 1/4 | 1/4 | 1/4 |
| G | 0.1 | 0.4 | 0.4 | 0.1 |

观测到的序列:ATGGCTGC。

第5章

# 面向生物大数据挖掘的深度学习

"数据是新科学，大数据能 hold 住一切答案。"
"在人工智能上花一年时间，这足以让人相信上帝的存在。"

——艾伦·佩利

人工智能的发展经历了若干阶段，从早期的逻辑推理，到中期的专家系统，这些进步使人类离机器的智能越来越接近，但还存在一大段差距。直到机器学习诞生后，人工智能的发展有了更明确的方向。基于机器学习的图像识别和语音识别在某些垂直领域几乎达到了人工识别水平。机器学习使人类第一次如此接近人工智能。

**1. 为什么要使用深度学习**

1）通用学习方法

深度学习有时被称为通用学习，因为它几乎可以应用于任何领域。

2）鲁棒性

深度学习方法不需要提前设计功能。其自动学习的功能对于当前的任务来说是最佳的。结果是，任务自动获得处理自然变化数据的鲁棒性。

3）泛化

相同的深度学习方法可以用于不同的应用程序或不同的数据类型，这种方法通常被称为迁移学习。另外，这种方法在可用数据不足时很有用。

4）可扩展性

深度学习方法具有高度可扩展性。在 2015 年发表的一篇论文中，微软描述了一个名为 ResNet 的网络。该网络包含 1202 个层,并且通常由超级计算来规划部署。美国的劳伦斯利弗莫尔国家实验室(LLNL)正在为这样的网络开发框架,该框架可以实现数千个节点的连接。

**2. 深度学习面临的挑战**

尽管深度学习应用广泛,并且成为开发和实现智能机器的主要研究方向,但仍处于萌芽阶段。目前,几乎所有的人工智能应用程序,都是由深度学习驱动的。但是,事实并没有那么乐观,深度学习仍面临许多挑战。

(1) 大数据:全世界人类所产生的数据量每天正以指数级的速度增长。当与大数据等一起使用时,深度学习有可能要在短时间内管理和分析大量有监督或无监督的信息。而用单个处理器对如此大量的数据进行深度学习算法的训练是一项具有挑战性的任务。因此,采用 CPU 或图形处理单元(GPU)来提高深度学习算法的训练速度。然而,尽管已经实现了许多优化,但整个过程仍然很耗时,并且需要高数据处理能力。

(2) 海量数据集:深度学习在计算机视觉、自然语言处理、机器人等多个领域都取得了成功的应用。值得注意的是,高效学习的数据样本数量应是深度学习参数数量的 10 倍。因此,大量数据是此类网络成功的先决条件。

(3) 神经网络过拟合:训练数据集的误差报告与实际数据集的误差报告存在显著差异。这在具有多个参数的大型网络中是一个常见问题,会影响模型的有效性。

(4) 超参数优化:有些参数的值是在学习开始前定义的,这些参数称为超参数。这些参数值的微小变化会导致模型性能的显著变化。

(5) 脆弱性:深度学习网络是脆弱的,因为一个受过训练的网络只能执行它所接受的任务,并且在任何新任务上都表现得很差。

将统计建模方法延展到面向生物大数据挖掘的深度学习,是一件自然而然的事情:从方法上来说,深度学习是统计建模的进一步深化、泛化和复杂化,从问题上来说,深度学习要解决的生物大数据分析问题,在生物统计建模中已经碰到过。

# 5.1　深度学习的概念

像机器学习一样,深度学习方法可以分为:监督、半监督、部分监督及无监督。此外,还有另一类学习方法,称为强化学习或深度强化学习(deep reinforcement learning),经常在半监督或非监督学习方法的范围内讨论。

深度学习、机器学习及人工智能三者之间的关系如图 5-1 所示。

传统机器学习和深度学习之间的关键区别在于如何提取特征。传统机器学习方法通过应用几种特征提取算法,包括尺度不变特征变换(SIFT)、加速鲁棒特征(SURF)、GIST、RANSAC、直方图方向梯度(HOG)、局部二元模式(LBP)、经验模式分解(EMD)、

图 5-1 深度学习、机器学习、人工智能三者之间的关系

语音分析等，还包括支持向量机（SVM）、随机森林（RF）、主成分分析（PCA）、核主成分分析（KPCA）、线性递减分析（LDA）、Fisher 递减分析（FDA）等学习算法，都被人们应用于分类和提取特征的任务。此外，通常多个增强方法应用于单个任务或数据集特征的学习算法，并根据不同算法的多个结果进行决策。

在深度学习中，这些特征会被自动学习并在多个层上分层表示，这是深度学习超越传统机器学习方法的原因。表 5-1 所示的为不同的特征学习方法及其学习步骤。图 5-2 展示了从贝叶斯模型到深度学习，随着模型越来越复杂，其对应的对数据量的需求越来越少。

表 5-1 不同的特征学习方法

| 方 法 | 学 习 步 骤 | | | | |
| --- | --- | --- | --- | --- | --- |
| 基于规则 | 输入 | 人工设计特征 | 输出 | | |
| 传统机器学习 | 输入 | 人工设计特征 | 从特征映射 | 输出 | |
| 表示学习 | 输入 | 特征 | 从特征映射 | 输出 | |
| 深度学习 | 输入 | 简单特征 | 复杂特征 | 从特征映射 | 输出 |

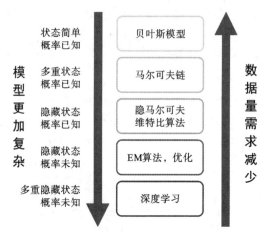

图 5-2 各种模型算法和其所要求数据量

## 5.1.1 机器学习基础

深度学习是机器学习的一个特定分支。要想充分理解深度学习，必须对机器学习的基本原理有深刻的理解。4.1 节简单介绍了机器学习。机器学习算法是一种能够从数据中学习的算法。所谓的"学习"是什么意思呢？Mitchell（1997）提供了一个简洁的定义：

"对于某类任务 T 和性能度量 P,一个计算机程序被认为可以从经验 E 中学习,是指通过经验 E 改进后,它在任务 T 上由性能度量 P 衡量的性能有所提升。"

机器学习可以解决一些人为设计和使用确定性程序很难解决的问题。从科学和哲学的角度来看,机器学习受到关注是因为提高对机器学习的认识需要提高对智能背后原理的理解。

机器学习的几种方式如图 5-3 所示。

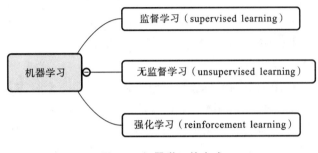

图 5-3　机器学习的方式

下面分别进行介绍。

**1. 监督学习**

监督学习(supervised learning)是指从标注数据中学习预测模型的机器学习问题。标注数据表示输入与输出的对应关系,预测模型对给定的输入产生相应的输出。监督学习的本质是学习输入到输出的映射的统计规律。

在监督学习中,将输入与输出看作是定义在输入(特征)空间与输出空间上的随机变量。输入/输出变量用大写字母表示,习惯上输入变量写作 $X$,输出变量写作 $Y$。输入/输出变量的取值用小写字母表示,输入变量的取值写作 $x$,输出变量的取值写作 $y$。变量可以是标量或向量,都用相同类型字母表示。输入实例 $X$ 的特征向量记作

$$\boldsymbol{x}=(x^{(1)},x^{(2)},\cdots,x^{(i)},\cdots,x^{(n)})^{\mathrm{T}}$$

$x^{(i)}$ 表示 $\boldsymbol{x}$ 的第 $i$ 个特征。注意:$x^{(i)}$ 与 $x_i$ 不同,本书通常用 $x_i$ 表示多个输入变量中的第 $i$ 个变量,即

$$x_i=(x_i^{(1)},x_i^{(2)},\cdots,x_i^{(n)})^{\mathrm{T}}$$

监督学习从训练数据集合中学习模型,对测试数据进行预测。训练数据由输入(或特征向量)与输出组成,训练集通常表示为

$$T=\{(x_1,y_1),(x_2,y_2),\cdots,(x_N,y_N)\}$$

监督学习主要有以下几种:深度神经网络(deep neural network,DNN)、卷积神经网络(convolutional neural network,CNN)、循环神经网络(包含 LSTM)以及门控循环单元(GRU)。

在生物学和生物医学应用中,经常遇到的一个问题是,如果给定一种或多种其他特性(称为预测因子),是否可以"预测"感兴趣的特性(如疾病类型、细胞类型、患者的预

后)。在这种情况下,要预测的属性是未知的(或者很难衡量),而预测变量却是已知的。关键点是,从一组训练数据中学习了预测规则,在该训练数据中,感兴趣的属性也是已知的。一旦有了规则,既可以将其应用于新数据,也可以对未知结果进行实际预测;或者可以剖析规则,以更好地了解基础生物学。

### 2. 无监督学习

无监督学习(unsupervised learning)是指从无标注数据中学习预测模型的机器学习问题。无标注数据是自然得到的数据,预测模型表示数据的类别、转换或概率。无监督学习的本质是学习数据中的统计规律或潜在结构。无监督学习旨在从假设空间中选出在给定评价标准下的最优模型。

无监督学习通常使用大量的无标注数据学习或训练,每一个样本是一个实例。训练数据表示为 $U = \{x_1, x_2, \cdots, x_N\}$,其中 $x_i(i=1,2,\cdots,N)$ 是样本。

无监督学习可以用于对已有数据的分析,也可以用于对未来数据的预测。分析时使用学习得到的数据,即函数 $z = \hat{g}(x)$,条件概率分布 $\hat{P}(z|x)$,或者条件概率分布 $\hat{P}(x|z)$。预测时,无监督学习与监督学习有类似的流程,由学习系统与预测系统完成,在学习过程中,学习系统从训练数据集学习,得到一个最优模型,表示为函数 $z = \hat{g}(x)$、条件概率分布 $\hat{P}(z|x)$ 或者条件概率分布 $\hat{P}(x|z)$。在预测过程中,预测系统对于给定的输入 $x_{N+1}$,由模型 $z_{N+1} = \hat{g}(x_{N+1})$ 或 $z_{N+1} = \arg\max\limits_{z}\hat{P}(z|x_{N+1})$ 给出相应的输出 $z_{N+1}$,进行聚类或降维,或者由模型 $\hat{P}(x|z)$ 给出输入的概率 $\hat{P}(x_{N+1}|z_{N+1})$,进行概率估计。

### 3. 强化学习

强化学习(reinforcement learning)是指智能系统在与环境的连续互动中学习最优行为策略的机器学习问题。假设智能系统与环境的互动基于马尔可夫决策过程(Markov decision process),智能系统观测到的是与环境互动得到的数据序列。强化学习的本质是学习最优的序贯决策。

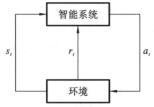

图 5-4 智能系统与环境的互动

智能系统与环境的互动如图 5-4 所示。在每一步 $t$,智能系统从环境中观测到一个状态(state)$s_t$ 与一个奖励(reward)$r_t$,采取一个动作(action)$a_t$。环境根据智能系统选择的动作,决定下一步 $t+1$ 的状态 $s_{t+1}$ 与奖励 $r_{t+1}$。要学习的策略表示为给定的状态下采取的动作。智能系统的目标不是短期奖励的最大化,而是长期累积奖励的最大化。强化学习过程中,系统不断地试错(trial and error),以达到学习最优策略的目的。

### 4. 半监督学习

半监督学习(semi-supervised learning)是指利用标注数据和未标注数据学习预测模型的机器学习问题。通常有少量标注数据、大量未标注数据,因为标注数据的构建往往需要人工,成本较高,未标注数据的收集不需太多成本。半监督学习旨在利用未标注数据中的信息,辅助标注数据,进行监督学习,以较低的成本达到较好的学习效果。

举个例子,根据大量的观察就能总结出不同国别的相貌特点:中国人下颌适中,日本人长脸长鼻,韩国人眼小颧高,泰国人肤色暗深。在作出路人甲来自日本或是路人乙来自韩国的判断时,正是以这些特征作为依据的。上面的例子就是简化版的人类学习机制:从大量现象中提取反复出现的规律与模式。这一过程在人工智能中的实现就是机器学习。

在前面的例子中,输入数据是一个人的相貌特征,输出数据就是中国人/日本人/韩国人/泰国人四中选一。而在实际的机器学习任务中,输出的形式可能更加复杂。根据输入/输出类型的不同,预测问题可以分为以下三类。

(1) 分类问题:输出变量为有限个离散变量,当个数为 2 时即为最简单的二分类问题。

(2) 回归问题:输入变量和输出变量均为连续变量。

(3) 标注问题:输入变量和输出变量均为变量序列。

但在实际生活中,每个国家的人都不是同一个模子刻出来的,其长相自然也会千差万别,因而一个浓眉大眼的韩国人可能被误认为中国人,一个肤色较深的日本人也可能被误认为泰国人。

同样的问题在机器学习中也会存在。一个算法既不可能和所有训练数据符合得分毫不差,也不可能对所有测试数据预测得精确无误,因而误差性能就成为机器学习的重要指标之一。

在前面的例子中,如果接触的外国人较少,从没见过双眼皮的韩国人,思维中就难免出现"单眼皮都是韩国人"的错误定式,这就是典型的过拟合现象,把训练数据的特征错当作整体的特征。过拟合出现的原因通常是学习时模型包含的参数过多,从而导致训练误差较低但测试误差较高。

与过拟合对应的是欠拟合。如果说造成过拟合的原因是学习能力太强,造成欠拟合的原因就是学习能力太弱,以至于训练数据的基本性质都没能学到。如果学习器的能力不足,甚至会把黑猩猩的图像误认为人,这就是欠拟合的后果。

在实际的机器学习中,欠拟合可以通过改进学习器的算法克服,但过拟合却无法避免,只能尽量降低其影响。由于训练样本的数量有限,因而具有有限个参数的模型就足以将所有训练样本纳入其中。但是模型的参数越多,能与这个模型精确相符的数据也就越少,将这样的模型运用到无穷的未知数据当中,过拟合便不可避免。更何况训练样本本身还可能包含一些噪声,这些随机的噪声又会给模型的精确性带来额外的误差。

## 5.1.2　反向传播算法

神经网络(neural networks)方面的研究很早就已出现,今天"神经网络"已是一个多学科交叉的学科领域。我们在机器学习中谈论神经网络时指的是"神经网络学习",或者说,是机器学习与神经网络这两个学科领域的交叉部分。

神经网络中最基本的成分是神经元(neuron)模型,在生物神经网络中,每个神经元与其他神经元相连,当它"兴奋"时,就会向相连的神经元发送化学物质,从而改变这些神经元内的电位;如果某神经元的电位超过了一个"阈值"(threshold),那么它就会被激活,即"兴奋"起来,向其他神经元发送化学物质。

1943 年,有研究者(McCulloch and Pitts)将上述情形抽象为图 5-5 所示的简单模型,这就是一直沿用至今的"M-P 神经元模型"。在这个模型中,神经元接收到来自 $n$ 个其他神经元传递过来的输入信号,这些输入信号通过带权重的链接(connection)进行传递,神经元接收到的总输入值将与神经元的阈值进行比较,然后通过"激活函数"(activation function)处理以产生神经元的输出。

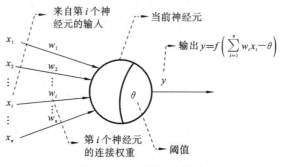

**图 5-5　M-P 神经元模型**

理想中的激活函数是图 5-6(a)所示的阶跃函数,它将输入值映射为输出值"0"或"1",显然"1"对应于神经元兴奋,"0"对应于神经元抑制。然而,阶跃函数具有不连续、不光滑等性质,因此实际常用 sigmoid 函数作为激活函数。典型的 sigmoid 函数如图 5-6(b)所示,它把可能在较大范围内变化的输入值挤压到(0,1)输出值范围内,因此有时也称为"挤压函数"(squashing function)。

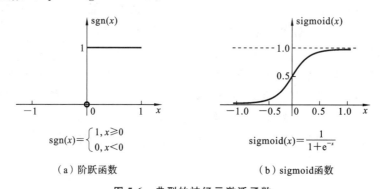

（a）阶跃函数　　　　　　　　（b）sigmoid函数

**图 5-6　典型的神经元激活函数**

把许多个这样的神经元按一定的层次结构连接起来,就得到神经网络。

反向传播算法可以说是神经网络最基础也是最重要的知识点。基本上所有的优化算法都是在反向传播算出梯度之后进行改进的。

当使用前馈神经网络接收输入 $x$ 并产生输出 $\hat{y}$ 时,信息通过网络向前流动。输入 $x$ 提供初始信息,然后传播到每一层的隐藏单元,最终产生输出 $\hat{y}$,这称之为前向传播。在训练过程中,前向传播可以持续向前直到它产生一个标量代价函数 $J(\theta)$。反向传播算法经常简称为 backprop 算法(BP 算法),允许来自代价函数的信息通过网络向后流动,以便计算梯度。

　　计算梯度的解析表达式很直观,但要数值化地求解这样的表达式在计算上的代价可能很大。反向传播这个术语经常被误用于多层神经网络的整个学习算法中。实际上,反向传播仅指用于计算梯度的方法,而另一种算法如随机梯度下降,使用该梯度来进行学习。反向传播原则上可以计算任何函数的导数(对于一些函数,正确的响应是报告函数的导数)。特别地,在描述如何计算一个任意函数 $f$ 的梯度 $\mathbf{V}_x f(x,y)$(其中 $x$ 是一组变量)时,需要用到它们的导数,而 $y$ 是函数的另外一组输入变量,但并不需要用到它们的导数。在学习算法中,最常需要的梯度是代价函数关于参数的梯度,即 $\mathbf{V}_x J(\theta)$。许多机器学习任务需要计算其他导数,作为学习过程的一部分,或者用来分析学得的模型。反向传播算法也适用于这些任务,不局限于计算代价函数关于参数的梯度。通过在网络中传播信息来计算导数的想法非常普遍,它还可以用于计算诸如多输出函数 $f$ 的 Jacobian 的值。这里描述的是最常用的情况,其中 $f$ 只有单个输出。

　　给定训练数据集
$$D=\{(x_1,y_1),(x_2,y_2),\cdots,(x_m,y_m)\},\quad x_i\in\mathbf{R}^d,\quad y_i\in\mathbf{R}^l$$
即输入示例由 $d$ 个属性描述,输出一维实值向量。为便于讨论,图 5-7 给出了一个拥有 $d$ 个输入神经元、$l$ 个输出神经元、$q$ 个隐藏神经元的多层前馈网络结构,其中输出层第 $j$ 个神经元的阈值用 $\theta_j$ 表示,隐藏层第 $h$ 个神经元的阈值用 $\gamma_h$ 表示。输入层第 $i$ 个神经元与隐藏层第 $h$ 个神经元之间的连接权为 $v_{ih}$,隐藏层第 $h$ 个神经元与输出层第 $j$ 个神经元之间的连接权为 $w_{hj}$。记隐藏层第 $h$ 个神经元接收到的输入为 $\alpha_h=\sum_{i=1}^{d}v_{ih}x_i$,输出层第 $j$ 个神经元接收到的输入为 $\beta_j=\sum_{h=1}^{q}w_{hj}b_h$,其中 $b_h$ 为隐藏层第 $h$ 个神经元的输出。假设隐藏层和输出层神经元都使用图 5-6(b)中的 sigmoid 函数。

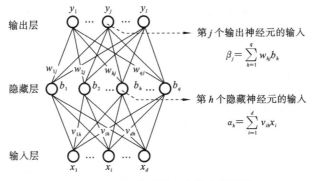

**图 5-7　BP 网络及算法中的变量符号**

　　对训练例 $(x_k,y_k)$,假定神经网络的输出为 $\hat{y}_k=(\hat{y}_1^k,\hat{y}_2^k,\cdots,\hat{y}_l^k)$,即
$$\hat{y}_j^k=f(\beta_j-\theta_j)\tag{5.1}$$

则网络在$(x_k, y_k)$上的均方误差为

$$E_k = \frac{1}{2} \sum_{j=1}^{l} (\hat{y}_j^k - y_j^k)^2 \tag{5.2}$$

图 5-7 所示的网络中有$(d+l+1)q+l$个参数:输入层到隐藏层的$d \times q$个权值、隐藏层到输出层的$q \times l$个权值、$q$个隐藏层神经元的阈值、$l$个输出层神经元的阈值。BP 算法是一个迭代学习算法,在迭代的每一轮中采用广义的感知机器学习规则对参数进行更新估计,任意参数$v$的更新估计式为

$$v \leftarrow v + \Delta v \tag{5.3}$$

下面以图 5-7 中隐藏层到输出层的连接权$w_{hj}$为例来进行推导。

BP 算法基于梯度下降(gradient descent)策略,以目标的负梯度为方向对参数进行调整。对式(5.2)的误差$E_k$给定学习率$\eta$,有

$$\Delta w_{hj} = -\eta \frac{\partial E_k}{\partial w_{hj}} \tag{5.4}$$

注意到$w_{hj}$先影响到第$j$个输出层神经元的输入值$\beta_j$,再影响到其输出值$\hat{y}_j^k$,然后影响到$E_k$,有

$$\frac{\partial E_k}{\partial w_{hj}} = \frac{\partial E_k}{\partial \hat{y}_j^k} \cdot \frac{\partial \hat{y}_j^k}{\partial \beta_j} \cdot \frac{\partial \beta_j}{\partial w_{hj}} \tag{5.5}$$

根据$\beta_j$的定义,显然有

$$\frac{\partial \beta_j}{\partial w_{hj}} = b_h \tag{5.6}$$

图 5-6 中的 sigmoid 函数有一个很好的性质:

$$f'(x) = f(x)[1 - f(x)] \tag{5.7}$$

于是根据式(5.1)和式(5.2),有

$$g_j = -\frac{\partial E_k}{\partial \hat{y}_j^k} \cdot \frac{\partial \hat{y}_j^k}{\partial \beta_j} = -(\hat{y}_j^k - y_j^k) f'(\beta_j - \theta_j)$$

$$= \hat{y}_j^k (1 - \hat{y}_j^k)(y_j^k - \hat{y}_j^k) \tag{5.8}$$

将式(5.8)和式(5.6)代入式(5.5),再代入式(5.4),就得到 BP 算法中关于$w_{hj}$的更新公式,即

$$w_{hj} = \eta g_j b_h \tag{5.9}$$

类似可得

$$\Delta \theta_j = -\eta g_j \tag{5.10}$$

$$\Delta v_{ih} = \eta e_h x_i \tag{5.11}$$

$$\Delta \gamma_h = -\eta e_h \tag{5.12}$$

在式(5.11)和式(5.12)中

$$e_h = -\frac{\partial E_k}{\partial b_h} \cdot \frac{\partial b_h}{\partial \alpha_h} = -\sum_{j=1}^{l} \frac{\partial E_k}{\partial \beta_j} \cdot \frac{\partial \beta_j}{\partial b_h} f'(\alpha_h - \gamma_h) = \sum_{j=1}^{l} w_{hj} g_j f'(\alpha_h - \gamma_h)$$

$$= b_h (1 - b_h) \sum_{j=1}^{l} w_{hj} g_j \tag{5.13}$$

学习率 $\eta \in (0,1)$ 控制着算法每一轮迭代中的更新步长，若太大则容易振荡，太小则收敛速度又会过慢。有时为了做精细调节，可令式(5.9)与式(5.10)中的 $\eta = \eta_1$，式(5.11)与式(5.12)中的 $\eta = \eta_2$，两者未必相等。

BP 算法流程如下。

输入：训练集 $D = \{(x_k, y_k)\}_{k=1}^m$；学习率 $\eta$。

过程：

(1) 在(0,1)范围内随机初始化网络中所有连接权和阈值

(2) repeat

(3) for all $(x_k, y_k) \in D$ do

(4) 根据当前参数和式(5.1)计算当前样本的输出 $\hat{y}_k$

(5) 根据式(5.8)计算输出层神经元的梯度项 $g_j$

(6) 根据式(5.13)计算隐藏层神经元的梯度项 $e_h$；

(7) 根据式(5.9)~式(5.12)更新连接权 $w_{hj}$、$v_{ih}$ 与阈值 $\theta_j$、$\gamma_h$

(8) end for

(9) until 达到停止条件

输出：连接权与阈值确定的多层前馈神经网络。

## 5.1.3　随机梯度下降

随机梯度下降(SGD)及其变化很可能是一般机器学习中应用最多的优化算法，特别是在深度学习中。

SGD 算法中的一个关键参数是学习率。之前介绍的 SGD 使用固定的学习率。在实践中，有必要随着时间的推移逐渐降低学习率，这是因为 SGD 中梯度估计引入的噪声源($m$ 个训练样本的随机采样)并不会在极小点处消失(Boser, et al., 1996)。

相比之下，当我们使用批量梯度下降到达极小点时，整个代价函数的真实梯度会变得很小，之后为 0。因此，批量梯度下降可以使用固定的学习率。将第 $k$ 步迭代的学习率记作 $\varepsilon_k$，保证 SGD 收敛的一个充分条件是：

$$\sum_{k=1}^{\infty} \varepsilon_k = \infty \tag{5.14}$$

且

$$\sum_{k=1}^{\infty} \varepsilon_k^2 < \infty \tag{5.15}$$

实践中，一般会线性衰减学习率直到第 $\tau$ 次迭代：

$$\varepsilon_k = (1-\alpha)\varepsilon_0 + \alpha\varepsilon_\tau \tag{5.16}$$

其中，$\alpha = \dfrac{k}{\tau}$，$\tau$ 为迭代次数。在 $\tau$ 步迭代之后，一般使 $\varepsilon$ 保持常数。

学习率可通过试验和误差来选取,通常最好的选择方法是监测目标函数值随时间变化的学习曲线。与其说是科学,倒不如说更像是一门艺术。使用线性策略时,需要选择的参数为 $\varepsilon_0$、$\varepsilon_\tau$、$\tau_0$,$\tau$ 被设为需要进行几百次反复训练的迭代次数,$\varepsilon_\tau$ 大约设为 $\varepsilon_0$ 的 $1\%$。主要问题是如何设置 $\varepsilon_0$。若 $\varepsilon_0$ 太大,则学习曲线将会剧烈振荡,代价函数值通常会明显增加。温和的振荡是良好的,容易在训练随机代价函数(如使用 Dropout 的代价函数)时出现。如果学习率太低,那么学习过程会很缓慢。通常,就总训练时间和最终代价值而言,最优初始学习率应高于迭代 100 次左右后达到最佳效果的学习率(Tsochantaridis, et al., 2005)。因此,最好检测最早的几轮迭代,选择一个比在效果上表现最佳的学习率更大的学习率,但又不能太大而导致严重的振荡。

SGD 及相关的小批量亦或更广义的基于梯度优化的在线学习算法,一个重要的性质是每一步更新的计算时间不依赖训练样本的数目。即使训练样本数目非常大,它们也能收敛。对于足够大的数据集,SGD 可能会在处理整个训练集之前就收敛到最终测试集误差的某个固定容差范围内。

### 5.1.4  深度学习的本质

深度学习是机器学习的一种方法。所谓深度学习,指通过探究学习的共同体促进有条件的知识和元认知发展的学习。它鼓励学习者积极地探索、反思和创造,而不是反复记忆。可以把深度学习理解为一种基于理解的学习,它强调学习者批判性地学习新思想和知识,把它们纳入原有的认知结构中,将已有的知识迁移到新的情境中,从而帮助决策、解决问题(Schapire, 1990)。

深度学习的本质则是通过构建多隐藏层的模型和海量训练数据(可为无标签数据),来学习更有用的特征,从而最终提升分类或预测的准确性。"深度模型"是手段,"特征学习"是目的。

以往在机器学习用于现实任务时,描述样本的特征通常需由专家来设计,这称为"特征工程"(feature engineering)。

## 5.2  深度学习的基本方法

### 5.2.1  数据的矩阵化

什么是矩阵化呢?就是说,原来一个样本一个样本地把 $x$ 放进神经网络中,然后一个样本一个样本地计算出 $y^*$ 的值。但这样太慢了，可以使用如下所示的一种技巧。

设 $x$ 的第 $i$ 个样本为 $x_i$，由于 $x$ 有对应的特征，原本的 $x_i = \{x_{1i}, x_{2i}, \cdots, x_{ni}\}$，$n$ 是样本的特征数。在原本的神经网络计算过程中，把这个 $x_i$ 中的 $x_1$ 放在输入端的第一个节点上，$x_2$ 放在第二个节点上，以此类推，则根据算法流程，就可以计算出最后的 $y^*$。而现在，每次输入神经网络的是一个矩阵：$\{(x_{11}, x_{12}, x_{13}, \cdots), \cdots, (x_{n1}, x_{n2}, x_{n3}, \cdots)\}$。将这个矩阵输入神经网络中，其实就相当于是，同时将 $i$ 个样本全部输入神经网络中同时进行计算，显然，计算出的结果就是 $y = \{y^{*1}, y^{*2}, \cdots, y^{*i}\}$。

设计有助于优化模型：改进优化的最好方法并不总是改进优化算法；相反，深度模型中优化的许多改进来自设计易于优化的模型。在实践中，选择一组容易优化的模型比使用一个强大的优化算法更重要。

目前，最流行并且使用很高的优化算法包括 SGD、具动量的 SGD、RMSProp、具动量的 RMSProp、AdaDelta 和 Adam。

## 5.2.2　卷积网络

卷积网络（convolutional network），也称为卷积神经网络（convolutional neural network，CNN），是一种专门用来处理具有类似网络结构的数据的神经网络，如时间序列数据（Valiant，1984）（可以认为是在时间轴上有规律地采样形成的一维网格）和图像数据（可以看作是二维的像素网格）。卷积网络在诸多应用领域都表现优异。"卷积神经网络"一词表明该网络使用了卷积这种数学运算。卷积是一种特殊的线性运算。卷积网络是指那些至少在网络的一层中使用卷积运算来替代一般矩阵乘法运算的神经网络。在卷积网络的术语中，卷积的第一个参数通常称为输入，第二个参数称为核函数。在机器学习的应用中，输入通常是多维数组的数据，而核函数通常是由学习算法优化得到的多维数组的参数。

### 1. 卷积运算

在通常形式中，卷积是对两个实变函数的一种数学运算。为了给出卷积的定义，下面从两个可能会用到的函数的例子出发。

假设正在用激光传感器追踪一艘宇宙飞船的位置。激光传感器给出一个单独的输出 $x(t)$，表示宇宙飞船在时刻 $t$ 的位置。$x$ 和 $t$ 都是实值，这意味着可以在任意时刻从传感器中读出飞船的位置。

现在假设激光传感器受到一定程度的噪声干扰，为了得到飞船位置的低噪声估计，对得到的测量结果进行平均。显然，时间上越近的测量结果越相关，所以采用一种加权平均的方法，对于最近的测量结果赋予更高的权重。可以采用一个加权函数 $w(a)$ 来实现，其中 $a$ 表示测量结果距当前时刻的时间间隔。如果对任意时刻都采用这种加权平均的操作，就得到一个新的对于飞船位置的平滑估计函数 $s$：

$$s(t) = \int x(a)w(t-a)\,\mathrm{d}a \tag{5.17}$$

这种运算就称为卷积(convolution)。卷积运算通常用星号表示：

$$s(t) = (x * w)(t) \tag{5.18}$$

在激光传感器的例子中，$w$ 必须是一个有效的概率密度函数，否则输出就不再是加权平均。另外，在参数为负值时，$w$ 的取值必须为 $0$，否则它会预测到未来，这不是我们能够推测得了的。但这些限制仅仅是对这个激光传感器例子而言的。通常，卷积被定义在满足上述积分式的任意函数上，并且也可能被用于加权平均以外的目的。

在卷积网络的术语中，卷积的第一个参数(在这个例子中，函数 $x$)通常称为输入(input)，第二个参数(函数 $w$)称为核函数(kernel function)。输出有时被称为特征映射(feature mapping)。

在激光传感器例子中，激光传感器在每个瞬间反馈测量结果的想法是不切实际的。一般地，当用计算机处理数据时，时间会被离散化，激光传感器会定期地反馈数据。在上述例子中，假设激光传感器每秒反馈一次测量结果是比较现实的。这样，时刻 $t$ 只能取整数值。如果假设 $x$ 和 $w$ 都定义在整数时刻 $t$ 上，就可以定义离散形式的卷积：

$$s(t) = (x * w)(t) = \sum_{a=-\infty}^{\infty} x(a)w(t-a) \tag{5.19}$$

在机器学习的应用中，输入通常是多维数组的数据，而核函数通常是由学习算法优化得到的多维数组的参数。我们把这些多维数组称为张量。因为输入与核函数中的每一个元素都必须明确地分开存储，通常假设在存储了数值的有限点集以外，这些函数的值都为零。这意味着在实际操作中，可以通过对有限个数组元素的求和来实现无限求和。

最后，经常一次在多个维度上进行卷积运算。例如，如果把一张二维的图像 $I$ 作为输入，可能会使用一个二维的核函数 $K$：

$$S(i,j) = (I * K)(i,j) = \sum_m \sum_n I(m,n)K(i-m,j-n) \tag{5.20}$$

卷积是可交换的(commutative)，可以等价地写为

$$S(i,j) = (K * I)(i,j) = \sum_m \sum_n I(i-m,j-n)K(m,n) \tag{5.21}$$

卷积运算可交换性的出现是因为将核函数相对输入进行了翻转(flip)，从 $m$ 增大的角度来看，输入的索引在增大，但是核函数的索引在减小。我们将核函数翻转的唯一目的是实现可交换性。尽管可交换性在证明时很有用，但在神经网络的应用中却不是一个重要的性质。与之不同的是，许多神经网络库会实现一个相关的函数，称为互相关函数，与卷积运算几乎一样，但是并没有对核函数进行翻转：

$$S(i,j) = (I * K)(i,j) = \sum_m \sum_n I(i+m,j+n)K(m,n) \tag{5.22}$$

许多机器学习的库实现的是互相关函数，但是称之为卷积。本书中我们遵循把两种运算都称为卷积的这个传统，在与核函数翻转有关的上下文中，会特别指明是否对核函数进行了翻转。在机器学习中，学习算法会在核函数合适的位置获得恰当的值，所以一

个基于核函数翻转的卷积运算的学习算法所学得的核函数,是对未进行翻转的算法学得的核函数的翻转。单独使用卷积运算在机器学习中是很少见的,卷积经常与其他函数一起使用,无论卷积运算是否对它的核函数进行了翻转,这些函数的组合通常是不可交换的。

卷积网络在深度学习的历史中发挥了重要作用,是将研究大脑获得的深刻理解成功用于机器学习应用的关键模型。它们也是首批表现良好的深度学习模型之一,远远早于其他被认为可行的深度学习模型。卷积网络也是第一个解决重要商业应用的神经网络,并且仍然处于当今深度学习商业应用的前沿。

**2. 卷积神经网络的结构**

卷积神经网络主要结构有输入层、卷积层、池化层和全连接层,如图 5-8 所示。通过堆叠这些层结构形成一个卷积神经网络。

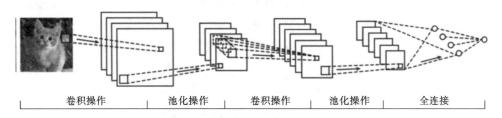

卷积操作　　池化操作　　卷积操作　　池化操作　　全连接

**图 5-8　卷积神经网络的主要结构**

(1) 输入层:输入层是整个神经网络的输入,在处理图像的卷积神经网络中,它一般代表了一张图片的像素矩阵。从输入层开始,卷积神经网络通过不同的神经网络结构将上一层的三维矩阵转化为下一层的三维矩阵,直到最后的全连接层。

(2) 卷积层:从名字可以看出,卷积层是一个卷积神经网络中最重要的部分。与传统全连接层不同,卷积层中每一个节点的输入只是上一层神经网络中的一小块,这个小块的大小有 3×3 或者 5×5。卷积层试图将神经网络中的每一个小块进行更加深入的分析,从而得到抽象程度更高的特征。一般来说,通过卷积层处理的节点矩阵会变得更深。

(3) 池化层:池化层神经网络不会改变三维矩阵的深度,但是可以缩小矩阵的大小。池化操作可以认为是将一张分辨率较高的图片转化为分辨率较低的图片。通过池化层,可以进一步缩小最后全连接层中节点的个数,从而达到减少整个神经网络中参数的目的。

(4) 全连接层:如图 5-8 所示,在经过多轮卷积层和池化层处理之后,在卷积神经网络的最后,一般会由 1~2 个全连接层来给出最后的分类结果。经过几轮的卷积层和池化层的处理之后,可以认为图像中的信息已被抽象成信息含量更高的特征,也可以将卷积层和池化层看成自动图像特征提取的过程。在特征提取完成之后,仍然需要使用全连接层来完成分类任务。

### 5.2.3 循环神经网络

循环神经网络(recurrent neural network,RNN)是一类用于处理序列数据的神经网络。就像卷积网络是专门用于处理网格化数据(如一个图像)的神经网络,循环神经网络是专门用于处理序列 $x^{(1)}, \cdots, x^{(\tau)}$ 的神经网络。正如卷积网络可以很容易地扩展到具有很大宽度和高度的图像,处理大小可变的图像,循环网络可以扩展到更长的序列(比不基于序列的特化网络长得多)。大多数循环网络也能处理可变长度的序列。

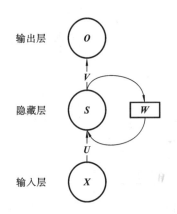

图 5-9 一个简单的循环神经网络

首先看一个简单的循环神经网络,它由一个输入层、一个隐藏层和一个输出层组成,如图 5-9 所示。

如果把图 5-9 中 $W$ 的那个带箭头的圈去掉,它就变成最普通的全连接神经网络。$X$ 是一个向量,表示输入层的值(这里面没有画出表示神经元节点的圆圈);$S$ 是一个向量,它表示隐藏层的值(这里隐藏层画了一个节点,这一层其实有多个节点,节点数与向量 $S$ 的维度相同);$U$ 是输入层到隐藏层的权重矩阵,$O$ 也是一个向量,它表示输出层的值;$V$ 是隐藏层到输出层的权重矩阵。

循环神经网络的隐藏层的值 $s$ 不仅仅取决于当前的输入 $x$,还取决于上一次隐藏层的值 $s$。权重矩阵 $W$ 就是隐藏层上一次值作为这一次的输入的权重。

抽象图对应的具体图,如图 5-10 所示。

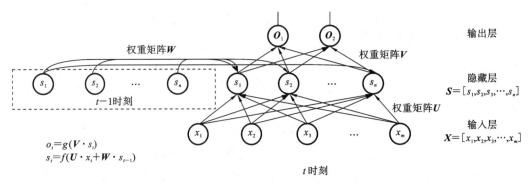

$$o_t = g(V \cdot s_t)$$
$$s_t = f(U \cdot x_t + W \cdot s_{t-1})$$

图 5-10 权重矩阵示意图

从图 5-10 可以清楚地看到,上一时刻的隐藏层是如何影响当前时刻的隐藏层的。如果把图 5-10 展开,循环神经网络也可以画成如图 5-11 所示的样子。

现在看上去就比较清楚了,这个网络在 $t$ 时刻接收到输入 $x_t$ 之后,隐藏层的值是 $s_t$,输出值是 $o_t$。关键的是,$s_t$ 的值不仅仅取决于 $x_t$,还取决于 $s_{t-1}$。我们可以用下面的公式

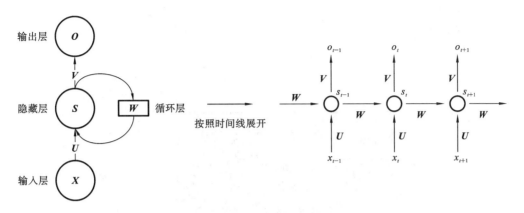

**图 5-11　RNN 时间线展开图**

来表示循环神经网络的计算方法：

$$O_t = g(\mathbf{V} \cdot s_t) \tag{5.23}$$

$$s_t = f(\mathbf{U} \cdot x_t + \mathbf{W} \cdot s_{t-1}) \tag{5.24}$$

$s_t$ 的值不仅仅取决于$x_t$，还取决于$s_{t-1}$。

　　从多层网络出发到循环网络，需要利用 20 世纪 80 年代机器学习和统计模型早期思想的优点：在模型的不同部分共享参数。参数共享使得模型能够扩展到不同形式的样本（这里指不同长度的样本）并进行泛化。如果在每个时间点都有一个单独的参数，则在序列长度和序列位置方面都会遇到泛化瓶颈。当信息的特定部分会在序列内多个位置出现时，这样的共享就显得尤为重要。例如，考虑这两句话："I went to Nepal in 2009."和"In 2009, I went to Nepal."如果让一个机器学习模型读取这两个句子，并提取叙述者去Nepal 的年份，无论"2009 年"是作为句子的第六个单词还是第二个单词出现，我们都希望模型能认出"2009 年"作为相关资料片段。假设要训练一个处理固定长度句子的前馈网络。传统的全连接前馈网络会给每个输入特征分配一个单独的参数，所以需要分别学习句子每个位置的所有语言规则。相比之下，循环神经网络在几个时间步内共享相同的权重，不需要分别学习句子每个位置的所有语言规则。

　　为简单起见，我们说的 RNN 是指在序列上的操作，并且该序列在时刻 $t$（从 1 到 $\tau$）包含向量 $x^{(t)}$。在实际情况中，循环网络通常在序列的小批量上操作，并且小批量的每项具有不同序列长度 $\tau$。我们省略了小批量索引来简化记号。此外，时间步索引不必是字面上现实世界中流逝的时间，有时，它仅表示序列中的位置。RNN 也可以应用于跨越两个维度的空间数据（Becker, et al., 1992）。当应用于涉及时间的数据，并且将整个序列提供给网络之前就能观察到整个序列时，该网络可具有关于时间向后的连接。

## 5.2.4　Softmax

Softmax 往往加在神经网络的输出层，用于加工神经网络的输出结果：把微弱程度不同的信号整理成概率值，这便是机器学习模型对分类任务的置信度 confidence。图 5-12 展示了一种加工过程。

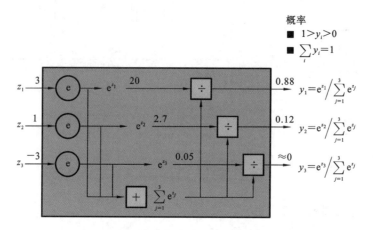

图 5-12　Softmax 对神经元的输出信号进行加工，输出为分类的概率值

举个二分类的例子，机器需要分类 A 和 B，那么机器的输出只可能是 A 或 B，不可能是 C。两个神经元的输出为 (0.1，0.1) 和 (100，100)，它们没有本质区别，因为机器对这两种分类的 confidence 都是各 50%。这样，无论神经元最后输出的结果是什么，都可以进行置信度量化。

Softmax 有 2 个重要的优势：

（1）Softmax 作为输出层，结果可以直接反映概率值，并且避免了负数和分母为 0 的情况；

（2）Softmax 求导的计算成本非常小。

对于第 1 个优势，用负数和 0 代入公式可以发现，输出总是 (0，1) 之间的有理数。

对于第 2 个优势，Softmax 的基本公式为

$$\mathrm{softmax}(x) = \frac{\mathrm{e}^{x_a}}{\sum \mathrm{e}^{x_i}} \tag{5.25}$$

可以用三分类情况下的 Softmax 简化：

$$\mathrm{softmax}(x_0) = \frac{\mathrm{e}^{x_0}}{\mathrm{e}^{x_0} + \mathrm{e}^{x_1} + \mathrm{e}^{x_2}} \tag{5.26}$$

$x_0$、$x_1$、$x_2$ 分别是输出层神经元输出的信号，式 (5.26) 是 $x_0$ 的 softmax 函数值。神经网络反向传播的过程中，对 $x_0$ 求偏导，可以把符号看作常数，即

$$[\mathrm{softmax}(x_0)]' = \left(\frac{\mathrm{e}^{x_0}}{\mathrm{e}^{x_0} + C}\right)' \tag{5.27}$$

进而推导如下：

$$\left(\frac{\mathrm{e}^x}{\mathrm{e}^x + C}\right)' = \left(\frac{1}{C \cdot \mathrm{e}^{-x} + 1}\right)' = \frac{\mathrm{e}^x}{C + \mathrm{e}^x} \cdot \frac{C}{C + \mathrm{e}^x}$$

$$= \frac{\mathrm{e}^x}{C + \mathrm{e}^x} \cdot \left(1 - \frac{\mathrm{e}^x}{C + \mathrm{e}^x}\right) \tag{5.28}$$

即 $f = f \cdot (1-f)$。

每次计算 Softmax 的偏导值,只需做一次减法和一次乘法。在梯度反传过程中,给链式法则中的"那条链"造成的负担特别低,因此 Softmax 在计算中很受欢迎。

# 5.3　深度学习应用于生物大数据分析的基本流程

## 5.3.1　序列的格式化

神经网络设计的另一个关键点是确定它的架构。架构(architecture)一词是指网络的整体结构,即应该具有多少单元,以及这些单元应该如何连接。

大多数神经网络在组织层称为层的单元组。大多数神经网络架构将这些层布置成链式结构,其中每一层都是前一层的函数。在这种结构中,第一层由下式给出:

$$h^{(1)} = g^{(1)} (W^{(1)'} x + b^{(1)})  \tag{5.29}$$

第二层由下式给出:

$$h^{(2)} = g^{(2)} (W^{(2)'} h^{(1)} + b^{(2)})  \tag{5.30}$$

以此类推。

在这些链式架构中,主要考虑的是如何选择网络的深度和每一层的宽度。我们将会看到,即使只有一个隐藏层的网络也足够适应训练集。更深层的网络通常能够对每一层使用更少的单元数和更少的参数,并且经常容易泛化到测试集,但是也更难以优化。对于一个具体的任务,理想的网络架构必须通过实验,观测在验证集上的误差来找到。

到目前为止,将神经网络描述成层的简单链式结构,主要的考虑因素是网络的深度和每层的宽度。在实践中,神经网络具有多样性。

许多神经网络架构已经被开发用于特定的任务。一般的,层不需要连接在链中,尽管这是最常见的做法。许多架构构建了一个主链,但随后又添加了额外的架构特性,如从层 $i$ 到层 $i+2$ 或者更高层的跳跃连接。这些跳跃连接使得梯度更容易从输出层流向更接近输入的层。

架构设计考虑的另外一个关键点是如何将层与层之间连接起来。默认的神经网络层采用矩阵 $W$ 描述线性变换,每个输入单元连接到每个输出单元。许多专用网络具有较少的连接,使得输入层中的每个单元仅连接到输出层单元的一个小子集。这些用于减少连接数量的策略减少了参数的数量以及用于评估网络的计算量,但通常高度依赖于所需解决的问题。

### 5.3.2  深层网络的构建

构建深层网络的步骤如下。

**步骤 1:**定义问题,收集数据。

(1) 确定问题是什么,即输入与预测分别是什么。

(2) 确定分类问题,即确定是二分类问题、多分类问题、标量回归问题、向量回归问题,还是多分类、多标签、聚类、生成、强化学习等。

(3) 假设输出可以根据输入进行预测(排除不可预测问题,例如,根据夏装销量预测冬装销量的非平稳问题)。

(4) 假设数据包含足够多的信息,足以学习到输入与输出的关系。

**步骤 2:**选择衡量成功的指标。

● 对于平衡分类问题,衡量其成功的指标为精度(accuracy)和接收者操作特征曲线下面积(ROC AUC)。

● 对于类别不平衡问题,衡量其成功的指标为准确率(precision)和召回率(recall)。

● 对于排序或多标签分类问题,衡量其成功的指标为平均准确率均值(mean average precision)。

**步骤 3:**确定评估方法。

根据当前进展,选择以下方法中的一种。

● 留出验证集法:数据量大时可以采用。

● 折交叉验证法:用于流出验证样本量太少的情况。

● 重复的 $K$ 折验证法:如果可用的数据很少,同时模型评估又需要非常准确时采用。

**步骤 4:**准备数据。

在知道训练什么、要优化什么以及评估方法的基础上,格式化数据并将其输入模型。

(1) 将数据处理为张量。

(2) 张量数值保持在较小范围,如$(0,1)$、$(-1,1)$。

(3) 不同的特征具有不同的取值范围(异质数据),应该做数据标准化。

(4) 对小数据问题,需要做特征工程。

**步骤 5:**开发比基准更好的模型。

开发一个小模型,打败纯随机基准(dumb baseline),获得统计功效(statistical power):

● 假设输出是可以根据输入进行预测的。

● 假设数据包含足够多的信息,足以学习到输入与输出之间的关系。

● 激活函数:对网络的输出进行限制。

● 损失函数:匹配要解决问题的类型。

● 优化配置:使用优化器、学习率(一般使用 rmsprop 与默认的学习率)来优化参数。

**步骤 6**：扩大模型规模，开发过拟合模型。

该步骤通过以下方式获得统计功效模型，判断模型是否足够强大，增加模型规模：

（1）添加更多层；

（2）让每一层变得更大；

（3）训练更多的轮次。

出现过拟合后，准备正则化和调节模型。

**步骤 7**：模型正则化与调节超参数。

通过以下方式，尝试达到模型最佳性能。

（1）添加 Dropout；

（2）尝试不同的架构：增加或减少层数；

（3）添加 L1 和/或 L2 正则化；

（4）尝试不同的超参数（如每层的单元个数或学习率）。

注意：验证过程中，使用同一数据验证模型效果，会出现模型对验证过程过拟合，降低验证过程的可靠性。

最后开发出满意的模型，在所有可用数据（训练数据＋验证数据）训练最终模型，并用测试数据评估；若结果不理想，则表明验证流程不可靠，可能需要更换可靠的评估方法，如重复的 $K$ 折验证法。

## 5.3.3　深层网络的优化

深度学习算法在许多情况下都涉及优化问题。例如，模型中进行推断（如 PCA）会涉及求解优化问题，这时经常使用解析优化去证明或设计算法。在深度学习涉及的诸多优化问题中，最难解决的是神经网络训练。投入几百台机器花几天甚至几个月来解决单个神经网络训练问题，也是很常见的（Cohen, et al.，2015）。正是因为优化问题的重要性，研究者们开发了一组专门为此设计的优化技术。本小节将介绍神经网络训练中的这些优化技术。

用于深度模型训练的优化算法与传统的优化算法在某些方面有所不同。机器学习通常是起间接作用。在大多数机器学习问题中，我们关注某些性能度量 $P$，其定义于测试集上并且有可能是不可解的。因此，只是间接地优化 $P$，希望通过降低代价函数 $J(\theta)$ 来提高 $P$。这一点与纯优化不同，纯优化是最小化目标 $J(\theta)$ 本身。深度模型训练的优化算法通常也会包括一些针对机器学习目标函数的特定结构进行的特化。

通常，代价函数可写为训练集上的有样本误差的平均，如

$$J(\theta) = E_{(x,y) \sim \hat{P}_{\text{data}}} L(f(x;\theta), y) \tag{5.31}$$

式中：$L$ 是每个样本的损失函数；$f(x;\theta)$ 是输入 $x$ 时所预测的输出；$\hat{P}_{\text{data}}$ 是经验分布。监督学习中，$y$ 是目标输出。本章会介绍不带正则化的监督学习，$L$ 的变量是 $f(x;\theta)$ 和 $y$。不难将这种监督学习扩展成其他形式，如包括 $\theta$ 或 $x$ 参数，或者去掉参数 $y$，以发展不同

形式的正则化或无监督学习。

式(5.31)定义了训练集上的目标函数。通常，更希望最小化取自数据生成分布 $P_{data}$ 的期望，而不仅仅是有限训练集上的对应目标函数：

$$J^*(\theta) = E_{(x,y) \sim P_{data}} L(f(x;\theta), y) \tag{5.32}$$

### 1. 经验风险最小化

机器学习算法的目标是降低式(5.31)所示的期望泛化误差。这个数据量被称为风险(risk)。这里强调该期望取自真实的潜在分布 $P_{data}$。如果知道了真实分布 $P_{data}(x,y)$，则最小化风险变成一个可以被优化算法解决的优化问题。然而，我们遇到的机器学习问题，通常是不知道 $P_{data}(x,y)$，只知道训练集中的样本。

将机器学习问题转化为一个优化问题的最简单方法是最小化训练集上的期望损失。这意味着用训练集上的经验分布 $\hat{P}(x,y)$ 替代真实分布 $p(x,y)$。现在，用最小化经验风险(empirical risk)表示为

$$E_{(x,y) \sim \hat{P}_{data}}(L(f(x;\theta), y)) = \frac{1}{m} \sum_{i=i}^{m} L(f(x^{(i)};\theta), y^{(i)}) \tag{5.33}$$

式中：$m$ 是训练样本的数目。

基于这种最小化平均训练误差的训练过程，称为经验风险最小化。在这种情况下，机器学习仍然与传统的直接优化很相似。机器学习并不直接最优化风险，而是最优化经验风险。

### 2. 代理损失函数和提前终止

有时，损失函数(如分类误差)并不能被高效地优化。例如，对于线性分类器而言，精确地最小化 0-1 损失函数通常是不可解的(复杂度是输入维数的指数级别)。在这种情况下，通常会优化代理损失函数。代理损失函数作为原目标的代理，还具备一些优点。例如，正确类别的负对数似然通常用作 0-1 损失的替代。负对数似然允许模型估计给定样本的类别的条件概率，如果该模型优化效果好，则能够输出期望最小分类误差所对应的类别。

在某些情况下，代理损失函数比原函数学到得更多。例如，使用对数似然替代函数时，在训练集上的 0-1 损失达到 0 之后，测试集上的 0-1 损失还能持续下降很长一段时间。这是因为即使 0-1 损失期望是零时，还能拉开不同类别函数的距离以改进分类器的鲁棒性，获得一个更强壮的、更值得信赖的分类器，从而相对于简单地最小化训练集上的平均 0-1 损失，它能够从训练数据中抽取更多信息。

### 3. 批量算法和小批量算法

机器学习算法与一般优化算法不同的一点是，机器学习算法的目标函数通常可以分解为训练样本上的求和。机器学习中的优化算法在计算参数的每一次更新时，通常仅使用整个代价函数中一部分项来估计代价函数的期望值。

例如,最大似然估计问题可以在对数空间中分解成各个样本的总和:

$$\theta_{\mathrm{ML}} = \arg\max_{\theta} \sum_{i=1}^{m} \log p_{\mathrm{model}}(x^{(i)}, y^{(i)}; \theta) \tag{5.34}$$

最大化这个总和等价于最大化训练集在经验分布上的期望:

$$J(\theta) = E_{(x,y) \sim \hat{p}_{\mathrm{data}}} \log p_{\mathrm{model}}(x, y; \theta) \tag{5.35}$$

优化算法用到的目标函数 $J$ 中的大多数属性也是训练集上的期望。例如,最常用的属性是梯度:

$$\mathbf{\nabla}_{\theta} J(\theta) = E_{(x,y) \sim \hat{p}_{\mathrm{data}}} \mathbf{\nabla}_{\theta} \log p_{\mathrm{model}}(x, y; \theta) \tag{5.36}$$

准确计算这个期望的代价非常大,需要在整个数据集上的每个样本上评估模型。在实践中,可以从数据集中随机采样少量的样本,然后计算这些样本上的平均值。

### 5.3.4　模型的应用

随着人工智能的发展,深度学习俨然成为一个热词,它在计算机视觉、语音识别系统、自然语言处理等领域均有着重要的应用。在大数据的背景下,深度学习在生物大数据中也扮演着不可或缺的角色,如分类模型对序列的分类识别、SNP 识别、DNA 结合蛋白、RNA 结合蛋白、蛋白质结构预测等。

## 5.4　深度学习应用于生物大数据分析的经典案例

### 5.4.1　SNP 识别应用

深度学习算法已经在图像、文本、语音识别,以及医疗、金融等众多领域展现出巨大的潜力。深度学习算法在基因测序领域又有什么突破呢?谷歌此前推出了一款基于深度学习的变异检测软件 DeepVariant,首次实现以人工智能技术来进行变异检测,解码基因数据。

单核苷酸多态性(single nucleotide polymorphism, SNP),主要是指在基因组水平上由单个核苷酸的变异所引起的 DNA 序列多态性。它是人类可遗传的变异中最常见的一种,占所有已知多态性的 90% 以上。SNP 在人类基因组中广泛存在,平均每 $500\sim1000$ 个碱基对中就有一个,估计其总数可达 300 万个甚至更多。SNP 研究是人类基因组计划走向应用的重要步骤,主要是因为 SNP 将提供一个强有力的工具,用于高危群体的发现、疾病相关基因的鉴定、药物的研制和测试以及生物学的基础研究等。

　　高通量测序技术以及测序样本建库过程中难以避免地会引入测序错误。变异检测作为基因测序流程中的一个环节,功能是避免测序过程中累积的各种错误在最终变异信息中产生假阴性、假阳性,从而影响测序报告的准确性。目前标准的变异检测工具是GATK(Genome Analysis ToolKit)的 HaplotypeCaller,在常用的 30x 深度全基因组(WGS)测序数据上,对单核苷酸多态性变异的检测精度能达到大约 99.7%。

　　作为人工智能领域的先驱,谷歌最近推出了基于深度学习算法的变异检测软件DeepVariant,旨在利用目前飞速发展的人工智能技术,提升变异检测的精度。DeepVariant 的高精度来源于其中采用的深度学习算法。与传统方法不同,深度学习不依赖任何统计方法或经验知识,而是通过高度复杂的人工神经网络,根据真实的训练数据搜索最佳描述数据的网络参数。

　　DeepVariant 流程可以分为以下三步:

　　第一步,DeepVariant 所需的输入数据,是由 GATK 或其他成熟流程对测序数据进行质控、比对、排序、去重等操作,得到的 BAM 数据。

　　第二步,再从 BAM 数据中检索、筛选可能的变异位点,并将这些点附近的测序数据展开,拼接成类似图 5-13 所示的 pileup 图片形式。在这一步中,DeepVariant 会对可能的 InDel 位点附近数据进行重新比对,提高对 InDel 变异类型的检测精度。

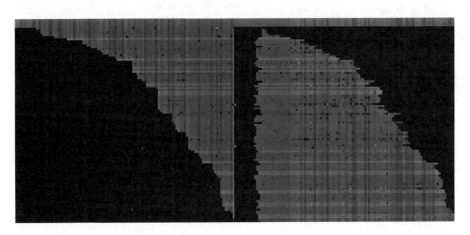

**图 5-13　一个可能的 InDel 位点附近的 pileup 图片**(Poplin R, et al., 2018)

　　第三步,利用预先训练的高深度卷积神经网络对 pileup 图片进行图像识别分类,给出目标位点的变异信息,如变异种类、质量等。

　　以深度学习算法解决包括变异检测在内的分类问题,具有如下优势:

　　(1)更复杂的分类特征。

　　传统统计方法通过对各种统计量设置阈值,实现对数据分类。深度学习算法中的分类特征,是经过多层、大量神经元反复抽象得到,深度学习提取特征的复杂度、数量都远远超过现有的统计模型。能够从更加复杂的特征中选取最优的数据参与分类,结果自然更准确。

（2）可以适应具体问题。

由于深度学习的参数是根据真实数据训练而来，深度神经网络的模型还可以针对具体应用的场景，采用不同的训练数据，进行优化学习。具体到变异检测任务，通常不同的测序平台、建库方法、分析流程等都会给数据带来系统偏差，由华大智造自主测序平台数据对 DeepVariant 进行了优化，得到的模型能更好地适应智造测序原理、流程，准确性更好。

另外，传统变异检测工具为了保证工具的适用性，无法对特定的测序原理、测序应用进行优化，运用到智造自主平台测序数据时精度会承受一定损失。

DeepVariant 作为深度学习算法在生物信息学中应用的一次尝试，取得了远超传统变异检测方法的精度。可以预见在不久的将来，各种深度学习算法将会重新定义变异检测，乃至生物信息分析流程中各个环节的标准，带领生物信息产业走上新的台阶。

## 5.4.2　功能基因挖掘应用

基因注释，是基于假设"同源等于功能相似"，利用生物信息学方法，将未知基因序列在公共数据库进行相似性搜索比对，通过与数据库中已注释基因的同源性，来推测未知基因的功能。目前已注释的核酸数据库主要有：GenBank（NCBI）、EMBL、DDBJ。蛋白质数据库主要有：SwissProt、TrEMBL。采用的搜索比对软件主要有 BLAST、FASTA 等。

### 1. 用于计算生物学的深度学习

基因组学和影像学的技术进步导致样品的分子和细胞谱数据激增。生物数据量和采集速率的快速增加对常规分析策略提出了挑战。诸如深度学习之类的现代机器学习方法有望利用非常大的数据集在其中找到隐藏的结构并做出准确的预测。

机器学习方法是从数据中学习功能关系的通用方法，在计算生物学中，它们的吸引力在于能够获得预测模型，而无需对通常为未知或定义不充分的潜在机制做出强有力的假设。例如，目前最准确的基因表达水平预测是使用稀疏线性模型或随机森林。所选功能如何确定转录本水平仍然是活跃的研究主题。基因组学、蛋白质组学、代谢组学或对化合物的敏感性预测都依赖于机器学习方法，因为机器学习方法是其中的关键成分。

这些应用程序中的大多数都可以在规范的机器学习工作流程中描述，其中涉及四个步骤：数据清理和预处理、特征提取、模型拟合和评估（见图 5-14（a））。通常将一个数据样本表示为样本，包括所有协变量和特征作为输入 $x$（通常是数字的向量），并在可用时用其响应变量或输出值 $y$（通常是一个数字）对其进行标记。有监督的机器学习模型的目的是从记录了数据的数据集 $(x_1, y_1)$，$(x_2, y_2)$，…中学习函数 $f(x) = y$（见图 5-14（b））。根据原始数据计算得出的输入 $x$ 代表模型"看到的世界"，它们的选择是针对特定问题的。派生大多数信息功能对于性能至关重要，但是此过程可能较困难，并且需要领域知识。这个瓶颈对于高维数据尤为突出。甚至计算功能选择方法也无法扩展以评估大量

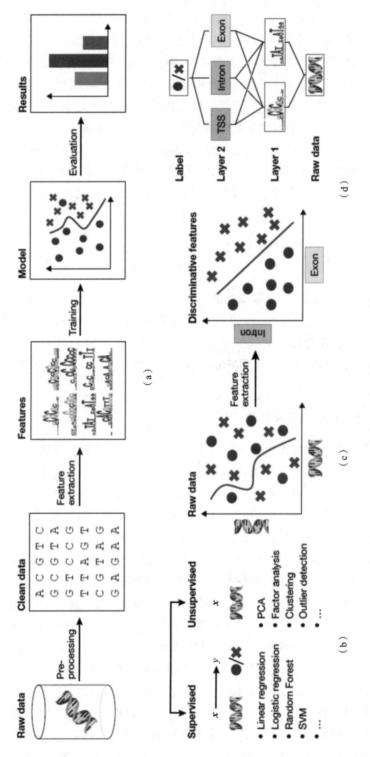

图5-14 机器学习(Angermueller C, et al., 2016)

可能的输入组合的效用。机器学习的最新重大进展是通过使用深度神经网络学习数据的适当表示来使这一关键步骤自动化(见图 5-14(d))。

简而言之,深度神经网络通过以数据驱动的方式连续合并前一层的输出,在最低(输入)层获取原始数据,并将其转换为越来越抽象的特征表示,从而封装了过程中的高度复杂功能。现在深度学习是机器学习中最活跃的领域之一,并且已被证明可以改善图像和语音识别的性能、自然语言理解,以及最近在计算生物学中的应用。

调节基因组学的常规方法将序列变异与分子性状的改变联系起来。一种方法是利用遗传多样性个体之间的变异来绘制数量性状基因位点(quantitative trait locus,QTL)。该原理已用于鉴定影响基因表达水平的调控变异体、DNA 甲基化、组蛋白标记和蛋白质组变异(见图 5-15(a))。更好的统计方法有助于提高检测监管 QTL 的能力。但是,任何映射方法本质上都限于训练群体中存在的变异。因此,研究稀有突变的影响尤其需要样本量非常大的数据集。另一种方法是训练使用基因组内区域之间变异的模型。将序列分成多个以感兴趣的性状为中心的窗口,即使使用一个独特的性状,也能为大多数分子性状带来数万个训练实例。在这种情况下,深度神经网络的价值是双重的。首先,经典的机器学习方法无法直接对序列进行操作,因此需要可以根据先验知识从序列中提取预定义特征。深度神经网络可以通过从数据中学习来绕过手动提取特征。其次,由于它们具有代表性,可以捕获序列和相互作用效应中的非线性依赖性,并在多个基因组尺度上跨越更宽的序列关系。证明其实用性的深层神经网络已成功应用于预测剪接活性(Leung, et al., 2014)、DNA 和 RNA 结合蛋白的特异性(Alipanahi, et al., 2015),以及表观遗传标记和研究 DNA 序列改变的影响。

使用卷积神经网络(CNN)的最新工作允许直接训练 DNA 序列,而无需定义特征。与完全连接的网络相比,CNN 架构允许通过仅对输入空间的较小区域应用卷积运算并在区域之间共享参数来减少模型参数的数量。这种方法的主要优点是能够在较大的序列窗口上直接训练模型(见图 5-15(b))。Alipanahi 等人(2015)考虑了卷积网络架构来预测 DNA 和 RNA 结合蛋白的特异性。他们的 DeepBind 模型优于现有方法,能够恢复已知和新颖的基序序列,并且可以量化序列改变的影响并鉴定功能性 SNVs。可以直接在原始 DNA 序列上训练模型的关键创新是一维卷积层的应用。直观地,卷积层中的神经元扫描基序序列及其组合,类似于常规的位置权重矩阵。来自更深层的学习信号首先通知卷积层哪些 Motif 最相关,然后将模型恢复的 Motif 显示为热图或序列徽标(见图 5-15(d))。

深度学习方法是经典机器学习工具和其他分析策略的有力补充。这些方法已经在计算生物学中得到了广泛应用,包括调节基因组学和图像分析。第一个公开可用的软件框架已减少了模型开发的开销,并为从业人员提供了丰富的、可访问的工具箱。我们希望软件基础设施的持续改进将使深度学习适用于越来越多的生物学问题。

### 2. 通过深度学习预测 DNA 和 RNA 结合蛋白的序列特异性

DNA 和 RNA 结合蛋白在基因调控中起着核心作用。蛋白质的序列特异性最通常使用位置权重矩阵(PWM)来表征,并且可以在基因组序列上进行扫描以检测潜在的结

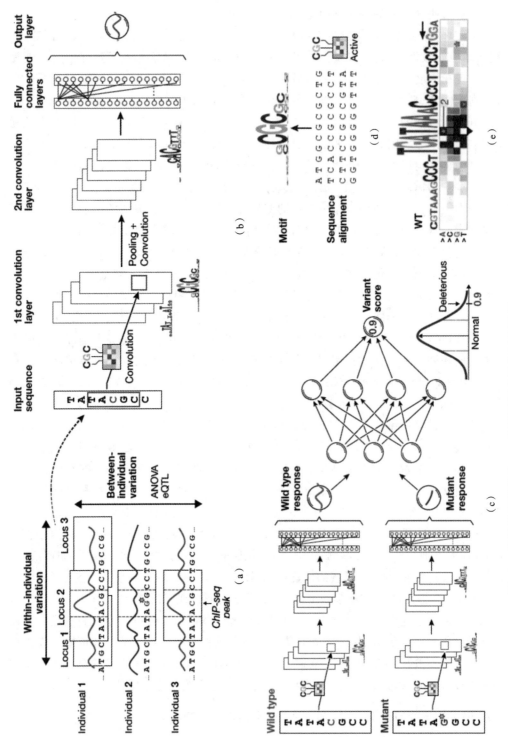

图5-15 使用神经网络从DNA序列预测分子特征的原理(Angermueller C, et al., 2016)

合位点。但是,越来越多的证据表明,可以通过更复杂的技术来更准确地捕获序列特异性。最近,"深度学习"在各种信息技术应用中均取得了创纪录的成绩。将深度学习方法用于预测序列特异性的任务也是非常可取的。Alipanahi 等人(2015)使用基于深度卷积神经网络的 DeepBind 方法,即使序列中模式的位置未知,也可以发现新模式,然而传统神经网络需要大量训练数据才能完成此任务。

为介绍卷积神经网络在生物基因组学领域的应用,Alipanahi 等人试图采用机器学习或者基因组学这些容易理解的方式来描述 CNN 预测 DNA 蛋白结合位点的方法。首先,他们将一个基因组序列窗口视为一张图片。不同于由三颜色通道(R,G,B)像素组成的二维图片,他们将基因组序列视为由四通道(A,C,G,T)组成的一个固定长度的一维序列窗口。因此,DNA 蛋白结合位点预测的问题好比于图片的二分类问题。CNN 用于基因组学研究的最大优势之一是,它可以探测某一 Motif(指蛋白质分子具有特定功能的或者作为一个独立结构域中相近的二级结构聚合体)是否在指定序列窗口内,这种探测能力非常有利于 Motif 的鉴定,进而有助于结合位点的分类。

五个 DeepBind 模型并行处理五个独立序列。卷积、校正、合并和神经网络阶段使用当前的模型参数来预测每个序列的得分(见图 5-16(a))。在训练阶段及反向传播和更新阶段会同时更新模型的所有 Motif、阈值和网络权重,以提高预测准确性。

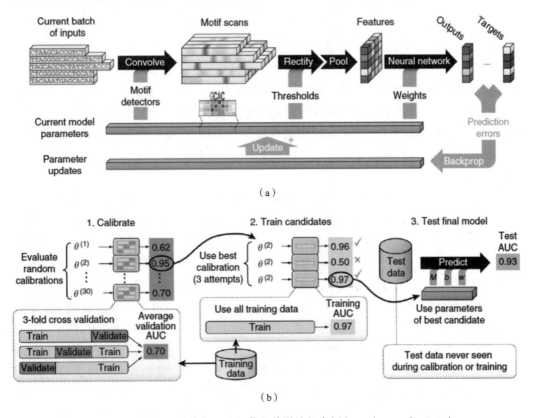

图 5-16　DeepBind 的内部工作细节及其训练程序(Alipanahi,et al.,2015)

Alipanahi 使用深度学习技术来推断模型参数并优化算法设置。其训练流水线（见图 5-16(b)）通过自动调整许多校准参数来减少手动调整的需要。

DeepBind 基于深度学习，并且不依赖于常见的特定于应用程序的启发式方法。深度学习还拥有一个非常活跃的研究社区，正在吸引学术界和行业的巨额投资；我们相信深度学习社区的当前和未来见解将带来 DeepBind 和序列分析的整体提升和加强。

卷积神经网络具备学习复杂特征的能力。当设计卷积神经网络时，需要参考网络参数的数量、可利用的数据量、特征相互作用的复杂度以及由没必要的复杂度引起的噪声。我们发现，CNN 结构对预测能力的影响会因项目类型的不同而不同，但采用更多的卷积核似乎对任何项目都有效。

## 5.4.3　蛋白质结构预测

任何给定的蛋白质能做什么取决于其独特的三维结构。例如，构成我们免疫系统的抗体蛋白是"Y"形的，类似于独特的钩子。通过锁定病毒和细菌，抗体蛋白能够检测和标记致病微生物以消灭它们。同样，胶原蛋白的形状像绳索，在软骨、韧带、骨骼和皮肤之间传递张力。其他类型的蛋白质包括 Cas9，它以 CRISPR 序列为指导，像剪刀一样剪切和粘贴部分脱氧核糖核酸；抗冻蛋白，其三维结构允许它们与冰晶结合，防止生物体冻结；核糖体，就像一条程序化的装配线，帮助自己构建蛋白质。

仅仅从基因序列中找出蛋白质的三维形状显然是一项复杂的任务，具有极大挑战性。面临的挑战是脱氧核糖核酸只包含一种叫氨基酸残基的蛋白质结构单元的序列信息，氨基酸残基形成长链。预测这些链将如何折叠成复杂的蛋白质三维结构就是所谓的"蛋白质折叠问题"。蛋白质越大，建模就越复杂和困难，这是因为需要考虑的氨基酸之间的相互作用越多，在到达正确的三维结构之前，需要较长的时间来列举典型蛋白质的所有可能构型。

预测蛋白质结构的能力对科学家来说很有用，因为这对于理解蛋白质在体内的作用，以及诊断和治疗被认为是由错误折叠的蛋白质引起的疾病至关重要，如阿尔茨海默病、帕金森病、亨廷顿病和囊性纤维化。其中，研究表明淀粉样蛋白-β(A-β)在大脑中的沉积是阿尔茨海默病的病理特征之一；帕金森病的特征是大脑用于分泌多巴胺的神经元的细胞逐渐死亡，这被认为是由 α-突触核蛋白的球状错误折叠团聚集造成的；90％患有囊性纤维化的原因是突变导致 CFTR 蛋白折叠错误或变形。随着通过模拟和模型获得更多关于蛋白质形状及其如何运作的知识，它在药物研制中表现出新的潜力，同时也降低了与实验相关的成本，这将最终改善全世界数百万患者的生活质量。对蛋白质折叠的理解也将有助于蛋白质设计，这可能会带来许多好处。例如，可生物降解酶的进展，可以通过蛋白质设计实现，能够有助于我们以对环境更有好的方式处理塑料和石油等污染物。事实上，研究人员已经开始对细菌进行工程改造，以分泌蛋白质使废物可生物降解，更容易处理。

蛋白质结构预测有以下几种方法：

(1) 同源建模法(comparative homology modeling)，依据蛋白序列与已知结构蛋白比对信息构建三维模型。

(2) 折叠识别法(threading fold recognition)，寻找与未知蛋白最合适的模板，进行序列与结构比对，最终建立结构模型。

(3) 从头预测法(Ab initio/de novo methods)，根据序列本身来从头预测蛋白质结构。

在过去的五十年里，科学家们已经能够在实验室中使用实验技术来确定蛋白质的形状，如低温电子显微镜、核磁共振或者 X 射线结晶学，但每种方法都依赖于大量的反复试验，每种结构的确定可能需要数年时间。所以通过人工智能方法来替代传统蛋白质处理过程是很有必要的。

幸运的是，由于基因测序成本的快速降低，基因组学领域的数据非常丰富。在最近几年中，依赖于基因数据，用于预测问题的深度学习方法变得越来越流行。DeepMind 在解决此问题(用深度学习方法预测)时应用了 AlphaFold，CASP 组织者称赞其为"预测蛋白质结构的计算方法能力的前所未有的进步"。

AlphaFold 解决了从零开始对目标形状建模而不使用先前解决的蛋白质作为模板的难题。当预测蛋白质结构的物理特性时，AlphaFold 能够获得很高的准确性，然后使用两种不同的方法来构建完整蛋白质结构的预测。

这两种方法都依赖于经过训练的深层神经网络，可以根据其遗传序列预测蛋白质的特性。AlphaFold 网络预测的依据是：① 氨基酸对之间的距离；② 连接这些氨基酸的化学键之间的角度。第一个依据是基于常用技术，该技术可估算氨基酸对是否彼此靠近。AlphaFold 团队训练了一个神经网络来预测蛋白质中每对残基之间距离的独立分布。然后，将这些概率合并成一个分数，该分数可估计蛋白质结构的准确性。此外，其团队还训练了一个单独的神经网络，该网络使用所有距离合计来估计拟议结构与正确答案的接近程度。

使用这些评分功能，AlphaFold 能够搜索蛋白质结构以找到与预测相符的结构。第一种方法建立在结构生物学中常用的技术之上，并用新的蛋白质片段反复替换蛋白质结构的片段。AlphaFold 训练了一个生成神经网络来发明新的片段，这些片段被用来不断提高提出的蛋白质结构的分数。第二种方法是通过梯度下降来优化得分，梯度下降是机器学习中常用的一种数学技术，用于进行较小的增量改进，从而得到高度准确的结构。这项技术应用于整个蛋白质链，而不是应用于组装前必须分开折叠的片段，从而降低了预测过程的复杂性。图 5-17 所示的是蛋白质结构预测。

蛋白质折叠的早期进展很迅速，这证明了人工智能对科学发现的效用。尽管在对疾病治疗、环境管理等方面产生量化影响之前，仍然有很多工作要做，但人工智能的潜力是巨大的。

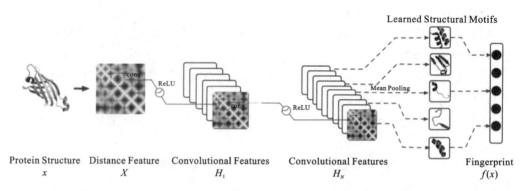

图 5-17　蛋白质结构预测（DeepFold：overall winner of CASP18）

## 5.4.4　生物统计与深度学习的关系

斯坦福大学著名统计学和机器学习大师 Robert Tibshirani 一直将机器学习称为"美化过的统计学（glorified statistics）"。按照数理统计学的大师级人物 Larry Wasserman 的说法，实际上"这两门学科（机器学习和统计学）关注的是同一件事，即我们能从数据中学到什么？"统计学与机器学习的对比如图 5-18 所示。

| 统计学 | 机器学习 |
| --- | --- |
| Estimation 评估 | Learning 学习 |
| Classifier 分类器 | Hypothesis 假设 |
| Data Point 数据点 | Example/Instance 用例 |
| Regression 回归 | Supervised Learning 监督学习 |
| Classification 分类 | Supervised Learning 监督学习 |
| Covariate 协变量 | Feature 特征 |
| Response 响应 | Label 标记 |

图 5-18　统计学与机器学习对比

从机器学习的核心视角来看，优化（optimization）和统计（statistics）是其最重要的两项支撑技术。机器学习专家需要掌握的技术如图 5-19 所示。

在深度学习的课程中，机器学习方面的专家确实要比计算机科学方面的专家有更为扎实的统计学基础知识。此外，信息理论要求对数据和概率有很强的理解能力。

此外，许多机器学习算法需要比大多数神经网络技术有更强的统计学和概率学背景，但是这些方法通常被称为统计机器学习或统计学习，以此来减少统计学的色彩，将其与常规的统计学区分开。

同时，在近年来机器学习大热的创新技术中，大多数都属于神经网络领域，所以机器

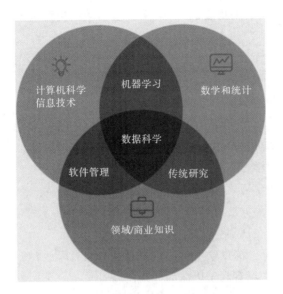

**图 5-19　机器学习专家所需掌握技术**

学习并不是统计学。

　　当然,机器学习也并非独树成林。事实上,任何人想要很好地应用机器学习,都会遇到各类数据处理的问题,因此,拥有对统计数据的理解力也是很有必要的。这并非说机器学习决不会使用到统计概念,同样也不能一概而论地说机器学习就是统计学。

　　其实,大多数的机器学习算法最终还是落实到用模型对数据进行拟合,这能够被认为是一个统计过程。

　　就像太空探索那样,深度学习的到来并没有解决世界上的所有问题。在很多领域还能够看到有巨大的差距,尤其是在"人工智能"领域。深度学习为我们攻坚复杂非结构化数据的问题做出了显著贡献。机器学习仍旧是世界技术进步和革新的前沿。

# 习　题　5

1. 选择题(课堂完成,扫右边二维码做题)

2. 名词解释

(1) 机器学习中的神经网络　　　　　(2) 卷积神经网络(CNN)

(3) 循环神经网络　　　　　　　　　(4) 随机梯度下降(SGD)

(5) 深度学习　　　　　　　　　　　(6) 反向传播算法

(7) 特征学习　　　　　　　　　　　(8) 卷积层

(9) 池化层　　　　　　　　　　　　(10) 输入层

(11) 单核苷酸多态性　　　　　　　　(12) 蛋白质结构同源建模法

（13）蛋白质结构从头预测法　　　（14）蛋白质结构折叠识别法

3. 简答题。

（1）简述深度学习面临的挑战。

（2）简述卷积神经网络的基本结构。

（3）简述生物统计与深度学习的关系。

（4）举例说明深度学习应用于生物大数据分析的优势。

（5）深度学习方法可以分为几类，有何特点？

（6）举例说明深度学习在生物大数据分析中的典型应用。

（7）大数据与深度学习之间有什么样的关系？

（8）蛋白质结构预测方法有哪些？

（9）简述深度学习在现实生活中的应用。

（10）什么是过拟合？深度学习解决过拟合的方法有哪些？

（11）更多的数据是否有利于更深的神经网络？

# R 语言

## A.1 基础知识

R 语言主要用于数据可视化与统计分析,当然现在也可以通过扩展包实现数据挖掘等算法。与 Python 相比,R 语言相当于天生就加载了 NumPy、SciPy、Pandas 的大多数功能。现在来介绍一些 R 语言的基本知识。

### 一、入门操作

#### 1. 包

1)下载包

```
1  install.packages(
2  c("xts", "zoo"),
3  lib="some/other/folder/to/install/to",  #用 lib 参数来改变包安装的地址
4  repos="http://www.stats.bris.ac.uk/R/"  #指定下载包的源
5)
```

2)加载包

library 和 require 都可以载入包,但二者存在区别。

在一个函数中,如果一个包不存在,执行到 library 将会停止执行,require 则会

继续执行。

如下面的例子,require 会返回 TRUE / FALSE。

```
d= require(ggplot2)
d
[1] TRUE
```

如果需要加载多个包,则可以用下面循环:

```
1  pkgs <— c("lattice", "utils", "rpart")
2  for(pkg in pkgs)
3  {
4  library(pkg, character.only=TRUE)
5  }
```

### 3)包相关的函数

| 函　　数 | 说　　明 |
| --- | --- |
| library() | 加载包,遇到加载不成功,会报错 |
| require() | 加载包并返回成功或失败的 TURE/FALSE<br>遇到加载不成功,返回 FALSE 并继续 |
| search() | 搜索目前的包 |
| View(installed. packages()) | 查看已安装的包 |
| remove. packages("zoo") | 删除安装的包 |

### 2. 赋值

| 赋值 | 说明 | 例子 | <— 与= 的异同 |
| --- | --- | --- | --- |
| <—或—> | 向同一层环境里的变量赋值 | x<— 2;<br>2 —> x | 最外层环境:<br>a=2;　#赋值<br>a<— #赋值 |
| = | 向同一层环境里的变量传值 | x= 2 | |
| ≪—或—≫ | 通常在定义函数的时候使用 funtion(){...}<br>向上一层(父级)环境里的变量赋值<br>找到该变量则重新赋值,没找到则生成一个全局变量 | | 且<—的优先级高于=<br>a=b<— 2 #ok<br>a<— b=2 #error<br><br>在括号中的传参<br>read. table("fileName", header=TRUE) #传递参数 |
| assign (x, value, pos= -1, envir= as. environment (pos ), inherits = FALSE, immediate= TRUE) | 用赋值函数来赋值,可指定环境 | assign(x,2) | read. table("fileName", header<— TRUE) #赋值 |

### 3. 查看变量的类型

| 函　　数 | 说　　明 |
|---|---|
| typeof() | 查看变量类型<br>"logical", "integer", "double", "complex", "character" , "raw",<br>"list"等 |
| mode() | 除了下面几个,与 typeof()返回值一致<br>types "integer" and "double" are returned as "numeric"<br>types "special" and "builtin" are returned as "function"<br>type "symbol" is called mode "name"<br>type "language" is returned as "(" or "call" |
| class() | 大部分类似 mode() |
| Is. 类型() | 确定某变量是否是某类型 |
| as. 类型() | 将某类型变量转换为另外的类型变量 |

mode 是 R 存储对象的类型,typeof 和 mode 相似,但是比 mode 分得更精细;class 的概念是沿袭面向对象编程的概念而来,是一个更抽象的概念

从精细度上说:typeof＞ mode ＞ class

### 4. 常用的其他系统函数

| 函　　数 | 说　　明 | 函　　数 | 说　　明 |
|---|---|---|---|
| Is()<br>Is.str() | 列出目前所有变量 | File. path () | 输出拼接的路径,避免字符转义的麻烦<br>file.path("c:", "Program Files","R","R-devel")<br>##[1]"c:/Program Files/R/R-devel" |
| object.<br>size(变量) | 查看变量占用内存 | help() | 帮助文档 |
| memory.<br>size() | windows 系统上,查看 work space 的内存使用 | R.home() | R 的安装目录 |
| memory.<br>limit() | 查看系统规定的内存使用上限 | basename() | 截取一个文件路径的最底层文件名<br>file _ name ＜— " C:/ProgramFiles/R/R-devel/bin/x64/RGul.exe"<br>basename(file_name)<br># #［1]"RGul.exe" |
| rm() | 删除某变量 | dirname() | 截取除了文件名之外的地址<br>dirname(file_name)<br>##[1]"C:/ProgramFiles/R/R-devel/bin/x64 |

续表

| 函　　数 | 说　　明 | 函　　数 | 说　　明 |
|---|---|---|---|
| get() | 根据名称获取变量 | attach/<br>detach | 用attach加载数据框时,[]可直接引用数据框中的列,而不用$<br><br>db.data[db.data$ col1=="summer", ]<br><br>等价于<br>attach(db.data)<br>db.data[col1=="summer",] |
| getwd() | 获取当前环境路径 | str()<br>summary() | 查看数据结构 |
| setwd() | 设置当前环境路径 | pkg::name | 有时候函数名会冲突,则加上包名,引用函数 |

**5. 查看 R 的源代码**

- 直接键入函数名称
- 函数名.default
- getAnywhere(函数名)
- methods(函数名),查看依赖的其他函数

例如:

```
methods(AIC)
[1] AIC.default*AIC.logLik*
getAnywhere(AIC.default)
```

# 二、数据结构

R 语言的数据对象从结构角度划分,可以分为向量、数组、矩阵、因子、列表和数据框六种,如附图 A-1 所示。

其中:

- 向量(以及因子)、数组、矩阵必须是相同类型;
- 列表、数据框可以是不同类型;
- 因子是特殊的向量,在字符型向量的基础上,附加了 level 值,主要针对的是类别的值,或者有序的类别值,以及时间日期;
- 数组、矩阵中,不同维度长度要一致,而列表中长度可以不同。

**1. 向量**

1) 定义

向量的元素可以是数值型、字符型、逻辑值型和复数型,甚至列表型。向量中可以包

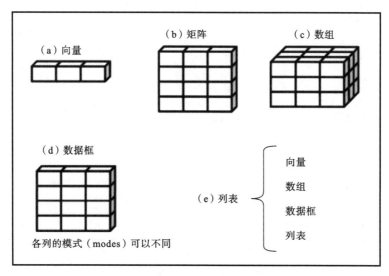

**附图 A-1  R 中的数据结构**

含一个元素,也可以包含多个元素。同一个向量中的数据类型应该相同。

R 中的向量是连续存储的,因此不能插入或删除元素。如想添加或删除元素,需要重新给向量赋值。

2)快速创建向量

```
c(1, 1:3, c(5, 8), 13)   #values concatenated into single vector
[1] 1 1 2 3 5 8 13
```

3)建立空向量

```
1    vector("numeric", 5)  或  numeric(5)
2    ##[1] 0 0 0 0 0
3
4    vector("complex", 5)  或  complex(5)
5    ##[1] 0+0i 0+0i0+0i0+0i0+0i
6
7    vector("logical", 5)  或 logical(5)
8    ##[1] FALSE FALSEFALSEFALSEFALSE
9
10   vector("character", 5)  或 character(5)
11   ##[1] "" "" "" "" ""
12
13   vector("list", 5)
14   ##[[1]]
15   ##NULL
16   ##
17   ##[[2]]
```

```
18    ##NULL
19    ##
20    ##[[3]]
21    ##NULL
22    ##
23    ##[[4]]
24    ##NULL
25    ##
26    ##[[5]]
27    ##NULL
```

注意:不要混淆下面几个类型。

| NULL | 空值,不存在,不占用空间 |
| --- | --- |
| NA | 确实值,会占用空间 |
| NaN | 无意义值,0/0 |
| Inf | 正无穷大 |
| -Inf | 负无穷大 |

4）运用序列函数 seq 创建向量

```
1    seq(from=1, to=5, by=1)
2    seq_len(5)
3    NULL 1 2 3 4 5
```

seq_alone() 创建从 1 到输入的向量的长度:

```
1    pp<— c("Peter","Piper","picked","a","peck","of","pickled", "peppers")
2    for(i in seq_along(pp)) print(pp[i])    #等价于 for(i in pp) print(i)
3    ##[1] "Peter"
4    ##[1] "Piper"
5    ##[1] "picked"
6    ##[1] "a"
7    ##[1] "peck"
8    ##[1] "of"
9    ##[1] "pickled"
10   ##[1] "peppers"
```

5）向量的属性与方法

| 函　　数 | 说　　明 | 例　　子 |
| --- | --- | --- |
| Length() | 向量长度 | length(pp) |
| nchar() | 每个向量中元素的字符个数 | nchar(pp) |

续表

| 函　数 | 说　明 | 例　子 |
|---|---|---|
| names() | 查看或赋予向量名字 | names(pp) <— c("name1","name2", "name3" ," name4" ,"name5", "name6","","") |
| [] | 切片,负数索引表示不显示该索引对应的值 | pp[1:3],pp[c(1,3,5)],pp[TURE,FALSE,TURE, FALSE,,FALSE] pp[-1]表示除去第一个元素都显示 |
| which.min() which.max() which() | 查找最小值对应的索引 查找最大值对应的索引 查找满足条件的索引 | |
| 1：7+1：5 | 向量的广播,比 Numpy 的广播还要强大,短的向量或循环元素与长的向量进行计算,可能不是整数倍 | |
| rep() rep_len() | 快速创建向量 | rep(1:5, 3) rep(1:5, each=3) rep(1:5, times=1:5) rep(1:5, length.out=7) rep_len(1:5, 13) |
| seq() seq_len() | 快速创建向量 | |

### 2. 字符串与因子

1) 字符串的操作

| 函　数 | 说　明 |
|---|---|
| paste() | 将多个字符串拼接成字符向量 |
| toString() | 将对象转换成字符串 |
| cat() | 输出字符型向量,没有索引和引号,方便阅读 |
| substring() | 提取字符 |
| strsplit() | 与 paste()相反的操作 |

2) 因子

因子属于字符型向量的一种,在 dataframe 中,分类变量会默认转换成因子类型。

例子:

```
1    heights <-data.frame(
2    height_cm=c(153, 181, 150, 172, 165, 149, 174, 169, 198, 163),
```

```
3      gender=c(
4      "female", "male", "female", "male", "male",
5      "female", "female", "male", "male", "female"
6      )
7      )
8
9      class(heights$ gender)
10     [1] "factor"
```

### 3）因子相关的属性与函数

| 函　　　数 | 说　　　明 |
| --- | --- |
| factor() | 单独创建因子 |
| ordered() | 定义有序因子 |
| levels() | 查看因子的水平 |
| nlevels() | 查看因子水平个数 |
| interaction(..,sep=) | 连接两个因子,类似于 Python 中的 zip,两个因子对应的元素根据 sep 定义的字符连接在一起 |
| cut(x, breaks, labels=NULL,...) | 将数值型向量分组,变成因子,breaks 是 (],左开右闭的区间 |
| ifelse() | 可简单地生成因子,somedata$ labels=as.factor(ifelse(a> 20,'1','0')) |
| table() | 对因子进行聚合计数,形成列联表 |
| Xtabs(formula=~.,data=parent.frame(),subset, sparse=FALSE, na.action,addNA=FALSE, exclude=if(!addNA)c(NA,NaN), drop.unused.levels=FALSE) | 指定多个因子或分类变量进行聚合,~右边的因子变量进行分组,~左边数值变量进行求和<br>df=data.frame(<br>　　　u=c("a","a","b","b","c","c")<br>　　　lot1=c("d","d","d","f","f","f"),<br>　　　lot2=seq(6),<br>　　　lot3=seq(from=7, to=12)<br>　　　)<br>xtabs(cbind(lot2,lot3)u+lot1, df)<br>　lot1<br>ud f<br>a3 0<br>b 3 4<br>c0 11<br>aggregate()实用性比 xtabs 更广,可以自定义聚合的函数 |
| expand.grid() | 构造一个数据框 |

### 3. 矩阵与数组

向量是一维度,数组是多维度,矩阵是二维的数组,是数组中的特例。

1) 创建

| 函　　数 | 例　　子 |
| --- | --- |
| matrix(data=NA,nrow=1,ncol=1,<br>byrow=FALSE,dimnames=NULL) | a_matrix<— matrix(1:12,<br>byrow=FALSE,nrow=4,#ncol=3 works the same<br>dimnames=list(c("one","two","three","four"),<br>c("ein","zwei","drei")<br>)<br>) |
| array(data=NA,dim=length(data),<br>dimnames=NULL) | three_d_array<— array(1:24,dim=c(4,3,2),<br>dimnames=list(<br>c("one","two","three","four"),<br>c("ein","zwei","drei"),<br>c("un","deux")<br>)<br>) |

2) 矩阵和数组的属性与方法

| 函　　数 | 说　　明 |
| --- | --- |
| dim() | 查看全部维度 |
| nrow(),ncol()<br>NROW(),NCOL() | 只对应查看前两个维度的值,更多维度用 dim()<br>对于向量,只能用 NROW()、NCOL()来查看 |
| length() | 返回元素个数,即每个维度的乘积 |
| rownames()<br>colnames()<br>dimnames() | 查看名称 |
| [] | 切片,筛选矩阵或数值既可以用索引,也可以用名称,全部选取时用逗号隔开空着即可<br>three_d_array[1:2, ,'deux'] |
| cbind(),rbind() | 合并数组,行合并或列合并时,对应的行列维度要相同 |
| split() | 拆分向量 |
| t() | 矩阵转置 |
| %*% | 内积 |
| %o%,或 outer() | 外积 |

#### 4. 列表与数据框

向量中的数据类型必须相同，而对于列表 list，其值可以是不同类型，能复杂地嵌套所有数据结构。

data.frame 之于 matrix，就像 list 之于 vector，像是一个升级版，可以存储多种类型的数据（即每一列的数据类型可以不同）。

- list 可以看成是存储任何类型的 vector；
- data.frame 可以看成是存储任何类型的 matrix。

data.frame 会自动把 strings 的数据自动转换成 factors，若不想，则额外规定属性 "stringsAsFactors＝FALSE"。

数据框是二维的列表，并且每列表示一个不同的非嵌套的列表，每列长度必须相同。

1）创建 list 列表

列表中，可以是向量、日期、矩阵、三角函数等，长度可以不一致。

```
1    a_list<— list(
2    c(1, 1, 2, 5, 14, 42),
3    month.abb,
4    matrix(c(3, -8, 1, -3), nrow=2),
5    asin
6)
```

2）创建数据框

```
1  data.frame(
2  x=letters[1:5],
3  y=y,
4  z=runif(5)>0.5, row.names=NULL
5)
```

3）列表与矩阵的属性与方法

| 函　　数 | 说　　明 |
|---|---|
| names(a_list)<— c("catalan","months", "in-voluatry","arcsin" ) | 为列表赋予名字 |
| length() | 第一层的维度，不计算嵌套的维度 |
| [] | 切片与向量类似 |
| $ | 引用变量名称对应的值 |
| unlist() | 拆分成向量 |
| dim(), nrow(), ncol() | 对数据框有用，列表无用 |

续表

| 函　　数 | 说　　明 |
|---|---|
| colnames(),rownames(),dimnames(), names() | 查看数据框的名称 |
| subset(x,subset,select,drop=FALSE,...) | subset(a_data_frame,y>0,x) 使用 subset() 函数筛选,与普通的筛选方法区别在于处理 NA 的方式上,可直接忽略 NA 值 |
| merge(x, y, by = intersect(names(x), names(y)),...) | 合并数据框 |
| colSum(),colMeans() | 对列快速求和以及均值 |
| rowSum(), rowMeans() | 对行快速求和以及均值 |

## 三、环境与函数

### 1. 环境

定义变量后,都需要存在一个地方,这个地方就是环境。环境本身也像变量一样可以被操作,赋值到函数中。环境有点像 list 列表,可以储存任何值,甚至环境与 list 是可以相互转换的。

R 的环境系统实质上存储在 RAM 内存中,并且 R 环境之间的关系并不是嵌套关系,而是更接近树形结构,每一个环境都与一个父环境相连,但这样的连接是单向的。我们可以很轻松地找到某个环境的父环境,却难以直接找到一个环境的子环境。因此,R 环境的树形结构不支持自上而下的搜索。

实际应用中,环境会自动创建。此处讲解环境有助于对后续开发的理解,并且对理解环境的作用域也非常重要。

| 名　　称 | 说　　明 |
|---|---|
| globalenv() | 全局环境 |
| baseenv() | 基环境 |
| emptyenv() | 空环境 |
| new.env() | 新建环境 |
| parent.env() | 查看父环境 |
| get() | 获取环境下的变量 |
| exists() | 检查环境下是否存在某变量 |

### 2. 函数

1) 格式

R 语言中的函数定义是很宽松的。

```
1    function(x) {
2      5*x
3    }
```

或

```
1    function(x) 5*x    #放进一行代码时,可以不用花括号{}
```

2）无 return

在 R 语言中,自定义的函数不用写 return,系统会自动返回算出来的结果。

3）参数

函数的参数一般不指定具体值,不过根据需要也可以指定值,并且可以配合一些默认的函数。

例子:

```
hypotenuse<— function(x=3, y=mean(x)) {
sqrt(x^2+y^2)
}
```

4）function 相关的方法

| 名　　称 | 说　　明 |
| --- | --- |
| formals() | 查看函数的参数,以及默认值 |
| args() | 查看函数的参数,以及默认值 |
| formalArgs() | 查看函数的参数 |
| body() | 查看函数的内部逻辑代码 |
| deparse() | 将函数拆解 |

## 四、流程控制与循环

### 1. 条件判断

1）if else

```
1    If(<condition>){
2            ##do something
3    } else if(<condition2>){
4            ##do something
5    } else {
6            ##do something
7    }
```

例子:

```
1    if(TRUE) message("It was true!")
2    ##It was true!
```

### 2）向量化 ifelse()

| 函　　数 | 说　　明 | 例　　子 |
|---|---|---|
| ifelse | 向量化的条件判断 | yn<— rep.int(c(TRUE,FALSE),6)<br>ifelse(yn,1:3,-1:-12)<br>##[1] 1 -2 3 -4 2 -6 1 -8 3 -10 2 -12 |

### 3）多条件判断 switch

| 函　　数 | 说　　明 | 例　　子 |
|---|---|---|
| switch(expr,list) | expr 返回一个 1～length(list)的整数<br>　函数返回 list 对应这个整数位置的值 | for(i in c(-1:3,9)) print(switch(I,1,2,3,4))<br><br>NULL<br>NULL<br>[1]1<br>[1]2<br>[1]3<br>NULL |

### 2. 循环

R语言中循环涉及三个主要函数，即 repeat、while、for。然而，基于 R 语言向量化的思想，应该减少循环的使用。

1）repeat

repeat 会不断循环重复执行，直到遇到 break。所以，repeat 一般不会单独使用，要结合 next、break 使用。

例子：

```
repeat
{
message("Happy Groundhog Day!")
action<— sample(
c(
"Learn French",
"Make an ice statue",
"Rob a bank",
"Win heart of Andie McDowell"
```

**183**

```
), 1)
if(action=="Rob a bank") {
message("Quietly skipping to the next iteration")
next
}
message("action=", action)
if(action=="Win heart of Andie McDowell") break
}
```

2) while

while 与 repeat 很像,不过先判断是否要执行,然后再循环。

例子:

```
1    action<— sample(
2        c(
3          "Learn French",
4          "Make an ice statue",
5          "Rob a bank",
6          "Win heart of Andie McDowell"
7        ),
8        1
9        )
10    while(action !="Win heart of Andie McDowell") {
11            message("Happy Groundhog Day!")
12            action<— sample(
13            c(
14              "Learn French",
15              "Make an ice statue",
16              "Rob a bank",
17              "Win heart of Andie McDowell"
18        ),
19        1
20        )
21            message("action=", action)
22          }
```

用到 for 的时候,一般知道要循环几次或循环的范围。并且 for 循环不局限于数字,还可以是字符型向量、逻辑型向量、列表等。

例子:

```
x<— c("a","b","c","d")
for (i in 1:13) {
```

```
print x[i]
}

for (letter in x) {
print (letter)
}
```

4) for ＋ get()

对非向量集合的循环,运用 get(),获取对应名称的变量值。

例子:下面的 u、v 分别是两个不同的矩阵。

```
>u
     [,1][,2]
[1,]    1    1
[2,]    2    2
[3,]    3    4
>v
     [,1][,2]
[1,]    8   15
[2,]   12   10
[3,]   20    2
>for (m in c("u","v")) {
+     z<— get(m)
+     print(lm(z[,2]～z[,1]))
+ }


Call:
lm(formula=z[,2]～z[,1])


Coefficients:
(Intercept)     z[,1]
   -0.6667    1.5000
Call:
lm(formula=z[,2]～z[,1])


Coefficients:
(Intercept)     z[,1]
    23.286    -1.071
```

### 3. 高级循环——向量化

| 向量化函数 | 说　明 | 返回类型 | 例　子 |
|---|---|---|---|
| replicate(n, expr, simplify = "array") | 循环 n 次执行 expr | simplify=FALSE,结果以列表 list 形式返回 | replicate(5, runif(1)) |
| | | simplify="array",结果以数组形式返回 | |
| | | simplify=TURE,与 exp 结果返回的长度有关,详情见 apply 说明 | |
| apply（X, MARGIN,FUN,…） | X:数组或矩阵 | 假设每次调用 FUN 返回相同长度为 n 的向量 | apply(x,1,mean) |
| | MARGIN=1,对 X 的行中每个位置使用 FUN | 若 n>1,则返回一个 c(n,dim(x)[MARGIN])维度的数组(2*2 就自动转为矩阵) | |
| | MARGIN=2,对 X 的列中每个位置使用 FUN | 若 n=1,则返回一个 dim(x)[MARGIN]长度的向量 | |
| | c(1,2)表示同时对行和列位置循环 | 假设每次调用 FUN 返回不相同长度的向量,则返回列表 list | |
| lapply(x,FUN,…) | X:向量或列表 | 返回与 x 等长的 list 类型的值 | x<— list(a=1:4,b= rnorm(10)) lappy(x,mean) |
| | 对 x 中每个元素执行 fun | | |
| sapply(x,FUN,…) | 与 apply 类似,sapply 会根据结果的数据类型和结构,重新构建一个合理的数据类型返回 | simplify=FALSE,USE. NAMES=FALSE 结果以列表 list 形式返回,与 lapply 相同 | x<— list(a= 1:4,b= norm(10)) sapply(x,mean) |
| | | simplify=TRUE,根据结果返回向量或数组 | |
| vapply（X, FUN,FUN.VALUE, …,USE.NAMES= TRUE) | 在 sapply 的基础上加了一层验证 | fun.value 的值,指定输入值的结果必须符合下面类型,符合指定的长度 | vapply(x, function(x) x^2,numeric(2)) |
| | FUN.VALUE | logical(n) | |

续表

| 向量化函数 | 说　明 | 返回类型 | 例　子 |
|---|---|---|---|
| | | numeric(n) | 表示返回结果必须是 5 个数值型 |
| | | integer(n) | |
| | | character(n) | |
| | | ""=character(1) | |
| mapply（Fun (x,y),x,y） | sapply 的升级版,可同时处理多个向量 | | ad<— function(x,y,z)x+y +z<br>mapply(ad,1:3,2:4,3:5)<br>[1] 6 9 12 |
| SIMPLIFY = TRUE.USE.NAMES =TRUE | 函数有几个参数,后面就跟着几个等长的输入量,每个输入量的相同位置调取 Fun 返回结果 | | |
| rapply | lapply 的递归版,主要处理嵌套多层的列表 | | |
| tapply（X, IN - DEX, FUN = NULL, …, default = NA, simplify=TRUE) | x:一个对象,通常是向量 | X 根据 INDEX 的标记和 INDEX 的 level 汇总,赋予 FUN 返回结果 | fac<— factor(rep_len(1: 3,5),levels=1:5)<br>tapply(6:10,fac,sum) |
| by（data, in - dices, fun, …, simplify=TRUE） | by()的调用方式与 tapply()很像,但是 by()针对的是对象 | | require(stats)<br><br>by (warpbreaks [, 1: 2], warpbreaks [," tension "], summary) |
| | data 是数据框或矩阵,根据 indices 会被划分成对应的 subset | | |
| | fun 会根据对应的 subset 分别进行计算 | | |
| | indices 是因子的水平,长度与 data 的行数对应 | | |

续表

| 向量化函数 | 说　明 | 返回类型 | 例　子 |
|---|---|---|---|
| aggregate (x, by, FUN, …, simplify=TRUE, drop=TRUE) | 第一种使用方式类似 tapply() | | |
| | 第二种使用方式可以使用公式进行分组 | | |
| aggregate(formula, data, FUN, …, subset, na, action=na.omit) | 比 xtabs()更实用 | | |
| with (data, expression) | 加载 data 后,expression 对数据进行处理 | | with(dataframe, list(summary(glm(lot1~log(u),family=Gamma)), summary(glm(lot2~log(u),family=Gamma)) ) ) |
| | 外层套用 list(),可以处理多个数据 | | |
| within(data, expression) | 对于数据框中的列进行处理 | | df<— data.frame(u=c(5, 10,15,20,30,40,60,80,100), 　lot1=c(118,58,42,35,27, 25,21,19,18) 　lot2=c(69,35,26,21,18, 16,13,12,12)) within(df,{ 　lot3<— lot1+lot2 #df 中新增一列 　lot4<— u #df 中新增一列 u<— log(u) #df 中对于原有序列进行处理 　}) |
| | 添加或变换 | | |
| | transform ( ) 升级版 | | |

## 五、输入与输出

### 1. 读取数据

| 类　别 | 函　数 | 说　明 |
|---|---|---|
| 从 package 包中获取数据 | data() | 列出所有已加载包中的数据集 |
| | data("数据名称",package="") | 加载某个包的数据集 |

续表

| 类 别 | 函 数 | 说 明 |
|---|---|---|
| 读取文本数 | read.table(file,header=<br>FALSE,sep="",<br>…)<br>read.csv()<br>read.csv2() | 主要通过 read.table 读取数,其他函数<br>仅默认参数不同 |
| 读取 SML 及 HTML<br>数据 | install.packages("XML")<br>library(XML)<br>xmlParse()<br>xmlTreeParse() | R 没有自带的函数解析 XML,需要加载对<br>应的包 |
| 读取 YAML 及 JSON<br>数据 | install.packages("rjson")<br>library(rjson)<br>fromJSON() | |
| 查看部分数据 | head() | 展示前六行数据 |
| | tail() | 展示后六行数据 |
| | scan() | |
| | readline() | |
| 其他类型数据 | dget() | 打开 ASCII 形式保存的 R 文件 |

read.table()参数如下:

| file | 文件名(在""内,或使用一个字符型变量),可能需要全路径(注意即使在 Win-dows 下,符号\也不允许包含在内,必须用/替换),或者一个 URL 链接 (htp://…(用 URL 对文件远程访问)) |
|---|---|
| header | 一个逻辑值(FALSE 或 TRUE),用来反映这个文件的第一行是否包含变量名 |
| sep | 文件中的字段分离符,例如,对用制表符分隔的文件使用 sep="\t" |
| quote | 指定用于包围字符型数据的字符 |
| dec | 用来表示小数点的字符 |
| row.names | 保存着行名的向量,或文件中一个变量的序号或名字,缺省时行号取为 1,2,3,… |
| col.names | 指定列名的字符型向量(缺省值是:V1,V2,V3,…) |
| as.is | 控制是否将字符型变量转化为因子型变量(如果值为 FALSE),或者仍将其保留为字符型(TRUE)。as.is 可以是逻辑型、数值型或者字符型向量,用来判断变量是否被保留为字符 |
| na.strings | 代表缺失数据的值(转化为 NA) |
| colClasses | 指定各列的数据类型的一个字符型向量 |

**189**

| | |
|---|---|
| nrows | 可以读取的最大行数(忽略负值) |
| skip | 在读取数据前跳过的行数 |
| check.names | 如果为 TRUE,则检查变量名是否在 R 中有效 |
| fill | 如果为 TRUE 且非所有的行中变量数目相同,则用空白填补 |
| strip.white | 在 sep 已指定的情况下,如果为 TRUE,则删除字符型变量前后多余的空格 |
| blank.lines.skip | 如果为 TRUE,则忽略空白行 |
| commet.char | 一个字符用来在数据文件中写注释,以这个字符开头的行将被忽略(要禁用这个参数,可使用 comtent.char=="") |

## 2. 保存数据

| 函 数 | 说 明 |
|---|---|
| write.table(d,file="c:/data/foo.txt",row.names=F,quote=F) | |
| write.csv(d,file="c:/data/foo.csv",row.names=F,quote=F) | |
| save(d,file="c:/data/foo.Rdata") | |
| dump() | |
| dput() | 保存 ASCII 形式的 R 文件 |
| sink() | sink(file.txt)建立一个文件链,操作产生的数据将被保存<br>sink() # 关闭链接 |

# A.2  R 的数据操作

## 1. 对象

R 通过一些对象来运行。这些对象可以用它们的名称和内容来表示,也可以通过对象的数据类型即属性来表示。为了理解这些属性的用处,以一个在{1,2,3}中取值的变量为例:这个变量可以是一个整数变量(如巢中蛋的个数),或者是一个分类变量的编码(如某些甲壳类动物的三种性别:雄、雌和雌雄同体)。

显然,对这个变量的统计分析在以上两例中是不相同的,对象的属性在 R 中提供着所需的信息。更一般地说,对于作用于一个对象的函数,其表现取决于对象的属性。

所有的对象都有两个内在属性：类型和长度。类型是对象元素的基本种类，共有四种：数值型、字符型、复数型和逻辑型(FALSE 或 TRUE)。虽然也存在其他类型，但是并不能用来表示数据，如函数或表达式。长度是对象中元素的数目。对象的类型和长度可以分别通过函数 mode 和 length 得到。

```
>x<— 1
>mode(x)
[1] "numeric"
>length(x)
[1] 1
>A<— "Gomphotherium"; compar<— TRUE; z<— 1i
>mode(A); mode(compar); mode(z)
[1] "character"
[1] "logical"
[1] "complex"
```

无论什么类型的数据，缺失数据总是用 NA(不可用)来表示；对很大的数值则可用指数形式表示。

```
>N<— 2.1e23
>N
[1] 2.1e+23
```

R 可以正确地表示无穷的数值，如用 Inf 和-Inf 表示正、负无穷，或者用 NaN(非数字)表示不是数字的值。

```
>x<— 5/0
>x
[1] Inf
>exp(x)
[1] Inf
>exp(-x)
[1] 0
>x-x
[1] NaN
```

字符型的值输入时必须加上双引号""，如果需要引用双引号的话，可以让它跟在反斜杠\后面变成"\""，在某些函数如 cat 的输出显示或 write. table 写入磁盘时会以特殊的方式处理。

```
>x<—"Double quotes \" delimitate R's strings."
>x
[1] "Double quotes \" delimitate R's strings."
```

```
>cat(x)
```
Double quotes " delimitate R's strings.

也有另一种表示字符型变量的方法,即用单引号(')来界定变量,这种情况下不需要用反斜杠来引用双引号(但是引用单引号时必须要用!)

```
>x<—'Double quotes " delimitate R\'s strings.'
>x
```
[1] "Double quotes \" delimitate R's strings."

下表给出了表示数据的对象的类别概览。

| 对象 | 类型 | 是否允许同一个对象中有多种类型 |
|------|------|------|
| 向量 | 数值型、字符型、复数型或逻辑型 | 否 |
| 因子 | 数值型、字符型 | 否 |
| 数组 | 数值型、字符型、复数型、逻辑型 | 否 |
| 矩阵 | 数值型、字符型、复数型、逻辑型 | 否 |
| 数据框 | 数值型、字符型、复数型、逻辑型 | 是 |
| 时间序列(ts) | 数值型、字符型、复数型、逻辑型 | 否 |
| 列表 | 数值型、字符型、复数型、逻辑型、函数、表达式等 | 是 |

向量是一个变量;因子是一个分类变量;数组是一个 $k$ 维的数据表;矩阵是数组的一个特例,其维数 $k=2$。注意,数组或者矩阵中的所有元素都必须是同一种类型;数据框是由一个或几个向量和(或)因子构成,它们必须等长,但可以是不同的数据类型;"ts"表示时间序列数据,它包含一些额外的属性,如频率和时间;列表可以包含任何类型的对象,包括列表。

对于一个向量,用它的类型和长度足够描述数据,而对其他对象则另需一些额外信息,这些信息由外在的属性给出。这些属性中表示对象维数的是 dim,比如一个 2 行 2 列的矩阵,它的 dim 是一对数值[2,2],但是其长度是 4。

**2. 在文件中读/写数据**

对于文件读取和写入的工作,R 使用工作目录来完成。可以使用命令 getwd()（获得工作目录）来找到目录,使用命令 setwd("C:/data") 或者 setwd("/home/paradis/R") 来改变目录。如果一个文件不在工作目录里,则必须给出它的路径。

R 可以用下面的函数读取存储在文本文件（ASCII）中的数据:read.table（其中有若干参数,见后文）、scan 和 read.fwf。R 也可以读取其他格式的文件（Excel、SAS、SPSS 等）,访问 SQL 类型的数据库,但是基础包中并不包含所需的这些函数。这些功能函数对于 R 的高级应用十分有用,但是在本书中将读取文件限定在 ASCII 格式。

函数 read.table 用来创建一个数据框,所以它是读取表格形式的数据的主要方法。

举例来说,对于一个名为 data.dat 的文件,命令:

```
>mydata<— read.table("data.dat")
```

将创建一个名为 mydata 的数据框,数据框中每个变量也都将被命名,缺省值为 V1,
V2,…,并且可以单独地访问每个变量,代码为:mydata $ V1,mydata $ V2,…,或者用
mydata["V1"], mydata["V2"],…, 或者还有一种方法,mydata[,1], mydata[,2],…,
这里有一些选项的缺省值(即如果用户不设定,那么 R 将自动使用的值)如下表所示。

```
read.table(file, header=FALSE, sep="", quote="\"'", dec=".",
row.names, col.names, as.is=FALSE, na.strings="NA",
colClasses=NA, nrows=-1,
skip=0, check.names=TRUE, fill=!blank.lines.skip,
strip.white=FALSE, blank.lines.skip=TRUE,
comment.char="#")
```

| | |
|---|---|
| file | 文件名(在""内,或使用一个字符型变量),可能需要全路径(必须用/替换),或者一个 URL 链接(http://...)(用 URL 对文件远程访问) |
| header | 一个逻辑值(FALSE or TRUE),用来反映文件的第一行是否包含变量名 |
| sep | 文件中的字段分离符,例如,对用制表符分隔的文件使用 sep= "\t" |
| quote | 指定用于包围字符型数据的字符 |
| dec | 用来表示小数点的字符 |
| row.names | 保存着行名的向量或文件中一个变量的序号或名字,缺省时行号取为 1, 2, 3,… |
| col.names | 指定列名的字符型向量(缺省值是 V1, V2, V3,…) |
| as.is | 控制是否将字符型变量转化为因子型变量(如果值为 FALSE),或者仍将其保留为字符型(TRUE)。as.is 可以是逻辑型、数值型或者字符型向量,用来判断变量是否被保留为字符 |
| na.strings | 代表缺失数据的值(转化为 NA) |
| colClasses | 指定各列的数据类型的一个字符型向量 |
| nrows | 可以读取的最大行数(忽略负值) |
| skip | 在读取数据前跳过的行数 |
| check.names | 如果为 TRUE,则检查变量名是否在 R 中有效 |
| fill | 如果为 TRUE 且非所有的行中变量数目相同,则用空白填补 |
| strip.white | 在 sep 已指定的情况下,如果为 TRUE,则删除字符型变量前后多余的空格 |
| blank.lines.skip | 如果为 TRUE,则忽略空白行 |
| comment.char | 一个字符用来在数据文件中写注释,以这个字符开头的行将被忽略(要禁用这个参数,可使用 comment.char= "") |

**193**

read. table 的几个变种因为使用了不同的缺省值可以用在以下几种不同情况，例如：

```
read.csv(file, header=TRUE, sep=",", quote="\"", dec=".",
fill=TRUE,…)
read.csv2(file, header=TRUE, sep=";", quote="\"", dec=",",
fill=TRUE,…)
read.delim(file, header=TRUE, sep="\t", quote="\"", dec=".",
fill=TRUE,…)
read.delim2(file, header=TRUE, sep="\t", quote="\"", dec=",",
fill=TRUE,…)
```

函数 scan 比 read. table 更加灵活，它们的区别之一是前者可以指定变量的类型，例如：

```
>mydata<— scan("data.dat", what=list("", 0, 0))
```

读取了文件 data. dat 中三个变量，第一个是字符型变量，后两个是数值型变量。另一个重要的区别在于 scan() 可以用来创建不同的对象、向量、矩阵、数据框、列表等。在上面的例子中，mydata 是一个有三个向量的列表。在缺省情况下，如果 what 被省略，scan() 将创建一个数值型向量。如果读取的数据类型与缺省类型或指定类型不符，则将返回一个错误信息。这些选项在下面进行说明。

```
scan(file="", what=double(0), nmax=-1, n=-1, sep="",
quote=if (sep=="\n") "" else "'\"", dec=".",
skip=0, nlines=0, na.strings="NA",
flush=FALSE, fill=FALSE, strip.white=FALSE, quiet=FALSE,
blank.lines.skip=TRUE, multi.line=TRUE, comment.char="")
```

# A.3  R 绘图

R 可以提供非常多样的绘图功能。如想了解，可以输入：demo（graphics）或者 demo（persp）。这里不可能详细说明 R 在绘图方面的所有功能，主要是因为每个绘图函数都有大量的选项使得图形的绘制十分灵活多变。

绘图函数的工作方式与本文前面描述的工作方式大为不同，不能把绘图函数的结果赋给一个对象，其结果直接输出到一个"绘图设备"上。绘图设备是一个绘图的窗口或是一个文件。

有两种绘图函数：高级绘图函数（high-level plotting functions），创建一个新的图形；低级绘图函数（low-level plotting functions），在现存的图形上添加元素。绘图参数（graphical parameters）控制绘图选项，可以使用缺省值或者用函数 par 修改。

下面首先介绍如何管理绘图和绘图设备,然后详细说明绘图函数和参数,并给出一个用这些功能产生图形的实例,最后介绍 grid 和 lattice 包。

### 1. 管理绘图

当绘图函数在执行时,如果没有打开绘图设备,那么 R 将打开一个绘图窗口来展示这个图形。绘图设备可以用适当的函数打开。可用的绘图设备种类取决于操作系统,在 Unix/Linux 下,绘图窗口称为 x11,而在 Windows 下称为 windows。在所有情况下,都可以用命令 x11() 来打开一个绘图窗口,在 Windows 下仍然有效是因为上面的命令可以作为 windows() 的别名。可以用函数打开一个文件作为绘图设备,包括 postscript()、pdf()、png() 等,可用的绘图设备列表可以用 device 命令来查看。最后打开的设备将成为当前的绘图设备,随后的所有图形都在这上面显示。函数 dev.list() 显示打开的列表。

```
>x11(); x11(); pdf()
>dev.list()
X11 X11 pdf
2   3   4
```

显示的数字是设备的编号,要改变当前设备必须使用这些编号。了解当前设备用以下命令:

```
>dev.cur()
pdf
4
```

改变当前设备用以下命令:

```
>dev.set(3)
X11
3
```

函数 dev.off() 关闭一个设备:默认关闭当前设备,否则关闭有自变量指定编号的设备。然后,R 显示新的当前设备编号。

```
>dev.off(2)
X11
3
>dev.off()
pdf
4
```

在 R 的 Windows 版本中,有两个特殊的功能值得提及:Windows 设备可以用函数 win.metafile 来打开,选定绘图窗口中会出现\History 菜单,可以利用这个菜单中的功能记录一个会话中所作的所有图形(在缺省状态下,记录系统是关闭的,用户可以单击这个菜单下的\Recording 打开它)。

**2. 绘图函数**

每一个函数在 R 里都可以在线查询其选项。某些绘图函数的部分选项是一样的。下面列出一些主要的共同选项及其缺省值：

（1）add＝FALSE，如果是 TRUE，叠加图形到前一个图上（如果有的话）。

（2）axes＝TRUE，如果是 FALSE，不绘制轴与边框。

（3）type＝"p"，指定图形的类型。"p"：点；"l"：线；"b"：点连线；"o"：同"b"，但是线在点上；"h"：垂直线；"s"：阶梯式，垂直线顶端显示数据；"S"：同"s"，但是在垂直线底端显示数据。

（4）xlim＝，ylim＝，指定轴的上下限，例如，xlim＝c(1, 10)或者 xlim＝range(x)。

（5）xlab＝，ylab＝，坐标轴的标签，必须是字符型值。

（6）main＝，主标题，必须是字符型值。

（7）sub＝，副标题（用小字体）。

**3. 一个实例**

为了讲解 R 的绘图功能，让我们来看一个简单的 10 对随机值的二维图形的例子。这些值用以下命令生成：

```
>x<— rnorm(10)
>y<— rnorm(10)
```

所需的图可以用 plot()来产生，只要输入命令：

```
>plot(x, y)
```

则图形将绘制在当前的绘图设备上。结果如附图 A-2 所示。缺省情况下，R 用"智能"的方法绘制图形：R 自动计算坐标轴上刻度标记、标记的位置等，使得图形尽可能的易于理解。

用户仍然可以改变绘图的方法，例如，为了遵照某刊物的要求，或为某个演讲作个性化调整，最简单的方式就是用选项值取代缺省值来修改图形绘制方式，如附图 A-3 所示。

```
plot(x, y, xlab="Ten random values", ylab="Ten other values",
xlim=c(-2, 2), ylim=c(-2, 2), pch=22, col="red",
bg="yellow", bty="l", tcl=0.4,
main="How to customize a plot with R", las=1, cex=1.5)
```

下面详细说明其中的每个选项。xlab 和 ylab 用于改变坐标轴标签，缺省情况下是变量的名字。xlim 和 ylim 用于规定两个坐标轴的范围。绘图参数 pch 在这里作为一个选项：当 pch＝22 时为正方形，其轮廓颜色和背景色可能不一样，分别由 col 和 bg 指定。图形参数表中说明了 bty、tcl、las 和 cex 的作用，选项 main 用于添加标题。

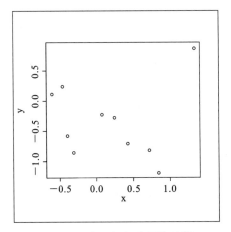

附图 A-2    没有用任何选项的函数 **plot**

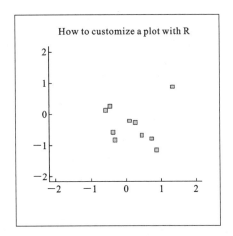

附图 A-3    用了选项的函数 plot

绘图参数和低级作图函数使我们可以进一步改善图形。前面已经看到，一些绘图参数不允许作为 plot 函数的自变量，此时可以用 par()来修改这些参数，这样就必须输入多行的命令。在改变绘图参数时，预先保存它们的初始值，以便以后恢复。以下命令产生的图形如附图 A-4 所示。

```
opar<— par()
par(bg="lightyellow", col.axis="blue", mar=c(4, 4, 2.5, 0.25))
plot(x, y, xlab="Ten random values", ylab="Ten other values",
xlim=c(-2, 2), ylim=c(-2, 2), pch=22, col="red", bg="yellow",
bty="l", tcl=-.25, las=1, cex=1.5)
title("How to customize a plot with R (bis)", font.main=3, adj=1)
par(opar)
```

下面详细解释这些命令的作用。缺省的绘图参数被复制到列表 opar 中，然后有三个参数被修改：bg 修改背景色，col.axis 修改轴上数字的颜色，mar 修改绘图边空大小。这个图形用几乎和附图 A-4 相似的方式画出。边空的修改让我们可以更好地利用绘图区周围的空白。用低级函数 title 添加标题，这样允许给定一些参数作为自变量而不改变图形的其余部分。最后一行的命令用于恢复初始的绘图参数。

在附图 A-4 中，R 仍然自动决定了诸如坐标轴刻度的个数、标题与绘图区域之间的距离等。那么如何完全控制图形的绘制呢？这里采用的方法是首先用 plot(...,type=" n")绘制一个"空白"的图形，然后用低级函数来添加点、坐标轴、标签等。以下命令产生的图形如附图 A-5 所示。

```
opar<— par()
par(bg="lightgray", mar=c(2.5, 1.5, 2.5, 0.25))
plot(x, y, type="n", xlab="", ylab="", xlim=c(-2, 2),
     ylim=c(-2, 2), xaxt="n", yaxt="n")
rect(-3, -3, 3, 3, col="cornsilk")
```

```
points(x, y, pch=10, col="red", cex=2)
axis(side=1, c(-2, 0, 2), tcl=-0.2, labels= FALSE)
axis(side=2, -1:1, tcl=-0.2, labels=FALSE)
title("How to customize a plot with R (ter)",
    font.main=4, adj=1, cex.main=1)
mtext("Ten random values", side=1, line=1, at=1, cex=0.9, font=3)
mtext("Ten other values", line=0.5, at=-1.8, cex=0.9, font=3)
mtext(c(-2, 0, 2), side=1, las=1, at=c(-2, 0, 2), line=0.3,
     col="blue", cex=0.9)
mtext(-1:1, side=2, las=1, at=-1:1, line=0.2, col="blue", cex=0.9)
par(opar)
```

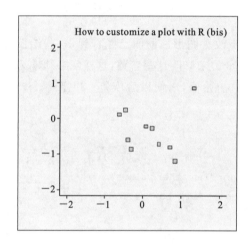

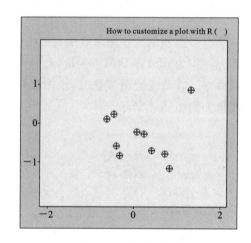

附图 A-4　函数 par、plot 和 title　　　　附图 A-5　"手工"图

　　和以前一样，先保存缺省的绘图参数，然后修改背景颜色和边空。画图时用 type="n"不画出点，用 xlab="",ylab=""不画坐标轴标签，用 xaxt="n",yaxt="n"不画坐标轴。这样只画了绘图区域的边框，并用 xlim 和 ylim 规定了坐标轴范围。注意，可以用选项 axes=FALSE，但这样不仅不画坐标轴，也不画边框。

　　然后，用低级图形函数在上面确定的坐标区域内加入各种图形元素。在添加点以前，用 rect() 修改绘图区域的范围。

　　用 points() 画点；用 axis() 添加坐标轴：第二个自变量提供的向量指定坐标刻度位置。选项 labels=FALSE 指定画坐标轴时不画刻度数字。这个选项也可以用于字符式样的向量，例如，labels=c("A", "B","C")。

　　用 title() 添加标题。开始的两个边空文字函数 mtext() 调用画坐标轴的标签。这个函数的第一自变量是要画的文本。选项 line 指出到绘图区域的距离行数（缺省时 line=0)，at 给出坐标。第二次调用 mtext()，利用了 side (3) 的缺省值。另外两个 mtext() 用数值型向量作第一自变量，会自动转换为字符型。

# 重要名词解释(按章节顺序排列)

1. 中位数：又称中值，是按顺序排列的一组数据中居于中间位置的数，中位数和平均数一样，也是反映一组数据集中趋势的一个统计量。

2. 异常值：是指一组测定值中与平均值的偏差超过 2 倍标准差的测定值。

3. 标准差：中文环境中又常称均方差，是离均差平方的算术平均数的平方根，用 $\sigma$ 表示。在概率统计中常作为统计分布程度上的测量，标准差是方差的算术平方根。标准差能反映一个数据集的离散程度，平均数相同的两组数据，标准差未必相同。

4. 众数：众数是指在统计分布上具有明显集中趋势点的数值，代表数据的一般水平。

5. 正态分布：也称为高斯分布，是一种连续型随机变量的概率分布。它的分布状态是多数变量都围绕在平均值左右，由平均值到分布的两侧，变量数减少。

6. 二项分布：二项分布是由伯努利提出的概念，指的是重复 $n$ 次独立的伯努利试验。

7. 伽马分布：是统计学的一种连续概率函数，是概率统计中一种非常重要的分布。

8. 个体：组成总体的基本单元。

9. 总体：具有相同性质或属性的个体所组成的集合。

10. 样本：从总体中抽出若干个体所构成的集合。

11. 随机误差：也叫抽样误差，是由于试验中无法控制的内在和外在的偶然因素所造成的。统计上的试验误差一般都指随机误差。随机误差越小，试验精确性越高。

12. 系统误差：也叫片面误差，是由于试验处理以外的其他条件明显不一致产生的,如测量仪器不准、各批次药品间的差异、不同操作者操作习惯的差异等。系统误差影响试验的准确性,但是可以控制和避免。

13. 生物统计学:是应用统计学的分支,它将统计方法应用到医学及生物学领域。

14. 双尾检验:在假设检验中,假设检验的两个否定区分别位于分布的两尾,这种具有两个否定区的检验称为双尾检验。

15. 弃真错误:假设检验中,如果 $H_0$ 是真实的,假设检验却否定了它,这就犯了一个否定真实假设的错误,这类错误称为弃真错误。

16. 无效假设:无效假设是直接检验的假设,是对总体提出的一个假想目标。所谓"无效"意指处理效应与总体参数之间没有真实的差异,试验结果中的差异乃误差所致。

17. 备择假设:是与无效假设相反的一种假设,即认为试验结果中的差异是由于总体参数不同所引起的。

18. 假设检验:假设检验又称为显著性检验,是根据总体的理论分布和小概率原理,对未知或不完全知道的总体提出两种彼此对立的假设,然后由样本的实际结果,经过一定的计算,作出在一定概率意义上应该接受的那种假设的推断。

19. 显著水平:在提出无效假设和备择假设后,要确定一个否定 $H_0$ 的概率标准,这个概率标准称为显著水平或概率水平(probability level),记作 $\alpha$。

20. 错误发现率:FDR 是统计学中常见的一个名词,翻译为伪发现率,其意义为错误拒绝(拒绝真的原假设)的个数占所有被拒绝的原假设个数的比例的期望。

21. 置信区间:指一定概率下抽样误差的可能范围,说明样本估计量在总体参数周围变动的范围。

22. 参数:从总体中计算所得的用以描述总体特征的数值,称为参数。

23. 统计量:从样本中计算所得的数值称为统计量。

24. 抽样分布:从一个已知的总体中,独立随机地抽取含量为 $n$ 的样本,研究所得样本的各种统计量的概率分布,即称为抽样分布。

25. 方差的同质性:是指所有样本的方差都是相等的。

26. 随机抽样:总体中每个个体均有相等的机会被抽作样本的抽样方法。

27. 小概率事件原理:某事件发生的概率很小,人为的认为该事件不会出现,称为小概率事件原理。

28. 实验误差:指试验中不可控因素所引起的观测值偏离真值的差异,可分为随机误差和系统误差。

29. 几何平均数:用于计算比率或者动态平均数,且仅用于有一定比例或近似比例的数据。

30. 计数资料:由计数法得到的数据称为计数资料,也称为非连续变量资料。

31. 计量资料:由测量或度量所得的数据称为计量资料,也称为连续变量资料。

32. 质量性状资料:也称为属性资料,是指对某种现象只能观察而不能测量的资料。

33. 准确性:又称为准确度,是指在调查或试验中某一试验指标或性状的观测值与真值接近的程度。

34．精确性：又称为精确度，是指调查或试验中同一试验指标或性状的重复观测值彼此接近程度的大小。

35．泊松分布：在生物学研究中，有许多事件出现的概率很小，而样本容量或试验次数却往往很大，即有很小的 $p$ 值和很大的 $n$ 值。这时，二项分布就变成另外一种特殊的分布，即泊松分布。

36．变量：相同性质的事物间表现差异性或差异特征的数据称为变量或变数，它是表示在一个界限内变动着的性状的数值。

37．常数：表示能代表事物特征和性质的数值，通常由变量计算而来，在一定过程中是不变的。

38．适合性检验：检验实际观测数与依据一个假设的数学模型计算出来的理论数之间的一致性，称为适合性检验。

39．独立性检验：根据次数资料判断两类因子彼此相关或相互独立的假设检验。

40．生物大数据：高通量测序技术得到快速发展，使得生命科学研究获得了强大的数据产出能力，包括基因组学、转录组学、蛋白质组学、代谢组学等生物学数据，这些数据具有数据量大、数据多样化、有价值、高速等特点。

41．生物医学：生物医学是应用生物医学信息、医学影像技术、基因芯片、纳米技术、新材料等技术的学术研究和创新交叉领域。

42．高通量 DNA 测序：高通量测序技术又称"下一代"测序技术，以能一次并行对几十万到几百万条 DNA 分子进行序列测定和一般读长较短等为标志。

43．代谢组：是指生物体内源性代谢物质的动态整体。

44．转录组：广义上指某一生理条件下，细胞内所有转录产物的集合，包括信使 RNA、核糖体 RNA、转运 RNA 及非编码 RNA；狭义上指所有 mRNA 的集合。

45．大数据：是指无法在一定时间范围内用常规软件工具进行捕捉、管理和处理的数据集合，是需要新处理模式才能具有更强的决策力、洞察发现力和流程优化能力的海量、高增长率和多样化的信息资产。

46．基因预测：基因预测是利用现有理论和已知的基因序列等信息，通过计算机模拟和计算对未知序列的基因结构及其功能进行预测。

47．基因序列比对：基因序列比对是生物资讯学里一个基本且重要的研究工具，比较分析两条或多条序列之间的相似程度。

48．异质性：异质性就是一个群体里面，所有个体的特征差异程度，异质性越高，个体的特征分布越分散。

49．宏基因组学(metagenomics)：又叫微生物环境基因组学、元基因组学。它通过直接从环境样品中提取全部微生物的 DNA，构建宏基因组文库，利用基因组学的研究策略研究环境样品所包含的全部微生物的遗传组成及其群落功能。

50．数据模型：就是数据组织和存储方法，它强调从业务、数据存取和使用角度合理存储数据。

51. 数据可视化：是关于数据视觉表现形式的科学技术研究。其中，这种数据的视觉表现形式被定义为，一种以某种概要形式抽提出来的信息，包括相应信息单位的各种属性和变量。

52. 计算复杂性：用计算机求解问题的难易程度。其度量标准：一是计算所需的步数或指令条数（时间复杂度）；二是计算所需的存储单元数量（空间复杂度）。

53. 相关分析：是研究两个或两个以上处于同等地位的随机变量间的相关关系的统计分析方法。

54. 可信区间：按一定的概率或可信度$(1-\alpha)$用一个区间来估计总体参数所在的范围，该范围通常称为参数的可信区间或者置信区间（confidence interval，CI），预先给定的概率$(1-\alpha)$称为可信度或者置信度（confidence level，常取 95％或 99％）。

55. 个性化医疗：又称精准医疗，是指以个人基因组信息为基础，结合蛋白质组、代谢组等相关内环境信息，为病人量身设计出最佳治疗方案，以期达到治疗效果最大化和副作用最小化的一门定制医疗模式。

56. 基因拼接方法：基因拼接方法是将不同的 DNA 片段连接在一起的方法。通常用于将合成法产生的不完整基因片段拼接成含有完整基因的 DNA 片段；或将基因片段与其他基因或调控序列相连接；或将基因片段与载体 DNA 片段连接在一起。

57. 单细胞测序：是指 DNA 研究中涉及测序单细胞微生物相对简单的基因组、更大更复杂的人类细胞基因组。

58. GenBank：供公众自由读取的、带注释的 DNA 序列的总数据库。

59. 个人基因图谱：是指科学家通过实验手段获得有关个人的遗传基因信息而绘制的基因图谱。

60. 机器学习：是一门多领域交叉学科，涉及概率论、统计学、逼近论、凸分析、算法复杂度理论等多门学科。专门研究计算机怎样模拟或实现人类的学习行为，以获取新的知识或技能，重新组织已有的知识结构使之不断改善自身的性能。

61. 贝叶斯推断：是推论统计的一种方法。这种方法使用贝叶斯定理，在有更多证据及信息时，更新特定假设的概率。

62. 数据挖掘：是指从大量的数据中通过算法搜索隐藏于其中信息的过程。

63. 马尔可夫链：是概率论和数理统计中具有马尔可夫性质且存在于离散的指数集和状态空间内的随机过程。

64. 马尔可夫模型：是一种统计模型，广泛应用在语音识别、词性自动标注、音字转换、概率文法等各个自然语言处理等应用领域。经过长期发展，尤其在语音识别中的成功应用，使它成为一种通用的统计工具。

65. 隐马尔可夫模型：是一种统计模型，用来描述一个含有隐含未知参数的马尔可夫过程。

66. 隐马尔可夫模型的解码问题：给定模型 $\lambda = (A, B, \pi)$ 和观测序列 $O$，计算最有可

能产生这个观测序列的隐含序列 $X$,即使得概率 $P(X|O,\lambda)$ 最大的隐含序列 $X$。

67. 隐马尔可夫模型的学习问题:即给定观测序列 $O$,估计模型的参数 $\lambda$,使得在该参数下观测序列出现的概率最大,即 $P(O|\lambda)$ 最大。

68. 隐马尔可夫模型的概率计算问题:即给定模型 $\lambda=(A,B,\pi)$ 和观测序列 $O$,计算在模型 $\lambda$ 下观测序列出现的最大概率 $P(O|\lambda)$。

69. 齐次假设:当前状态只与上一个状态有关系。

70. 观测独立性假设:所有的观测之间是互相独立的,某个观测只与生成它的状态有关系。

71. 状态转移矩阵:是由俄国数学家马尔可夫提出的,他在 20 世纪初发现,一个系统的某些因素在转移过程中,第 $n$ 次结果只受第 $n-1$ 次的结果的影响,即只与上一时刻所处状态有关,而与过去状态无关。在马尔可夫分析中,引入状态转移这个概念。所谓状态是指客观事物可能出现或存在的状态;状态转移是指客观事物由一种状态转移到另一种状态。

72. 隐马尔可夫初始概率分布:初始概率分布,即初始的隐含状态的概率分布,记为 $\pi$。

73. 隐马尔可夫状态转移概率分布:状态转移概率分布,即隐含状态间的转移概率分布,记为 $A$;

74. 隐马尔可夫观测概率分布:观测概率分布,即由隐含状态生成观测状态的概率分布,记为 $B$。

75. Baum-Welch 算法:是一种对 HMM 模型做参数估计的方法,是 EM 算法的一个特例。

76. Viterbi 算法:是一种动态规划算法,用于寻找最有可能产生观测事件序列的维特比路径-隐含状态序列,特别是在马尔可夫信息源上下文和隐马尔可夫模型中。

77. 动态规划算法:是运筹学的一个分支,是求解决策过程最优化的数学方法。

78. 时间复杂度:在计算机科学中,时间复杂性又称时间复杂度,算法的时间复杂度是一个函数,它定性描述该算法的运行时间。这是一个代表算法输入值的字符串的长度的函数。

79. 全局比对:是指将参与比对的两条序列里面的所有字符进行比对。

80. 基因组:是指生物体所有遗传物质的总和。

81. 假阳性:是指在实验室检查中,由于各种因素干扰把不具备阳性症状的人检测出阳性的结果。

82. 基因注释:利用生物信息学方法和工具,对基因组所有基因的生物学功能进行高通量注释。

83. 蛋白质-蛋白质相互作用:指两个或两个以上的蛋白质分子通过非共价键形成蛋白质复合体的过程。

84. 假阳性率:即实际无病或阴性,但被判为有病或阳性的百分比。

85. 随机森林:指的是利用多棵树对样本进行训练并预测的一种分类器。

86. 系统发育树:又名分子进化树,用来表示物种间亲缘关系远近的树状结构图。通过系统学分类分析可以帮助人们了解所有生物的进化历史过程。

87. 标度树:系统进化树还可以根据分支长度是否具有意义分为标度树和非标度树。标度树的分支长度表示变化的程度,而非标度树的分支只表示进化关系,支长无意义。

88. 同源性:指从一些数据中推断出的两个基因或者蛋白质序列具有共同祖先的结论。

89. 双序列比对:排列两条序列以达到最大程度相同的过程。

90. 局部比对:在序列比对中,考虑序列局部区域的相似性,即局部比对。

91. 最大简约法:是一种常使用于系统发生学分析的方法,根据离散型性状包括形态学性状和分子序列(DNA、蛋白质等)的变异程度,构建生物的系统发育树,并分析生物物种之间的演化关系。

92. 最大似然法:是一种重要而普遍的求估计量的方法。最大似然法明确地使用概率模型,其目标是寻找能够以较高概率产生观察数据的系统发生树。

93. 最小进化法:将观察到的距离相对于基于进化树的距离的偏差的平方最小化。

94. 非加权配对算术平均法:是一种较常用的聚类分析方法,最早是用来解决分类问题的。当用来重建系统发生树时,其假定的前提条件是:在进化过程中,每一世系发生趋异的次数相同,即核苷酸或氨基酸的替换速率是均等且恒定的。

95. 邻接法 NJ 法:是一种快速的聚类方法,不需要关于分子钟的假设,不考虑任何优化标准,基本思想是进行类的合并时,不仅要求待合并的类是相近的,而且要求待合并的类远离其他类,从而通过对完全没有解析出的星型进化树进行分解,来不断改善星型进化树。

96. Bootstrap 检验:即自举法检验,就是放回式抽样统计法,通过对数据集多次重复取样,构建多个进化树,用来检查给定树的分枝可信度。

97. 多序列比对:把两个以上字符序列对齐,逐列比较其字符的异同,使得每一列字符尽可能一致,以发现其共同的结构特征的方法。

98. 水平基因转移:又称侧向基因转移,是指在差异生物个体之间,或单个细胞内部细胞器之间所进行的遗传物质的交流。

99. 聚类算法:是机器学习中涉及对数据进行分组的一种算法。在给定的数据集中,可以通过聚类算法将其分成一些不同的组。在理论上,相同的组的数据之间有相同的属性或者特征,不同组数据之间的属性或者特征相差就会比较大。聚类算法是一种非监督学习算法,并且作为一种常用的数据分析算法在很多领域得到应用。

100. 节点的度:一个节点含有的子节点的个数。

101. 拓扑结构:是指网络中各个节点相互连接的形式。现在最主要的拓扑结构有总线型拓扑、星型拓扑、环形拓扑、树型拓扑(由总线型演变而来)以及它们的混合型。

102. 树的度:一棵树中,最大的节点的度称为树的度。

103. 序列相似性:可以是定量的数值,也可以是定性的描述。相似度是一个数值,反映两条序列的相似程度。

104. 保守序列:指 DNA 分子中的一个核苷酸片段或者蛋白质中的氨基酸片段,它们在进化过程中基本保持不变。

105. 二叉树:是指每个节点最多含有两个子树的树。

106. 最大后验概率估计:是根据经验数据获得对难以观察的量的点估计。

107. 可观测状态:在模型中与隐含状态相关联,可通过直接观测而得到。

108. 最大期望算法:是一类通过迭代进行最大似然估计的优化算法,通常作为牛顿迭代法的替代,用于对包含隐变量或缺失数据的概率模型进行参数估计。

109. 聚类:将物理或者抽象对象的集合分组成为多个类或簇的过程,使得在同一个簇中的对象之间具有较高的相似度,与其他簇中的对象相异。

110. 无监督学习:根据类别未知(没有被标记)的训练样本解决模式识别中的各种问题。

112. $k$-means 聚类:是一种迭代求解的聚类分析算法,其步骤是随机选取 $k$ 个对象作为初始的聚类中心,然后计算每个对象与各个种子聚类中心之间的距离,把每个对象分配给距离它最近的聚类中心。

113. 高斯混合模型:就是用高斯概率密度函数(正态分布曲线)精确地量化事物,它是一个将事物分解为若干个基于高斯概率密度函数(正态分布曲线)形成的模型。

114. 贝叶斯网络:是一种概率图模型,模拟人类推理过程中因果关系的不确定性处理模型,其网络拓扑结构是一个有向无环图。

115. 有向无环图:指的是一个无回路的有向图。

116. 生物分子网络:是在生物系统中包含很多不同层面和不同组织形式的网络,包括基因转录调控网络、生物代谢与信号传导网络、蛋白质相互作用网络。

117. 概率模型:是用来描述不同随机变量之间关系的数学模型,通常情况下刻画了一个或多个随机变量之间的相互非确定性的概率关系。

118. 数据降维:采用某种映射方法,将原高维空间中的数据点映射到低维度的空间中。

119. 特征映射:也称降维,是将高维多媒体数据的特征向量映射到一维或者低维空间的过程。

120. 特征选择:也称特征子集选择,或属性选择,是指从已有的 $M$ 个特征中选择 $N$ 个特征使得系统的特定指标最优化,是从原始特征中选择出一些最有效特征以降低数据集维度的过程。

121. 特征提取:是计算机视觉和图像处理中的一个概念,指的是使用计算机提取图像信息,决定每个图像的点是否属于一个图像特征。

122. 无序树:树中任意节点的子节点之间没有顺序关系,这种树称为无序树,也称为自由树。

123. 线性判别式分析：是模式识别的经典算法，基本思想是将高维的模式样本投影到最佳鉴别矢量空间，以达到抽取分类信息和压缩特征空间维数的效果，投影后保证模式样本在新的子空间有最大的类间距离和最小的类内距离，即模式在该空间中有最佳的可分离性。

124. 主成分分析：是一种统计方法，通过正交变换将一组可能存在相关性的变量转换为一组线性不相关的变量，转换后的这组变量叫主成分。

125. 多维尺度分析：利用成对样本间的相似性，去构建合适的低维空间，使得样本在此空间的距离和在高维空间中的样本间的相似性尽可能保持一致。

126. 向量的内积：向量内积一般指点积。在数学中，数量积（也称为点积）是接收在实数空间 $\mathbf{R}^n$ 上的两个向量并返回一个实数值标量的二元运算。它是欧几里得空间的标准内积。

127. 协方差：在概率论和统计学中用于衡量两个变量的总体误差。而方差是协方差的一种特殊情况，即当两个变量是相同的情况。

128. 奇异值分解定理：奇异值分解是线性代数中一种重要的矩阵分解，是特征分解在任意矩阵上的推广，在信号处理、统计学等领域有重要应用。

129. 有序树：树中任意节点的子节点之间有顺序关系，这种树称为有序树。

130. 特征分解：又称谱分解，是将矩阵分解为由其特征值和特征向量表示的矩阵之积的方法。需要注意只对可对角化的矩阵才能施以特征分解。

131. 特征向量：线性变换的特征向量（本征向量）是一个非简并的向量，其方向在该变换下不变。该向量在此变换下缩放的比例称为其特征值（本征值）。

132. 交叉验证：将原始数据进行分组，一部分作为训练集来训练模型，另一部分作为测试集来评价模型。

133. 群体分型：群体分型就是将群体进行划分。

134. 肠型：根据肠道微生物的组成来对个体进行分类。

135. beta 多样性：指沿环境梯度不同生境群落之间物种组成的相异性或物种沿环境梯度的更替速率，也称为生境间的多样性。

136. 多元正态分布：多变量正态分布亦称为多变量高斯分布，它是单维正态分布向多维的推广。它与矩阵正态分布有紧密的联系。

137. Shannon 多样性指数：用于调查植物群落局域生境内多样性（$\alpha$-多样性）的指数。

138. 支持向量机：是一类按监督学习方式对数据进行二元分类的广义线性分类器，其决策边界是对学习样本求解的最大边距超平面。

139. 熵：表示随机变量的不确定性。

140. 过拟合：是指为了得到一致假设而使假设变得过度严格。

141. 条件熵：条件熵 $H(Y|X)$ 表示在已知随机变量 $X$ 的条件下随机变量 $Y$ 的不确定性。

142. 贪心算法:在对问题求解时,总是做出在当前看来是最好的选择。也就是说,不从整体最优上加以考虑,所做出的是在某种意义上的局部最优解。

143. 分类:是指按照种类、等级或性质分别归类。

144. 决策树:是在已知各种情况发生概率的基础上,通过构成决策树来求取净现值的期望值大于或等于零的概率,评价项目风险,判断其可行性的决策分析方法,是直观运用概率分析的一种图解法。

145. 信息增益:基于信息熵来计算,它表示信息消除不确定性的程度,可以通过信息增益的大小为变量排序进行特征选择。

146. 信息熵:某种特定信息出现的概率。信息熵常被用来作为一个系统的信息含量的量化指标,从而可以进一步用来作为系统方程优化的目标或者参数选择的判据。

147. 随机变量:是表示随机现象各种结果的变量。

148. 人工神经网络:是 20 世纪 80 年代以来人工智能领域兴起的研究热点。它从信息处理角度对人脑神经元网络进行抽象,建立某种简单模型,按不同的连接方式组成不同的网络。

149. 损失函数:是将随机事件或其有关随机变量的取值映射为非负实数以表示该随机事件的"风险"或"损失"的函数。

150. 集成学习:通过构建并结合多个学习器来完成学习任务,有时也称为多分类器系统。

151. 逻辑回归:是一种广义的线性回归分析模型,常用于数据挖掘、疾病自动诊断、经济预测等领域。

152. 弱分类器:对一份数据,建立 $M$ 个模型(比如分类),一般这种模型比较简单。

153. AdaBoost 算法:是一种提升方法,将多个弱分类器组合成强分类器。

154. 有监督学习:一种使用标注数据的学习技术。

155. 无监督学习:一种不使用标注数据的学习技术。

156. 强分类器:分类器的强弱是其分类能力的一种描述。能够迅速正确识别的过程就是强分类器,反之则是弱分类器。强分类器可以由多个弱分类器组成。

157. 信息:是物质、能量及其属性的标示。信息是事物现象及其属性标识的集合。信息是确定性的增加。

158. $k$-最近邻算法:如果一个样本在特征空间中的 $k$ 个最相邻的样本中的大多数属于某一个类别,则该样本也属于这个类别,并具有该类别上样本的特征。

159. 深度学习:是机器学习中的一个分支,深度学习的本质是通过构建多隐层的模型和海量训练数据(可为无标签数据),来学习更有用的特征,从而最终提升分类或预测的准确性。

160. 梯度:全部由变量的偏导数组成的向量。

161. 反向传播算法:适合于多层神经元网络的一种学习算法,建立在梯度下降法的基础上。

162. 随机梯度下降：通过一个随机选取的数据来获取"梯度"，进行更新。

163. 回归：反映了数据属性值的特征，通过函数表达数据映射的关系来发现属性值之间的关系。

164. 学习率：是指导我们该如何通过损失函数的梯度调整网络权重的超参数。学习率越低，损失函数的变化速度就越慢。

165. 特征学习：可以分为监督特征学习和无监督特征学习。

166. 神经元：像形成大脑基本元素的神经元一样，神经元形成神经网络的基本结构。在神经网络的环境下，神经元接收输入，处理它并产生输出，而这个输出被发送到其他神经元用于进一步处理，或者作为最终输出进行输出。

167. 权重：当输入进入神经元时，它会乘以一个权重。例如，如果一个神经元有两个输入，则每个输入将具有分配给它的一个关联权重。随机初始化权重，并在模型训练过程中更新这些权重。训练后的神经网络对其输入赋予较高的权重，这是神经网络认为与不那么重要的输入相比，该输入更为重要。为零的权重则表示特定的特征微不足道。

168. 特征数：反映数据数量特征的量。

169. 偏差：除了权重之外，另一个被应用于输入的线性分量称为偏差。它被加到权重与输入相乘的结果中。添加偏差的目的是用来改变权重与输入相乘所得结果的范围。

170. 半监督学习：是模式识别和机器学习领域研究的重点问题，是监督学习与无监督学习相结合的一种学习方法。半监督学习使用大量的未标记数据，同时使用标记数据来进行模式识别工作。

171. 强化学习：又称再励学习、评价学习或增强学习，是机器学习的范式和方法论之一，用于描述和解决智能体在与环境的交互过程中通过学习策略以达成回报最大化或实现特定目标的问题。

172. 激活函数：一旦将线性分量应用于输入，将会需要应用一个非线性函数。这通过将激活函数应用于线性组合来完成。激活函数将输入信号转换为输出信号。

173. 卷积神经网络：是一种专门用来处理具有类似网络结构数据的神经网络。

174. 图像的目标识别：是通过存储的信息（记忆中存储的信息）与当前的信息（当时进入感官的信息）进行比较，以实现对图像的识别。

175. 卷积：是一种特殊的线性运算。

176. 循环神经网络：是一类用于处理序列数据的神经网络。在序列的演进方向进行递归且所有节点（循环单元）按链式连接的递归神经网络。

177. 离散化：把无限空间中有限的个体映射到有限的空间中去，以此提高算法的时空效率。

178. 多维数组：是指三维或者三维以上的数组。

179. 批量归一化：作为一个概念，批量归一化可以被认为是在数据处理流中设定特定检查点。这样做是为了确保数据的分发与希望获得的下一层相同。当训练神经网络时，权重在梯度下降的每个步骤之后都会改变，这会改变数据的形状如何发送到下一层。

180. 填充:是指在图像之间添加额外的零层,以使输出图像的大小与输入的相同,这被称为相同的填充。

181. 消失梯度问题:激活函数在梯度非常小的情况下会出现消失梯度问题。在权重乘以这些低梯度时的反向传播过程中,它们往往变得非常小,并且随着网络进一步深入而“消失”。这使得神经网络忘记了长距离依赖。这对循环神经网络来说是一个问题,长期依赖对于网络来说非常重要。

182. 循环神经元:循环神经元是在 $T$ 时间内将神经元的输出发送回给它。

183. 数据增强:是指从给定数据导出新数据的添加,已证明这可能对预测有益。

184. 滤波器:CNN 中的滤波器与加权矩阵一样,它与输入图像的一部分相乘以产生一个回旋输出。

185. 池化层:通常在卷积层之间定期引入池化层。这基本上是为了减少一些参数,并防止过度拟合。

186. 卷积层:卷积神经网络中每层卷积层由若干卷积单元组成,每个卷积单元的参数都是通过反向传播算法最佳化得到的。

187. 门控循环单元:是循环神经网络中的一种门控机制,与其他门控机制相似,其旨在解决标准 RNN 中的梯度消失/爆炸问题,并同时保留序列的长期信息。

188. 鲁棒性:是指控制系统在一定(结构、大小)的参数扰动下,维持其他某些性能的特性。

189. 丢弃:是一种正则化技术,可防止网络过度拟合化。顾名思义,在训练期间,隐藏层中的一定数量的神经元被随机丢弃。这意味着训练发生在神经网络的不同组合的神经网络的几个架构上。可以将丢弃视为一种综合技术,然后将多个网络的输出用于产生最终输出。

190. 批次:在训练神经网络的同时,不用一次发送整个输入,将输入分成几个随机大小相等的块。与整个数据集一次性馈送到网络时建立的模型相比,批量训练数据使得模型更加广义化。

191. 梯度下降:是一种最小化成本的优化算法。

192. 成本函数:当建立一个网络时,网络试图将输出预测得尽可能靠近实际值。使用成本/损失函数来衡量网络的准确性,而成本或损失函数会在发生错误时尝试惩罚网络。

193. 正向传播:是指输入通过隐藏层到输出层的运动。在正向传播中,信息沿着一个单一方向前进。输入层将输入提供给隐藏层,然后生成输出。这个过程中是没有反向运动的。

194. 输入层:是接收输入的那一层,本质上是网络的第一层。

195. 欠拟合:是指拟合的程度太低。

196. 损失:是用来度量模型的预测值和真实值之间的差距。损失越大,说明预测值和实际值偏差越大,模型预测越不准确,反之亦然。

197. 单核苷酸多态性:主要是指在基因组水平上由单个核苷酸的变异所引起的 DNA 序列多态性。

198. 学习曲线:在一定时间内获得的技能或知识的速率,又称练习曲线。

199. 蛋白质结构同源建模法:依据蛋白质序列与已知结构蛋白质比对信息,构建三维模型。

200. 蛋白质结构折叠识别法:寻找与未知蛋白最合适的模板,进行序列与结构比对,最终建立结构模型。

201. 蛋白质结构从头预测法:根据序列本身来从头预测蛋白质结构。

202. 修正线性单元:是一种人工神经网络中常用的激活函数,通常指代以斜坡函数及其变种为代表的非线性函数。

203. 批量梯度下降:就是将整个参与训练的数据集划分为若干个大小差不多的训练数据集,然后每次用一个批量的数据来对模型进行训练,并以这个批量计算得到的损失值为基准,来对模型中的全部参数进行梯度更新。默认这个批量只使用一次,直到所有批量全都使用完毕。

204. 神经网络的权重初始化:建立网络时,首先需要注意的是要正确初始化权重矩阵。

205. 正则化:是选择模型的一种方法。在机器学习中,许多策略显式地被设计为减少测试误差(可能会以增大训练误差为代价)。这些策略统称为正则化。

206. 激活函数:神经网络神经元中,输入的数据通过加权、求和后,还被代入另外一个函数,这个计算过程就是激活函数。

# 常用分布表

附表 C-1  标准正态分布表

$$\Phi(x)=\int_{-\infty}^{x}\frac{1}{\sqrt{2\pi}}e^{-\frac{u^2}{2}}\mathrm{d}u=P\{\xi\leqslant x\}$$

| $x$ | 0.00 | 0.01 | 0.02 | 0.03 | 0.04 | 0.05 | 0.06 | 0.07 | 0.08 | 0.09 |
|---|---|---|---|---|---|---|---|---|---|---|
| 0.0 | 0.5000 | 0.5040 | 0.5080 | 0.5120 | 0.5160 | 0.5199 | 0.5239 | 0.5279 | 0.5319 | 0.5359 |
| 0.1 | 0.5398 | 0.5438 | 0.5478 | 0.5517 | 0.5557 | 0.5596 | 0.5636 | 0.5675 | 0.5714 | 0.5753 |
| 0.2 | 0.5793 | 0.5832 | 0.5871 | 0.5910 | 0.5948 | 0.5987 | 0.6026 | 0.6064 | 0.6103 | 0.6141 |
| 0.3 | 0.6179 | 0.6217 | 0.6255 | 0.6293 | 0.6331 | 0.6368 | 0.6406 | 0.6443 | 0.6480 | 0.6517 |
| 0.4 | 0.6554 | 0.6591 | 0.6628 | 0.6664 | 0.6700 | 0.6736 | 0.6772 | 0.6808 | 0.6844 | 0.6879 |
| 0.5 | 0.6915 | 0.6950 | 0.6985 | 0.7019 | 0.7054 | 0.7088 | 0.7123 | 0.7157 | 0.7190 | 0.7224 |
| 0.6 | 0.7257 | 0.7291 | 0.7324 | 0.7357 | 0.7389 | 0.7422 | 0.7454 | 0.7486 | 0.7517 | 0.7549 |
| 0.7 | 0.7580 | 0.7611 | 0.7642 | 0.7673 | 0.7703 | 0.7734 | 0.7764 | 0.7794 | 0.7823 | 0.7582 |
| 0.8 | 0.7881 | 0.7910 | 0.7939 | 0.7967 | 0.7995 | 0.8023 | 0.8051 | 0.8078 | 0.8106 | 0.8133 |
| 0.9 | 0.8159 | 0.8186 | 0.8212 | 0.8238 | 0.8264 | 0.8289 | 0.8315 | 0.8340 | 0.8365 | 0.8389 |
| 1.0 | 0.8413 | 0.8438 | 0.8461 | 0.8485 | 0.8508 | 0.8531 | 0.8554 | 0.8577 | 0.8599 | 0.8621 |
| 1.1 | 0.8643 | 0.8665 | 0.8686 | 0.8708 | 0.8729 | 0.8749 | 0.8770 | 0.8790 | 0.8810 | 0.8830 |
| 1.2 | 0.8849 | 0.8869 | 0.8888 | 0.8907 | 0.8925 | 0.8944 | 0.8962 | 0.8980 | 0.8997 | 0.9015 |
| 1.3 | 0.9032 | 0.9049 | 0.9066 | 0.9082 | 0.9099 | 0.9115 | 0.9131 | 0.9147 | 0.9162 | 0.9177 |
| 1.4 | 0.9192 | 0.9207 | 0.9222 | 0.9236 | 0.9251 | 0.9265 | 0.9278 | 0.9292 | 0.9306 | 0.9319 |

续表

| $x$ | 0.00 | 0.01 | 0.02 | 0.03 | 0.04 | 0.05 | 0.06 | 0.07 | 0.08 | 0.09 |
|-----|------|------|------|------|------|------|------|------|------|------|
| 1.5 | 0.9332 | 0.9345 | 0.9357 | 0.9370 | 0.9382 | 0.9394 | 0.9406 | 0.9418 | 0.9430 | 0.9441 |
| 1.6 | 0.9452 | 0.9463 | 0.9474 | 0.9484 | 0.9495 | 0.9505 | 0.9515 | 0.9525 | 0.9535 | 0.9545 |
| 1.7 | 0.9554 | 0.9564 | 0.9573 | 0.9582 | 0.9591 | 0.9599 | 0.9608 | 0.9616 | 0.9625 | 0.9633 |
| 1.8 | 0.9641 | 0.9648 | 0.9656 | 0.9664 | 0.9671 | 0.9678 | 0.9686 | 0.9693 | 0.9700 | 0.9706 |
| 1.9 | 0.9713 | 0.9719 | 0.9726 | 0.9732 | 0.9738 | 0.9744 | 0.9750 | 0.9756 | 0.9762 | 0.9767 |
| 2.0 | 0.9772 | 0.9778 | 0.9783 | 0.9788 | 0.9793 | 0.9798 | 0.9803 | 0.9808 | 0.9812 | 0.9817 |
| 2.1 | 0.9821 | 0.9826 | 0.9830 | 0.9834 | 0.9838 | 0.9842 | 0.9846 | 0.9850 | 0.9854 | 0.9857 |
| 2.2 | 0.9861 | 0.9864 | 0.9868 | 0.9871 | 0.9874 | 0.9878 | 0.9881 | 0.9884 | 0.9887 | 0.9890 |
| 2.3 | 0.9893 | 0.9896 | 0.9898 | 0.9901 | 0.9904 | 0.9906 | 0.9909 | 0.9911 | 0.9913 | 0.9916 |
| 2.4 | 0.9918 | 0.9920 | 0.9922 | 0.9925 | 0.9927 | 0.9929 | 0.9931 | 0.9932 | 0.9934 | 0.9936 |
| 2.5 | 0.9938 | 0.9940 | 0.9941 | 0.9943 | 0.9945 | 0.9946 | 0.9948 | 0.9949 | 0.9951 | 0.9952 |
| 2.6 | 0.9953 | 0.995 | 0.9956 | 0.9957 | 0.9959 | 0.9960 | 0.9961 | 0.9962 | 0.9963 | 0.9964 |
| 2.7 | 0.9965 | 0.9966 | 0.9967 | 0.9968 | 0.9969 | 0.9970 | 0.9971 | 0.9972 | 0.9973 | 0.9974 |
| 2.8 | 0.9974 | 0.9975 | 0.9976 | 0.9977 | 0.9977 | 0.9978 | 0.9979 | 0.9979 | 0.9980 | 0.9981 |
| 2.9 | 0.9981 | 0.9982 | 0.9982 | 0.9983 | 0.9984 | 0.9984 | 0.9985 | 0.9985 | 0.9986 | 0.9986 |
| 3.0 | 0.9987 | 0.9990 | 0.9993 | 0.9995 | 0.9997 | 0.9998 | 0.9998 | 0.9999 | 0.9999 | 1.0000 |

注：表中末行系函数值 $\Phi(3.0),\Phi(3.1),\cdots,\Phi(3.9)$。

## 附表 C-2  $t$ 分布上侧分位数表

$$P\{t(n)>t_\alpha(n)\}=\alpha$$

| $n$ | $\alpha=0.25$ | 0.10 | 0.05 | 0.025 | 0.01 | 0.005 |
|-----|------|------|------|------|------|------|
| 1 | 1.0000 | 3.0777 | 6.3138 | 12.7062 | 31.8207 | 63.6574 |
| 2 | 0.8165 | 1.8856 | 2.9200 | 4.3027 | 6.9646 | 9.9248 |
| 3 | 0.7649 | 1.6377 | 2.3534 | 3.1824 | 4.5407 | 5.8409 |
| 4 | 0.7407 | 1.5332 | 2.1318 | 2.7764 | 3.7469 | 4.6041 |
| 5 | 0.7267 | 1.4759 | 2.0150 | 2.5706 | 3.3649 | 4.0322 |
| 6 | 0.7176 | 1.4398 | 1.9432 | 2.4469 | 3.1427 | 3.7074 |
| 7 | 0.7111 | 1.4149 | 1.8946 | 2.3646 | 2.9980 | 3.4995 |
| 8 | 0.7064 | 1.3968 | 1.8595 | 2.3060 | 2.8965 | 3.3554 |
| 9 | 0.7027 | 1.3830 | 1.8331 | 2.2622 | 2.8214 | 3.2498 |
| 10 | 0.6998 | 1.3722 | 1.8125 | 2.2281 | 2.7638 | 3.1693 |
| 11 | 0.6974 | 1.3634 | 1.7959 | 2.2010 | 2.7181 | 3.1058 |
| 12 | 0.6955 | 1.3562 | 1.7823 | 2.1788 | 2.6810 | 3.0545 |
| 13 | 0.6938 | 1.3502 | 1.7709 | 2.1604 | 2.6503 | 3.0123 |
| 14 | 0.6924 | 1.3450 | 1.7613 | 2.1448 | 2.6245 | 2.9768 |

续表

| $n$ | $\alpha=0.25$ | 0.10 | 0.05 | 0.025 | 0.01 | 0.005 |
|---|---|---|---|---|---|---|
| 15 | 0.6912 | 1.3406 | 1.7531 | 2.1315 | 2.6025 | 2.9467 |
| 16 | 0.6901 | 1.3368 | 1.7459 | 2.1199 | 2.5835 | 2.9028 |
| 17 | 0.6892 | 1.3334 | 1.7396 | 2.1098 | 2.5669 | 2.8982 |
| 18 | 0.6884 | 1.3304 | 1.7341 | 2.1009 | 2.5524 | 2.8784 |
| 19 | 0.6876 | 1.3277 | 1.7291 | 2.0930 | 2.5395 | 2.8609 |
| 20 | 0.6870 | 1.3253 | 1.7247 | 2.0860 | 2.5280 | 2.8453 |
| 21 | 0.6864 | 1.3232 | 1.7207 | 2.0796 | 2.5177 | 2.8314 |
| 22 | 0.6858 | 1.3212 | 1.7171 | 2.0739 | 2.5083 | 2.8188 |
| 23 | 0.6853 | 1.3195 | 1.7139 | 2.0687 | 2.4999 | 2.8073 |
| 24 | 0.6848 | 1.3178 | 1.7109 | 2.0639 | 2.4922 | 2.7969 |
| 25 | 0.6844 | 1.3163 | 1.7081 | 2.0595 | 2.4851 | 2.7874 |
| 26 | 0.6840 | 1.3150 | 1.7056 | 2.0555 | 2.4786 | 2.7787 |
| 27 | 0.6837 | 1.3137 | 1.7033 | 2.0518 | 2.4727 | 2.7707 |
| 28 | 0.6834 | 1.3125 | 1.7011 | 2.0484 | 2.4671 | 2.7633 |
| 29 | 0.6830 | 1.3114 | 1.6991 | 2.0452 | 2.4620 | 2.7564 |
| 30 | 0.6828 | 1.3104 | 1.6973 | 2.0423 | 2.4573 | 2.7500 |
| 31 | 0.6825 | 1.3095 | 1.6955 | 2.0395 | 2.4528 | 2.7440 |
| 32 | 0.6822 | 1.3086 | 1.6939 | 2.0369 | 2.4487 | 2.7385 |
| 33 | 0.6820 | 1.3077 | 1.6924 | 2.0345 | 2.4448 | 2.7333 |
| 34 | 0.6818 | 1.3070 | 1.6909 | 2.0322 | 2.4411 | 2.7284 |
| 35 | 0.6816 | 1.3062 | 1.6896 | 2.0301 | 2.4377 | 2.7238 |
| 36 | 0.6814 | 1.3055 | 1.6883 | 2.0281 | 2.4345 | 2.7195 |
| 37 | 0.6812 | 1.3049 | 1.6871 | 2.0262 | 2.4314 | 2.7154 |
| 38 | 0.6810 | 1.3042 | 1.6860 | 2.0244 | 2.4286 | 2.7116 |
| 39 | 0.6808 | 1.3036 | 1.6849 | 2.0227 | 2.4258 | 2.7079 |
| 40 | 0.6807 | 1.3031 | 1.6839 | 2.0211 | 2.4233 | 2.7045 |
| 41 | 0.6805 | 1.3025 | 1.6829 | 2.0195 | 2.4208 | 2.7012 |
| 42 | 0.6804 | 1.3020 | 1.6820 | 2.0181 | 2.4185 | 2.6981 |
| 43 | 0.6802 | 1.3016 | 1.6811 | 2.0167 | 2.4163 | 2.6951 |
| 44 | 0.6801 | 1.3011 | 1.6802 | 2.0154 | 2.4141 | 2.6923 |
| 45 | 0.6800 | 1.3006 | 1.6794 | 2.0141 | 2.4121 | 2.6896 |

附表 C-3　　F 分布临界值表 ($\alpha = 0.05$)

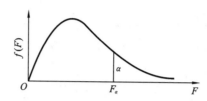

| $V_1$ \\ $V_2$ | 1 | 2 | 3 | 4 | 5 | 6 | 8 | 10 | 15 |
|---|---|---|---|---|---|---|---|---|---|
| 1 | 161.4 | 199.5 | 215.7 | 224.6 | 230.2 | 234.0 | 238.9 | 241.9 | 245.9 |
| 2 | 18.51 | 19.00 | 19.16 | 19.25 | 19.30 | 19.33 | 19.37 | 19.40 | 19.43 |
| 3 | 10.13 | 9.55 | 9.28 | 9.12 | 9.01 | 8.94 | 8.85 | 8.79 | 8.70 |
| 4 | 7.71 | 6.94 | 6.59 | 6.39 | 6.26 | 6.16 | 6.04 | 5.96 | 5.86 |
| 5 | 6.61 | 5.79 | 5.41 | 5.19 | 5.05 | 4.95 | 4.82 | 4.74 | 4.62 |
| 6 | 5.99 | 5.14 | 4.76 | 4.53 | 4.39 | 4.28 | 4.15 | 4.06 | 3.94 |
| 7 | 5.59 | 4.74 | 4.35 | 4.12 | 3.97 | 3.87 | 3.73 | 3.64 | 3.51 |
| 8 | 5.32 | 4.46 | 4.07 | 3.84 | 3.69 | 3.58 | 3.44 | 3.35 | 3.22 |
| 9 | 5.12 | 4.26 | 3.86 | 3.63 | 3.48 | 3.37 | 3.23 | 3.14 | 3.01 |
| 10 | 4.96 | 4.10 | 3.71 | 3.48 | 3.33 | 3.22 | 3.07 | 2.98 | 2.85 |
| 11 | 4.84 | 3.98 | 3.59 | 3.36 | 3.20 | 3.09 | 2.95 | 2.85 | 2.72 |
| 12 | 4.75 | 3.89 | 3.49 | 3.26 | 3.11 | 3.00 | 2.85 | 2.75 | 2.62 |
| 13 | 4.67 | 3.81 | 3.41 | 3.18 | 3.03 | 2.92 | 2.77 | 2.67 | 2.55 |
| 14 | 4.60 | 3.74 | 3.34 | 3.11 | 2.96 | 2.85 | 2.70 | 2.60 | 2.46 |
| 15 | 4.54 | 3.68 | 3.29 | 3.06 | 2.90 | 2.79 | 2.64 | 2.54 | 2.40 |
| 16 | 4.49 | 3.63 | 3.24 | 3.01 | 2.85 | 2.74 | 2.59 | 2.49 | 2.35 |
| 17 | 4.45 | 3.59 | 3.20 | 2.96 | 2.81 | 2.70 | 2.55 | 2.45 | 2.31 |
| 18 | 4.41 | 3.55 | 3.16 | 2.93 | 2.77 | 2.66 | 2.51 | 2.41 | 2.27 |
| 19 | 4.38 | 3.52 | 3.13 | 2.90 | 2.74 | 2.63 | 2.48 | 2.38 | 2.23 |
| 20 | 4.35 | 3.49 | 3.10 | 2.87 | 2.71 | 2.60 | 2.45 | 2.35 | 2.20 |
| 21 | 4.32 | 3.47 | 3.07 | 2.84 | 2.68 | 2.57 | 2.42 | 2.32 | 2.18 |
| 22 | 4.30 | 3.44 | 3.05 | 2.82 | 2.66 | 2.55 | 2.40 | 2.30 | 2.15 |
| 23 | 4.28 | 3.42 | 3.03 | 2.80 | 2.64 | 2.53 | 2.37 | 2.27 | 2.13 |
| 24 | 4.26 | 3.40 | 3.01 | 2.78 | 2.62 | 2.51 | 2.36 | 2.25 | 2.11 |
| 25 | 4.24 | 3.39 | 2.99 | 2.76 | 2.60 | 2.49 | 2.34 | 2.24 | 2.09 |

续表

| $V_2$ \ $V_1$ | 1 | 2 | 3 | 4 | 5 | 6 | 8 | 10 | 15 |
|---|---|---|---|---|---|---|---|---|---|
| 26 | 4.23 | 3.37 | 2.98 | 2.74 | 2.59 | 2.47 | 2.32 | 2.22 | 2.07 |
| 27 | 4.21 | 3.35 | 2.96 | 2.73 | 2.57 | 2.46 | 2.31 | 2.20 | 2.06 |
| 28 | 4.20 | 3.34 | 2.95 | 2.71 | 2.56 | 2.45 | 2.29 | 2.19 | 2.04 |
| 29 | 4.18 | 3.33 | 2.93 | 2.70 | 2.55 | 2.43 | 2.28 | 2.18 | 2.03 |
| 30 | 4.17 | 3.32 | 2.92 | 2.69 | 2.53 | 2.42 | 2.27 | 2.16 | 2.01 |
| 40 | 4.08 | 3.23 | 2.84 | 2.61 | 2.45 | 2.34 | 2.18 | 2.08 | 1.92 |
| 50 | 4.03 | 3.18 | 2.79 | 2.56 | 2.40 | 2.29 | 2.13 | 2.03 | 1.87 |
| 60 | 4.00 | 3.15 | 2.76 | 2.53 | 2.37 | 2.25 | 2.10. | 1.99 | 1.84 |
| 70 | 3.98 | 3.13 | 2.74 | 2.50 | 2.35 | 2.23 | 2.07 | 1.97 | 1.81 |
| 80 | 3.96 | 3.11 | 2.72 | 2.49 | 2.33 | 2.21 | 2.06 | 1.95 | 1.79 |
| 90 | 3.95 | 3.10 | 2.71 | 2.47 | 2.32 | 2.20 | 2.04 | 1.94 | 1.78 |
| 100 | 3.94 | 3.09 | 2.70 | 2.46 | 2.31 | 2.19 | 2.03 | 1.93 | 1.77 |
| 125 | 3.92 | 3.07 | 2.68 | 2.44 | 2.29 | 2.17 | 2.01 | 1.91 | 1.75 |
| 150 | 3.90 | 3.06 | 2.66 | 2.43 | 2.27 | 2.16 | 2.00 | 1.89 | 1.73 |
| 200 | 3.89 | 3.04 | 2.65 | 2.42 | 2.26 | 2.14 | 1.98 | 1.88 | 1.72 |
| | 3.84 | 3.00 | 2.60 | 2.37 | 2.21 | 2.10 | 1.94 | 1.83 | 1.67 |

附表 C-4  $F$ 分布临界值表($\alpha = 0.01$)

| $V_2$ \ $V_1$ | 1 | 2 | 3 | 4 | 5 | 6 | 8 | 10 | 15 |
|---|---|---|---|---|---|---|---|---|---|
| 1 | 4052 | 4999 | 5403 | 5625 | 5764 | 5859 | 5981 | 6065 | 6157 |
| 2 | 98.50 | 99.00 | 99.17 | 99.25 | 99.30 | 99.33 | 99.37 | 99.40 | 99.43 |
| 3 | 34.12 | 30.82 | 29.46 | 28.71 | 28.24 | 27.91 | 27.49 | 27.23 | 26.87 |
| 4 | 21.20 | 18.00 | 16.69 | 15.98 | 15.52 | 15.21 | 14.80 | 14.55 | 14.20 |
| 5 | 16.26 | 13.27 | 12.06 | 11.39 | 10.97 | 10.67 | 1029 | 10.05 | 9.72 |
| 6 | 13.75 | 10.92 | 9.78 | 9.15 | 8.75 | 8.47 | 8.10 | 7.87 | 7.56 |
| 7 | 12.25 | 9.55 | 8.45 | 7.85 | 7.46 | 7.19 | 6.84 | 6.62 | 6.31 |
| 8 | 11.26 | 8.65 | 7.59 | 7.01 | 6.63 | 6.37 | 6.03 | 5.81 | 5.52 |
| 9 | 10.56 | 8.02 | 6.99 | 6.42 | 6.06 | 5.80 | 5.47 | 5.26 | 4.96 |
| 10 | 10.04 | 7.56 | 6.55 | 5.99 | 5.64 | 5.39 | 5.06 | 4.85 | 4.56 |
| 11 | 9.65 | 7.21 | 6.22 | 5.67 | 5.32 | 5.07 | 4.74 | 4.54 | 4.25 |

续表

| $V_2$ \ $V_1$ | 1 | 2 | 3 | 4 | 5 | 6 | 8 | 10 | 15 |
|---|---|---|---|---|---|---|---|---|---|
| 12 | 9.33 | 6.93 | 5.95 | 5.41 | 5.06 | 4.82 | 4.50 | 4.30 | 4.01 |
| 13 | 9.07 | 6.70 | 5.74 | 5.21 | 4.86 | 4.62 | 4.30 | 4.10 | 3.82 |
| 14 | 8.86 | 6.51 | 5.56 | 5.04 | 4.69 | 4.46 | 4.14 | 3.94 | 3.66 |
| 15 | 8.86 | 6.36 | 5.42 | 4.89 | 4.56 | 4.32 | 4.00 | 3.80 | 3.52 |
| 16 | 8.53 | 6.23 | 5.29 | 4.77 | 4.44 | 4.20 | 3.89 | 3.69 | 3.41 |
| 17 | 8.40 | 6.11 | 5.19 | 4.67 | 4.34 | 4.10 | 3.79 | 3.59 | 3.31 |
| 18 | 8.29 | 6.01 | 5.09 | 4.58 | 4.25 | 4.01 | 3.71 | 3.51 | 3.23 |
| 19 | 8.18 | 5.93 | 5.01 | 4.50 | 4.17 | 3.94 | 3.63 | 3.43 | 3.15 |
| 20 | 8.10 | 5.85 | 4.94 | 4.43 | 4.10 | 3.87 | 3.56 | 3.37 | 3.09 |
| 21 | 8.02 | 5.78 | 4.87 | 4.37 | 4.04 | 3.81 | 3.51 | 3.31 | 3.03 |
| 22 | 7.95 | 5.72 | 4.82 | 4.31 | 3.99 | 3.76 | 3.45 | 3.26 | 2.98 |
| 23 | 7.88 | 5.66 | 4.76 | 4.26 | 3.94 | 3.71 | 3.41 | 3.21 | 2.93 |
| 24 | 7.82 | 5.61 | 4.72 | 4.22 | 3.90 | 3.67 | 3.36 | 3.17 | 2.89 |
| 25 | 7.77 | 5.57 | 4.68 | 4.18 | 3.85 | 3.63 | 3.32 | 3.13 | 2.85 |
| 26 | 7.72 | 5.53 | 4.64 | 4.14 | 3.82 | 3.59 | 3.29 | 3.09 | 2.81 |
| 27 | 7.68 | 5.49 | 4.60 | 4.11 | 3.78 | 3.56 | 3.26 | 3.06 | 2.78 |
| 28 | 7.64 | 5.45 | 4.57 | 4.07 | 3.75 | 3.53 | 3.23 | 3.03 | 2.75 |
| 29 | 7.60 | 5.42 | 4.54 | 4.04 | 3.73 | 3.50 | 3.20 | 3.00 | 2.73 |
| 30 | 7.56 | 5.39 | 4.51 | 4.02 | 3.70 | 3.47 | 3.17 | 2.98 | 2.70 |
| 40 | 7.31 | 5.18 | 4.31 | 3.83 | 3.51 | 3.29 | 2.99 | 2.80 | 2.52 |
| 50 | 7.17 | 5.06 | 4.20 | 3.72 | 3.41 | 3.19 | 2.89 | 2.70 | 2.42 |
| 60 | 7.08 | 4.98 | 4.13 | 3.65 | 3.34 | 3.12 | 2.82 | 2.63 | 2.35 |
| 70 | 7.01 | 4.92 | 4.07 | 3.60 | 3.29 | 3.07 | 2.78 | 2.59 | 2.31 |
| 80 | 6.96 | 4.88 | 4.04 | 3.56 | 3.26 | 3.04 | 2.74 | 2.55 | 2.27 |
| 90 | 6.93 | 4.85 | 4.01 | 3.53 | 3.23 | 3.01 | 2.72 | 2.52 | 2.42 |
| 100 | 6.90 | 4.82 | 3.98 | 3.51 | 3.21 | 2.99 | 2.69 | 2.50 | 2.22 |
| 125 | 6.84 | 4.78 | 3.94 | 3.47 | 3.17 | 2.95 | 2.66 | 2.47 | 2.19 |
| 150 | 6.81 | 4.75 | 3.91 | 3.45 | 3.14 | 2.92 | 2.63 | 2.44 | 2.16 |
| 200 | 6.76 | 4.71 | 3.88 | 3.41 | 3.11 | 2.89 | 2.60 | 2.41 | 2.13 |
|  | 6.63 | 4.61 | 3.78 | 3.32 | 3.02 | 2.80 | 2.51 | 2.23 | 2.04 |

# 生物案例分析

**案例一** 下面给出了小白鼠在接种 3 种不同菌型的杆菌后的存活日数（见附表 D-1），试问 3 种菌型的平均存活日数有无显著差异？若差异显著，再作 LSD 分析。

附表 D-1 案例一表

| 菌 型 | 重 复 | | | | |
|---|---|---|---|---|---|
| I | 2 | 4 | 3 | 2 | 4 |
| II | 5 | 6 | 8 | 5 | 10 |
| II | 7 | 11 | 6 | 6 | 7 |

分析：提出假设：

设有 $k$ 种菌型，第 $i$ 种重复了 $n_i$ 次，则有

$$H_0 : \mu_1 = \mu_2 = \mu_3$$

$$H_1 : \mu_1, \mu_2, \mu_3 \text{ 不全相等}$$

$$\bar{x}_I = \frac{2+4+3+2+4}{5} = 3$$

$$\bar{x}_{II} = \frac{5+6+8+5+10}{5} = 6.8$$

$$\bar{x}_{III} = \frac{7+11+6+6+7}{5} = 7.4$$

$$\bar{\bar{x}} = \frac{\sum\limits_{i=1}^{k} \sum\limits_{j=1}^{n_i} x_{ij}}{n} = \frac{86}{15} = 5.73$$

$$\text{SST} = \sum_{i=1}^{k} \sum_{j=1}^{n_i} (x_{ij} - \bar{\bar{x}})^2 = (2-5.73)^2 + (4-5.73)^2 + \cdots + (7-5.73)^2 = 96.93$$

$$\text{SSE} = \sum_{i=1}^{k} \sum_{j=1}^{n_i} (x_{ij} - \overline{x_i})^2 = (2-3)^2 + (4-3)^2 + \cdots + (7-7.4)^2 = 40$$

$$\text{SSA} = \text{SST} - \text{SSE} = 96.93 - 40 = 56.93$$

若取显著水平为 $\alpha = 0.05$,$F = 8.54 > F_{0.05} = 3.89$,得出结论:拒绝原假设,即不同菌型的平均存活时间有显著差异。附表 D-2 展示了所有参数。

附表 D-2　方差分析表

| 变差来源 | 平方和 | 自由度 | 均方 | $F$ | $F_{0.05}$ | $F_{0.01}$ |
|---|---|---|---|---|---|---|
| 菌型间误差 | 56.93 | 2 | 28.47 | 8.54 | 3.89 | 5.99 |
| | 40.00 | 12 | 3.33 | | | |
| 总和 | 96.93 | 14 | | | | |

$$\text{LSD}_{0.05} = t_{12,\alpha} \sqrt{\frac{2\text{MSE}}{n}} = 2.179 \times \sqrt{\frac{2 \times (40/12)}{5}} = 2.516$$

由附表 D-3 可知,菌型 Ⅰ 和菌型 Ⅱ、Ⅲ 之间有极显著的差异,菌型 Ⅱ、Ⅲ 之间无显著差异,如附图 D-1 所示。

附表 D-3　3 个菌型存活天数的差异性比较结果表

| 菌型 | $\overline{y}$ | Ⅱ | Ⅲ |
|---|---|---|---|
| Ⅰ | 3.0 | 3.8 | 4.4 |
| Ⅱ | 6.8 | | 0.6 |
| Ⅲ | 7.4 | | |

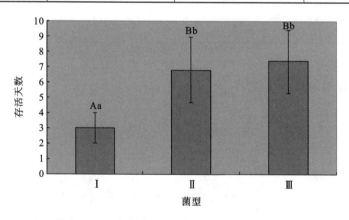

附图 D-1　3 个菌型存活天数的差异性比较结果图

**案例二**　植株生长周数与高度数据如下:

| 周数 $X$ | 1 | 2 | 3 | 4 | 5 | 6 | 7 |
|---|---|---|---|---|---|---|---|
| 高度 Y/cm | 5 | 13 | 16 | 23 | 33 | 38 | 40 |

试作一元线性回归分析,计算相关系数并作检验。

分析：首先计算出周数

$$\bar{x} = \frac{1+2+3+4+5+6+7}{7} = 4$$

高度

$$\bar{y} = \frac{5+13+16+23+33+38+40}{7} = 24$$

$$l_{xy} = \sum_{i=1}^{n} (x_i - \bar{x})(y_i - \bar{y}) = 172$$

$$l_{xx} = \sum_{i=1}^{n} (x_i - \bar{x})^2 = 28$$

因此，可得

$$b = \frac{l_{xy}}{l_{xx}} = \frac{172}{28} = 6.143$$

$$a = \bar{y} - b\bar{x} = 24 - 6.143 \times 4 = -0.572$$

回归方程为：

$$\hat{y} = -0.572 + 6.143z$$

方法 1：

$$r^2 = \frac{\text{SSR}}{\text{SST}} = 1 - \frac{\sum\limits_{i=1}^{n}(y_i - \hat{y})^2}{\sum\limits_{i=1}^{n}(\hat{y_i} - \bar{y})^2}$$

算出 $r^2$ 的值，发现 $r^2 \rightarrow 1$，表明回归方程拟合好，即回归极显著。

方法 2：估计标准误差

$$S_y = \sqrt{\frac{\sum\limits_{i=1}^{n}(y_i - \hat{y_i})^2}{n-2}} = \sqrt{\frac{\text{SSE}}{n-2}}$$

$$S_{\hat{\beta}_1} = \frac{S_y}{\sqrt{\sum\limits_{i=1}^{n}(x_i - \bar{x})^2}}$$

检验统计量

$$t = \frac{\hat{\beta}_1}{S_{\hat{\beta}_1}} \sim t(n-2)$$

算出 $t$ 值远远大于 $t_{a,(n-2)}$，因此拒绝原假设，表明周数与植株高度存在显著线性关系。

**案例三** 主成分分析法（PCA）

在实际问题中，我们经常会遇到研究多个变量的问题，而且在多数情况下，多个变量之间常常存在一定的相关性。由于变量个数较多，再加上变量之间的相关性，势必增加了分析问题的复杂性。如何从多个变量中综合为少数几个代表性变量，既能够代表原始变量的绝大多数信息，又互不相关，并且在新的综合变量基础上，可以进一步进行统计分析，这时就需要进行主成分分析。

### 1. 主成分分析法(PCA)模型

1）主成分分析的基本思想

主成分分析是采取一种数学降维的方法，找出几个综合变量来代替原来众多的变量，使这些综合变量能尽可能地代表原来变量的信息量，而且彼此之间互不相关。这种把多个变量化为少数几个互相无关的综合变量的统计分析方法称为主成分分析或主分量分析。主成分分析所要做的就是设法将原来众多具有一定相关性的变量，重新组合为一组新的相互无关的综合变量来代替原来变量。通常，数学上的处理方法就是将原来的变量做线性组合，作为新的综合变量，但是这种组合如果不加以限制，则可以有很多，应该如何选择呢？如果将选取的第一个线性组合即第一个综合变量记为 $F_1$，自然希望它尽可能多地反映原来变量的信息，这里"信息"用方差来测量，即希望 $\mathrm{Var}(F_1)$ 越大，表示 $F_1$ 包含的信息越多。因此，在所有的线性组合中，所选取的 $F_1$ 应该是方差最大的，故称 $F_1$ 为第一主成分。如果第一主成分不足以代表原来 $p$ 个变量的信息，再考虑选取 $F_2$ 即第二个线性组合，为了有效地反映原来信息，$F_1$ 已有的信息就不需要再出现在 $F_2$ 中，用数学语言表达就是要求 $\mathrm{Cov}(F_1,F_2)$，称 $F_2$ 为第二主成分，依此类推可以构造出第三，第四，$\cdots$，第 $p$ 个主成分。

2）主成分分析的数学模型

对于一个样本资料，观测 $p$ 个变量 $x_1,x_2,\cdots,x_p$，$n$ 个样品的数据资料矩阵为

$$\boldsymbol{X}=\begin{bmatrix} x_{11} & x_{12} & \cdots & x_{1p} \\ x_{21} & x_{22} & \cdots & x_{2p} \\ \vdots & \vdots & & \vdots \\ x_{n1} & x_{n2} & \cdots & x_{np} \end{bmatrix}=(\boldsymbol{x}_1,\boldsymbol{x}_2,\cdots,\boldsymbol{x}_p)$$

其中，$\boldsymbol{x}_j=\begin{bmatrix} x_{1j} \\ x_{2j} \\ \vdots \\ x_{nj} \end{bmatrix}$，$j=1,2,\cdots,p$。

主成分分析就是将 $p$ 个观测变量综合成为 $p$ 个新的变量(综合变量)，即

$$\begin{cases} F_1=a_{11}x_1+a_{12}x_2+\cdots+a_{1p}x_p \\ F_2=a_{21}x_1+a_{22}x_2+\cdots+a_{2p}x_p \\ \qquad\qquad \vdots \\ F_p=a_{p1}x_1+a_{p2}x_2+\cdots+a_{pp}x_p \end{cases}$$

简写为

$$F_j=a_{j1}x_1+a_{j2}x_2+\cdots+a_{jp}x_p, \quad j=1,2,\cdots,p$$

要求模型满足以下条件：

(1) $F_i,F_j$ 互不相关($i\neq j,i,j=1,2,\cdots,p$)；

(2) $F_1$ 的方差大于 $F_2$ 的方差，$F_2$ 的方差大于 $F_3$ 的方差，依次类推；

（3）$a_{k1}^2 + a_{k2}^2 + \cdots + a_{kp}^2 = 1, k = 1, 2, \cdots, p$。

于是，称 $F_1$ 为第一主成分，$F_2$ 为第二主成分，依此类推，有第 $p$ 个主成分。主成分又叫主分量。这里 $a_{ij}$ 称为主成分系数。

上述模型可用矩阵表示为

$$F = AX$$

其中

$$F = \begin{Bmatrix} F_1 \\ F_2 \\ \vdots \\ F_p \end{Bmatrix}, \quad X = \begin{Bmatrix} x_1 \\ x_2 \\ \vdots \\ x_p \end{Bmatrix}$$

$$A = \begin{bmatrix} a_{11} & a_{12} & \cdots & a_{1p} \\ a_{21} & a_{22} & \cdots & a_{2p} \\ \vdots & \vdots & & \vdots \\ a_{p1} & a_{p2} & \cdots & a_{pp} \end{bmatrix} = \begin{Bmatrix} a_1 \\ a_2 \\ \vdots \\ a_p \end{Bmatrix}$$

$A$ 称为主成分系数矩阵。

3）主成分分析的几何解释

假设有 $n$ 个样品，每个样品有 2 个变量，即在二维空间中讨论主成分的几何意义。设 $n$ 个样品在二维空间中的分布大致为一个椭圆，如附图 D-2 所示。

将坐标系进行正交旋转一个角度 $\theta$，使其椭圆长轴方向取坐标 $y_1$，在椭圆短轴方向取坐标 $y_2$，旋转公式为

$$\begin{cases} y_{1j} = x_{1j}\cos\theta + x_{2j}\sin\theta \\ y_{2j} = x_{1j}(-\sin\theta) + x_{2j}\cos\theta \end{cases}, \quad j = 1, 2, \cdots n$$

写成矩阵形式为

$$Y = \begin{bmatrix} y_{11} & y_{12} & \cdots & y_{1n} \\ y_{21} & y_{22} & \cdots & y_{2n} \end{bmatrix} = \begin{bmatrix} \cos\theta & \sin\theta \\ -\sin\theta & \cos\theta \end{bmatrix} \cdot \begin{bmatrix} x_{11} & x_{12} & \cdots & x_{1n} \\ x_{21} & x_{22} & \cdots & x_{2n} \end{bmatrix} = UX$$

其中，$U$ 为坐标旋转变换矩阵，它是正交矩阵，即有 $U^T = U^{-1}$，$UU^T = I$，满足 $\sin^2\theta + \cos^2\theta = 1$。

经过旋转变换后，得到附图 D-3 所示的新坐标。

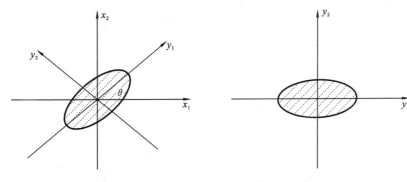

附图 D-2　主成分几何解释图　　　　　附图 D-3　主成分几何解释图

新坐标 $y_1$-$y_2$ 有如下性质：

（1）坐标 $y_1$ 和 $y_2$ 的相关性几乎为零；

（2）二维平面上的 $n$ 个点的方差大部分都归结为 $y_1$ 轴上，而 $y_2$ 轴上的方差较小。

$y_1$ 和 $y_2$ 称为原始变量 $x_1$ 和 $x_2$ 的综合变量。由于 $n$ 个点在 $y_1$ 轴上的方差最大，因而将二维空间的点用在 $y_1$ 轴上的一维综合变量来代替，所损失的信息最小，由此称 $y_1$ 轴为第一主成分，$y_2$ 轴与 $y_1$ 轴正交，有较小的方差，称它为第二主成分。

### 2. 主成分分析法（PCA）推导

1）主成分的导出

根据主成分分析的数学模型的定义，要进行主成分分析，就需要根据原始数据，以及模型的三个条件的要求，求出主成分系数，以便得到主成分模型。这就是导出主成分所要解决的问题。

（1）根据主成分数学模型的条件（1）要求主成分之间互不相关，为此主成分之间的协差阵应该是一个对角阵。即对于主成分

$$F = AX$$

其协差阵应为

$$\mathrm{Var}(F) = \mathrm{Var}(AX) = (AX)\cdot(AX)' = AXX'A' = \Lambda = \begin{bmatrix} \lambda_1 & & & \\ & \lambda_2 & & \\ & & \ddots & \\ \lambda & & & \end{bmatrix}$$

（2）设原始数据的协方差阵为 $V$，如果原始数据进行了标准化处理后，则协方差阵等于相关矩阵，即有

$$V = R = XX'$$

（3）再由主成分数学模型的条件（3）和正交矩阵的性质，若能够满足条件（3）最好要求 $A$ 为正交矩阵，即满足

$$AA' = I$$

于是，将原始数据的协方差代入主成分的协差阵公式得

$$\mathrm{Var}(F) = AXX'A' = ARA' = \Lambda$$

$$ARA' = \Lambda RA' = A'\Lambda$$

展开上式得

$$\begin{bmatrix} r_{11} & r_{12} & \cdots & r_{1p} \\ r_{21} & r_{22} & \cdots & r_{2p} \\ \vdots & \vdots & & \vdots \\ r_{p1} & r_{p2} & \cdots & r_{pp} \end{bmatrix} \cdot \begin{bmatrix} a_{11} & r_{21} & \cdots & a_{p1} \\ a_{12} & r_{22} & \cdots & a_{p2} \\ \vdots & \vdots & & \vdots \\ a_{1p} & r_{2p} & \cdots & a_{pp} \end{bmatrix} = \begin{bmatrix} a_{11} & r_{21} & \cdots & a_{p1} \\ a_{12} & r_{22} & \cdots & a_{p2} \\ \vdots & \vdots & & \vdots \\ a_{1p} & r_{2p} & \cdots & a_{pp} \end{bmatrix} \cdot \begin{bmatrix} \lambda_1 & & & \\ & \lambda_2 & & \\ & & \ddots & \\ & & & \lambda_p \end{bmatrix}$$

展开等式两边，根据矩阵相等的性质，这里只根据第一列得出的方程为

$$\begin{cases} (r_{11}-\lambda_1)a_{11}+r_{12}a_{12}+\cdots+r_{1p}a_{1p}=0 \\ r_{21}a_{11}+(r_{22}-\lambda_1)a_{12}+\cdots+r_{2p}a_{1p}=0 \\ \qquad\qquad\qquad\qquad\qquad\qquad\vdots \\ r_{p1}a_{11}+r_{p2}a_{12}+\cdots+(r_{pp}-\lambda_1)a_{1p}=0 \end{cases}$$

为了得到该齐次方程的解,要求其系数矩阵行列式为 0,即

$$\begin{vmatrix} r_{11}-\lambda_1 & r_{12} & \cdots & r_{1p} \\ r_{21} & r_{22}-\lambda_1 & \cdots & r_{2p} \\ \vdots & \vdots & & \vdots \\ r_{1p} & r_{p2} & \cdots & r_{pp}-\lambda_1 \end{vmatrix}=0$$

$$R-\lambda_1 I=0$$

显然,$\lambda_1$ 是相关系数矩阵的特征值,$a_1=(a_{11},a_{12},\cdots,a_{1p})$ 是相应的特征向量。根据第二列、第三列等可以得到类似的方程,于是 $\lambda_i$ 是方程

$$R-\lambda_1 I=0$$

的 $p$ 个根,$\lambda$ 为特征方程的特征根,$a_j$ 是其特征向量的分量。

（4）下面再证明主成分的方差是依次递减的。

设相关系数矩阵 $R$ 的 $p$ 个特征根为 $\lambda_1 \geqslant \lambda_2 \geqslant \cdots \geqslant \lambda_p$,相应的特征向量为 $a_j$,有

$$A=\begin{bmatrix} a_{11} & a_{12} & \cdots & a_{1p} \\ a_{21} & a_{22} & \cdots & a_{2p} \\ \vdots & \vdots & & \vdots \\ a_{p1} & a_{p2} & \cdots & a_{pp} \end{bmatrix}=\begin{bmatrix} a_1 \\ a_2 \\ \vdots \\ a_p \end{bmatrix}$$

相对于 $F_1$ 的方差为

$$\mathrm{Var}(F_1)=a_1 XX'a_1'=a_1 Ra_1'=\lambda_1$$

同样有:$\mathrm{Var}(F_i)=\lambda_i$,即主成分的方差依次递减,并且协方差为

$$\mathrm{Cov}(a_i'X',a_jX)=a_i'Ra_j=a_i'\Big(\sum_{\alpha=1}^p \lambda_\alpha a_\alpha a_\alpha'\Big)a_j$$

$$=\sum_{\alpha=1}^p \lambda_\alpha (a_i'a_\alpha)(a_\alpha'a_j)=0, \quad i \neq j$$

综上所述,主成分分析中的主成分协方差应该是对角矩阵,其对角线上的元素恰好是原始数据相关矩阵的特征值,而主成分系数矩阵 $A$ 的元素则是原始数据相关矩阵特征值相应的特征向量。矩阵 $A$ 是一个正交矩阵。

于是,变量 $(x_1,x_2,\cdots,x_p)$ 经过变换后得到新的综合变量

$$\begin{cases} F_1=a_{11}x_1+a_{12}x_2+\cdots+a_{1p}x_p \\ F_2=a_{21}x_1+a_{22}x_2+\cdots+a_{2p}x_p \\ \qquad\qquad\vdots \\ F_p=a_{p1}x_1+a_{p2}x_2+\cdots+a_{pp}x_p \end{cases}$$

新的随机变量彼此不相关,且方差依次递减。

### 3. 主成分分析的计算步骤

假设样本观测数据矩阵为

$$X = \begin{bmatrix} x_{11} & x_{12} & \cdots & x_{1p} \\ x_{21} & x_{22} & \cdots & x_{2p} \\ \vdots & \vdots & & \vdots \\ x_{n1} & x_{n2} & \cdots & x_{np} \end{bmatrix}$$

**第一步** 对原始数据进行标准化处理。

$$x_{ij}^* = \frac{x_{ij} - x_j}{\mathrm{var}(x_j)}, \quad i = 1, 2, \cdots, n; j = 1, 2, \cdots, p$$

其中，$x_j = \dfrac{1}{n} \sum\limits_{i=1}^{n} x_{ij}$。

$$\mathrm{var}(x_j) = \frac{1}{n-1} \sum_{i=1}^{n} (x_{ij} - x_j)^2, \quad j = 1, 2, \cdots, p$$

**第二步** 计算样本相关系数矩阵。

$$R = \begin{bmatrix} r_{11} & r_{12} & \cdots & r_{1p} \\ r_{21} & r_{22} & \cdots & r_{2p} \\ \vdots & \vdots & & \vdots \\ r_{p1} & r_{p2} & \cdots & r_{pp} \end{bmatrix}$$

为方便，假定原始数据标准化后仍用 $X$ 表示，则经标准化处理后的数据的相关系数为

$$r_{ij} = \frac{1}{n-1} \sum_{t=1}^{n} x_{ti} \cdot x_{tj}, \quad i, j = 1, 2, \cdots, p$$

**第三步** 用雅克比方求相关系数矩阵 $R$ 的特征值 $(\lambda_1, \lambda_2, \cdots, \lambda_p)$ 和相应的特征向量 $a_i = (a_{i1}, a_{i2}, \cdots, a_{ip}), i = 1, 2, \cdots, p$。

**第四步** 选择重要的主成分，并写出主成分表达式。

主成分分析可以得到 $p$ 个主成分，但是，由于各个主成分的方差是递减的，包含的信息量也是递减的，所以实际分析时，一般不是选取 $p$ 个主成分，而是根据各个主成分累计贡献率的大小选取前 $k$ 个主成分，这里贡献率就是指某个主成分的方差占全部方差的比重，实际上也就是某个特征值占全部特征值合计的比重，即

$$\text{贡献率} = \frac{\lambda_i}{\sum\limits_{i=1}^{p} \lambda_i}$$

贡献率越大，说明该主成分所包含的原始变量的信息越强。主成分个数 $k$ 的选取，主要根据主成分的累积贡献率来决定，即一般要求累计贡献率达到 $85\%$ 以上，这样才能保证综合变量能包括原始变量的绝大多数信息。

另外，在实际应用中，选择了重要的主成分后，还要注意主成分实际含义解释。主成分分析中一个很关键的问题是如何给主成分赋予新的意义，给出合理的解释。一般而言，这个解释是根据主成分表达式的系数结合定性分析来进行的。主成分是原来变量的

线性组合,在这个线性组合中,每个变量的系数有大有小,有正有负,有的大小相当,因而不能简单地认为这个主成分是某个原变量的属性的作用,线性组合中各变量系数的绝对值大者表明该主成分主要综合了绝对值大的变量,有几个变量系数大小相当时,应认为这一主成分是这几个变量的总和。这几个变量综合在一起应赋予怎样的实际意义,这要结合具体实际问题和专业,给出恰当的解释,进而才能达到深刻分析的目的。

第五步  计算主成分得分。

根据标准化的原始数据,按照各个样品,分别代入主成分表达式,就可以得到各主成分下的各个样品的新数据,即为主成分得分。具体形式如下:

$$\begin{bmatrix} F_{11} & F_{12} & \cdots & F_{1k} \\ F_{21} & F_{22} & \cdots & F_{2k} \\ \vdots & \vdots & & \vdots \\ F_{n1} & F_{n2} & \cdots & F_{nk} \end{bmatrix}$$

第六步  依据主成分得分的数据,则可以进行进一步的统计分析。

其中,常见的应用有主成分回归、变量子集合的选择、综合评价等。

### 4. 主成分分析法(PCA)案例

为了系统地分析某 IT 类企业的经济效益,统计了 8 个不同的利润指标,15 家企业关于这 8 个指标的统计数据如附表 D-4 所示,试对此进行主成分分析,并进行相关评价。

附表 D-4  15 家企业的利润指标的统计数据

| 企业序号 | 净产值利润 | 固定资产利润 | 总产值利润 | 销售收入利润 | 产品成本利润 | 物耗利润 | 人均利润 | 流动资金利润率 |
|---|---|---|---|---|---|---|---|---|
| 1 | 40.4 | 24.7 | 7.2 | 6.1 | 8.3 | 8.7 | 2.442 | 20.0 |
| 2 | 25.0 | 12.7 | 11.2 | 11.0 | 12.9 | 20.2 | 3.542 | 9.1 |
| 3 | 13.2 | 3.3 | 3.9 | 4.3 | 4.4 | 5.5 | 0.578 | 3.6 |
| 4 | 22.3 | 6.7 | 5.6 | 3.7 | 6.0 | 7.4 | 0.176 | 7.3 |
| 5 | 34.3 | 11.8 | 7.1 | 7.1 | 8.0 | 8.9 | 1.726 | 27.5 |
| 6 | 35.6 | 12.5 | 16.4 | 16.7 | 22.8 | 29.3 | 3.017 | 26.6 |
| 7 | 22.0 | 7.8 | 9.9 | 10.2 | 12.6 | 17.6 | 0.847 | 10.6 |
| 8 | 48.4 | 13.4 | 10.9 | 9.9 | 10.9 | 13.9 | 1.772 | 17.8 |
| 9 | 40.6 | 19.1 | 19.8 | 19.0 | 29.7 | 39.6 | 2.449 | 35.8 |
| 10 | 24.8 | 8.0 | 9.8 | 8.9 | 11.9 | 16.2 | 0.789 | 13.7 |
| 11 | 12.5 | 9.7 | 4.2 | 4.2 | 4.6 | 6.5 | 0.874 | 3.9 |
| 12 | 1.8 | 0.6 | 0.7 | 0.7 | 0.8 | 1.1 | 0.056 | 1.0 |
| 13 | 32.3 | 13.9 | 9.4 | 8.3 | 9.8 | 13.3 | 2.126 | 17.1 |
| 14 | 38.5 | 9.1 | 11.3 | 9.5 | 12.2 | 16.4 | 1.327 | 11.6 |
| 15 | 26.2 | 10.1 | 5.6 | 15.6 | 7.7 | 30.1 | 0.126 | 25.9 |

**解**  根据题目中的数据,利用 Matlab 软件编程求解,对问题进行主成分分析。求解结果如下。

（1）标准化结果如下。

V＝

1.0023　2.3473　−0.3410　−0.5714　−0.3496　−0.6574　0.9030
0.4483　−0.2286　0.3072　0.4774　0.3896　0.2835　0.4309　1.9108
−0.6218　−1.1718　−1.2909　−1.0162　−0.9244　−0.8863　−0.9603
−0.8049　−1.1617　−0.4444　−0.7129　−0.6684　−1.0421　−0.6661
−0.7805　−1.1732　−0.7985　0.5148　0.1541　−0.3615　−0.3752
−0.3909　−0.6385　0.2470　1.1846　0.6187　0.2732　1.5414　1.5075
1.6460　1.2922　1.4298　1.0963　−0.4684　−0.5259　0.2114　0.2327
0.2422　0.1849　−0.5584　−0.4745　1.6418　0.4262　0.4160　0.1739
0.0083　−0.1653　0.2891　0.2323　1.0183　1.3952　2.2371　1.9586　2.5956
2.2670　0.9094　1.9995　−0.2446　−0.4919　0.1910　−0.0222　0.1459
0.0524　−0.6115　−0.1702　−1.2277　−0.2029　−0.9549　−0.9440
−0.8588　−0.8656　−0.5337　−1.1323　−2.0830　−1.7500　−1.6710
−1.6304　−1.3818　−1.3767　−1.2831　−1.4170　0.3549　0.5112　0.1091
−0.1399　−0.1431　−0.2221　0.6134　0.1636　0.8505　−0.3049　0.4979
0.0954　0.1872　0.0713　−0.1186　−0.3763　−0.1327　−0.1349　−0.6684
1.2918　−0.4321　1.3679　−1.2190　1.0276

（2）相关系数矩阵如下。

Std＝

1.0000　0.7630　0.7017　0.5868　0.5959　0.4896　0.5973　0.7300
0.7630　1.0000　0.5504　0.4667　0.5158　0.4196　0.7046　0.6717　0.7017
0.5504　1.0000　0.8407　0.9760　0.8161　0.6941　0.6825　0.5868　0.4667
0.8407　1.0000　0.8667　0.9823　0.4926　0.7938　0.5959　0.5158　0.9760
0.8667　1.0000　0.8667　0.6260　0.7153　0.4896　0.4196　0.8161　0.9823
0.8667　1.0000　0.4216　0.7505　0.5973　0.7046　0.6941　0.4926　0.6260
0.4216　1.0000　0.4656　0.7300　0.6717　0.6825　0.7938　0.7153　0.7505
0.4656　1.0000

（3）特征向量（vec）及特征值（val）如下。

vec＝

0.2182　0.1370　−0.2781　0.2283　0.6727　0.3115　0.3788　0.3334
−0.0745　−0.1102　−0.2276　−0.5733　−0.4046　0.1871　0.5562　0.3063
−0.7186　−0.0520　0.1186　−0.2240　0.3874　−0.3182　−0.1148　0.3900
0.0386　−0.6914　−0.3808　0.2788　−0.1547　0.0888　−0.3508　0.3780
0.6385　−0.0660　0.3451　−0.4158　0.1518　−0.2715　−0.2254　0.3853
−0.0123　0.6864　−0.3738　−0.0066　−0.2554　0.0696　−0.4337　0.3616

0.0675　0.1057　0.0716　0.5033　−0.2816　−0.6189　0.4147　0.3026　−0.1286

0.0413　0.6692　0.2552　−0.2055　0.5452　−0.0031　0.3596

val=

0.0027　0　0　0　0　0　0　0　0　0.0060　0　0　0　0

0　0　0　0　0.1369　0　0　0　0　0　0　0　0　0.1456　0

0　0　0　0　0　0　0　0.2858　0　0　0　0　0　0　0

0.5896　0　0　0　0　0　0　0　1.0972　0　0　0　0　0

0　0　0　5.7361

特征根从大到小排序：

5.73614

1.09723

0.589634

0.285791

0.14562

0.136883

0.00598681

0.00271084

（4）根据累计贡献率，假设阈值为 90%，选出主成分，计算如下。

贡献率：

newrate=

0.7170　0.1372　0.0737　0.0357　0.0182　0.0171　0.0007　0.0003

主成分数：3

主成分载荷：

0.7985　　0.3968　　0.2392

0.7336　　0.5826　　0.1436

0.9340　−0.1202　−0.2443

0.9052　−0.3674　　0.0682

0.9228　−0.2361　−0.2085

0.8661　−0.4543　　0.0535

0.7246　　0.4344　−0.4752

0.8613　−0.0032　　0.4186

（5）计算得分，倒数第二列表示的是各企业的得分情况，最后一列表示的是各企业的排序顺序。

score=

　　1.8350　　2.7882　　0.4175　　5.0408　　3.0000

　　2.3254　　0.4571　−1.3051　　1.4774　　7.0000

−6.9020　−0.4556　−0.2508　−7.6085　14.0000

| | | | | |
|---|---|---|---|---|
| −5.2739 | −0.1237 | 0.2040 | −5.1937 | 12.0000 |
| | 0.1324 | 0.9612 | 0.6339 | 1.7275 |
| | 8.1171 | −0.6926 | −0.5812 | 6.8432 |
| −0.7813 | −0.9854 | −0.1972 | −1.9640 | 11.0000 |
| | 2.4436 | 0.9838 | 0.3134 | 3.7409 |
| 12.4388 | −1.0258 | 0.0159 | 11.4289 | 1.0000 |
| −0.8076 | −0.7218 | 0.0144 | −1.5150 | 10.0000 |
| −5.7797 | 0.2241 | −0.2415 | −5.7971 | 13.0000 |
| −10.6013 | −0.6473 | −0.2214 | −11.4700 | 15.0000 |
| 0.8947 | 0.8776 | −0.0830 | 1.6893 | 6.0000 |
| 0.8313 | −0.0620 | −0.0919 | 0.6774 | 9.0000 |
| 1.1278 | −1.5779 | 1.3731 | 0.9230 | 8.0000 |

可以看出，第 9 家企业的综合效益最好，第 12 家企业的综合效益最差。

**案例四　与炎症性肠病和抑郁症有关的肠型**

比利时 VIB-KU Leuven 微生物学中心教授 Jeroen Raes 于 2012 年提出了 Flemish Gut Flora 计划，旨在确定与健康相关的肠道微生物群的普遍关系，对 3000 多名健康志愿者的粪便样本进行了测序。最近，他们在《自然·微生物学》发表文章，描述了缺乏某些抗炎细菌的 B2 肠型在多诊断中的高患病率研究。

**1. 比较微生物组**

炎症性肠病(IBD)是以肠道慢性炎症为特征的疾病，包括溃疡性结肠炎和克罗恩病。原发性硬化性胆管炎(PSC)是一种慢性肝病，伴有胆管炎症和结疤，也常伴有 IBD。在新研究中，VIB-KU Leuven 的科学家描述了 IBD 和 PSC 患者的微生物组分。

Jeroen Raes 教授说："多年来，世界各地的许多研究小组都试图描述与疾病相关的微生物群变化，尤其是 IBD 更是微生物学研究的热点。研究在三个方面不同于以往。第一，我们比较了来自 Flemish Gut Flora 计划目录中超过 3000 名健康志愿者的微生物群。第二，在分析中，我们不仅观察了粪便样本中不同细菌的百分比，还使用了一种新技术来量化它们的丰度。第三，我们修正了研究结果中的一些因素，如松散的粪便等这些因素在所研究的疾病中都很常见，但实际上它们会影响微生物组分析的结果。"

**2. 疾病的微生物指纹**

结合科学家在定量微生物群分析方面的独特专业知识和对健康相关的微生物群变异的知识，科学家们发现了一种变异的微生物群结构，也称为肠型，在患者群中具有很高的患病率。虽然 13% 的健康志愿者中也观察到了这种肠型，但 PSC 和 IBD 患者的患病率更高，为 38%～78%。

参与这项研究的胃肠病学家 Séverine Vermeire 教授解释说："这种我们称之为 B2 肠型的异常微生物群结构具有低细菌丰度和生物多样性的特点。它的抗炎细菌如粪杆菌，明显不足。事实上，我们发现 B2 型肠炎患者的肠道炎症水平较高。即使在健康人中，这种肠道类型的携带者的总体低级炎症水平也稍高。"

### 3. 肠道炎症、微生物和抑郁症

令人惊讶的是，最近 Raes 教授的实验室描述了一种类似的微生物群变化，这种变化与较低的生活质量甚至抑郁有关。

Jeroen Raes 教授说："在不同的患者群体中观察到的微生物群落变化似乎有很大的重叠。我们在大约 26％的抑郁症患者中检测到了 B2 型肠型。虽然肠道微生物群已被证明在溃疡性结肠炎和克罗恩病等疾病的发展中发挥作用，但对于抑郁症来说，这一点还不太清楚。然而，我们将在未来的研究中更详细地探讨 B2 型肠型和抑郁症之间的关系。"

虽然大约 13％的健康人也是 B2 型肠型的携带者，但研究人员强调这不足以过分关注。Raes 教授指出："在这一点上，我们不能根据一个人的肠道类型对疾病易感性或风险做出任何预测。此外，肠道类型不是固定的，可以通过改变饮食来改变。所观察到的疾病与微生物群之间的联系并不意味着肠道细菌确实导致了疾病。许多个人的生活方式和环境因素与 B2 型肠型有关。然而，由于在某些个体中，炎症也是 B2 的相关因素，我们肯定会进一步研究潜在的因果关系。"附图 D-4 所示的为显微镜下肠道微生物器。

10 年前，如果有哪位专家学者提到人体肠道内微生物菌群可以影响到人体大脑疾病，一定会被认为是不可思议的事情。但是现在，人体中枢神经系统和人体肠道内数以万亿计的肠道细菌之间的密切联系，是当前科学研究、公众兴趣和媒体关注的一个主要研究方向。

肠道-大脑轴线，也就是通常提到的肠脑系统是如何工作运转的，哪些微生物能形成大脑功能运转机制，比如记忆和一些大脑社会行为，以及如何影响形成抑郁症与神经退化类疾病，一直缺少有说服力的研究成果，因此也一直争议不断。

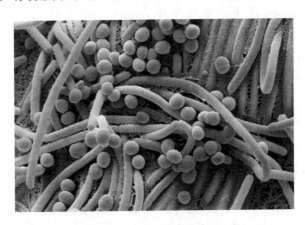

**附图 D-4 肠道微生物群**

现在有许多研究，证明特殊的肠道细菌、它们的代谢物（metabolites）与神经性疾病症状有密切关系。但是这些联系,并不能构成相互之间的特定因果关系。

许多研究用动物为模型标本,并不能准确地反映人类的特性和行为。而用人类进行研究则有着一些不可克服的限制:通常只能选取很小一部分特定人群作为实验参与对象,并且还有许多因素不可控。例如,人每天的食谱会改变,人与人之间、个体一日三餐之间差异都很大,饮食的差异对肠道细菌的影响很大;再加上使用抗生素药物的影响,以及使用抗抑郁症药物的影响等。这些因素,都会对人体肠道微生物菌群产生重大影响。

一项发表在《自然·微生物学》的文章,专门针对这些问题开展研究。

在比利时佛兰芒人肠道菌群项目研究(Belgium's Flemish Gut Flora Project)中,首先研究人员用 DNA 测序(DNA sequencing)方法去分析 1000 名实验参与者的粪便标本中的微生物菌群。然后研究人员相互对照研究参与者的不同的微生物菌群(different microbial taxa),与他们的生活质量和抑郁症的发生率的关系。研究团队使用参与者自我报告,以及诊所医生门诊诊疗的方式来进行采集数据,还与在芬兰采集的 1063 份有效的个体数据标本进行比较(Netherland's LifeLiners DEEP project)。

最后,他们进行数据挖掘(mine the data),来分析比较肠道微生物菌群通过制造或者降解营养分子以及与人体神经系统进行互动的能力。

研究人员发现,有两种族群的肠道细菌,即粪球均属(coprococcus)和杆菌属(Dialister)在患抑郁症的患者体内是减少的。他们也发现了较好的生活质量与肠道微生物物菌群合成分解神经传递介质多巴胺(breakdown product of the neurotransmitter dopamine)的能力之间存在正相关性。

这些发现,足以证明人体的肠道微生物菌群可以影响人们的精神健康。反过来说,通过改善人体微生物肠道菌群的丰富性和活性,可以改变人的精神健康。

研究人员知道肠道微生物菌群可以产生或者刺激神经介质和神经活性化合物的产生,如血清素(serotonin)、GABA 伽马氨基丁酸(降血压)和多巴胺(dopamine,一种可以让人兴奋快感的荷尔蒙)。这些化合物,可以调节细菌的生长。

现在研究的方向,是找出这些微生物分子是不是可以与人体的中枢神经系统(human central nervous system)互相作用,以及如何作用。这些微生物分子是不是可以改变一个人的行为,或者有产生特殊疾病的风险?目前的研究已经确定人体肠道微生物菌群的健康平衡,不仅与身体的健康有直接关系,还与人体精神的健康存在物质的正相关性。或者,通过饮食丰富、提供营养均衡的膳食,特别是提供肠道微生物菌群喜欢的膳食纤维,可以调节人的精神状态。因此,不仅通过饮食可以保持身体营养均衡,吃出健康;膳食平衡,还可以吃出精神!

### 4. 肥胖与肠道微生物菌群

肥胖已成为一个全球性的健康问题,营养过剩和超重的发病率与营养不良的发病率相当。据世界卫生组织(World Health Organization,WHO)统计,目前多达 35% 的 20 岁以上成人存在超重(身体质量指数(body mass index,BMI)$>25$ kg/m$^2$),而 11% 符合肥胖标准(BMI$>30$ kg/m$^2$),这意味着全球有 25 亿人受到肥胖问题的困扰。超重已被列为全球第五大致死风险因素。然而,在前四项致死风险因素中,高血压、高血糖和缺乏体育锻炼均可以导致超重,也可以由超重引起,这进一步凸显了肥胖相关发病率和死亡率问题的严重性。

肥胖的病因非常复杂,既包括生物因素也包括环境因素。事实上,在许多高收入国家久坐不运动的生活方式非常普遍,超过 60% 的成人存在超重或肥胖。因此,肥胖相关疾病包括代谢综合征(如高血压、血脂异常、胰岛素抵抗)、2 型糖尿病、心血管疾病、终末期肾病与非酒精性脂肪性肝病的发病率不断增加也就不足为奇。

全球激增的肥胖问题对社会和经济造成了严重影响。对个体而言,肥胖者的医疗保健花费比非肥胖者高 1.5~1.8 倍。此外,除了医疗方面的直接经济损失,相关间接损失如旷工、生产力丧失和过早死亡也进一步加重了肥胖所带来的潜在而巨大的经济损失。

肠道微生物菌群定义为胃肠道中各种共生的微生物种群(大于 500 种),在人体肠道中,优势菌门包括肠道拟杆菌门(如拟杆菌属)、厚壁菌门(如梭菌属和芽孢杆菌属)和放线菌门(如双歧杆菌属),据估计肠黏膜中的微生物总数超过 100 万亿,是人类细胞数量的 10 倍以上。人们已逐步认识到这些常驻微生物群对宿主机能发挥着重要作用,进而关系到机体的健康与疾病。

肠黏膜共生菌群的主要功能包括:① 通过直接竞争性占取营养物质及黏附区,以及产生抗菌物质阻止致病性微生物的侵染;② 促进上皮细胞的增殖和分化,维持肠黏膜的完整性;③ 通过启动树突状细胞的成熟、B 淋巴细胞和 T 淋巴细胞的分化,促进肠道相关淋巴组织的生长;④ 从不易消化的淀粉类食物中获取能量。在肥胖条件下,肠道微生物菌群促进能量吸收的这一潜能尤其受到关注。

来自动物试验的初步证据表明,肠道微生物菌群有助于能量吸收,进而与身体成分有关。有报道指出,无菌小鼠的体重和体脂含量低于相应的野生型小鼠,即使给予小鼠高脂高糖饮食(发达国家典型的饮食模式)后依然如此。这一结果表明,在没有胃肠道细菌的情况下,能量的吸收能力下降。将野生型小鼠的微生物菌群移植到无菌小鼠体内,则可以使其体重恢复正常。相反,将肥胖小鼠的肠道微生物菌群移植到无菌小鼠体内,结果导致无菌小鼠的脂肪含量增加,这表明在肥胖动物中独特的肠道微生物组成促进了体重过度增加。另有研究显示,对大鼠模型给予高脂饮食后,各类微生物菌门的数量均发生显著变化,这表明不仅肠道微生物菌群能够影响身体组成,饮食模式也可以改变微生物组成,进而加重超重倾向。

随后的人体研究直接比较了肥胖个体和瘦的个体的肠道微生物菌群组成。Ley 等人比较了 12 例肥胖受试者和 2 例瘦的受试者的粪便微生物组成,发现肥胖者的拟杆菌门相对丰度比对照组显著减少,而厚壁菌门的相对丰度显著增加。随后有研究者对 54 名同卵或异卵双胞胎成年女性的身体组成进行研究,结果发现,与瘦的个体相比,肥胖者的肠道微生物菌群多样性明显降低,拟杆菌门的相对丰度减少而放线菌门较高,但厚壁菌门无显著差异。也有其他一些研究结果与之相矛盾,例如,在一项包括 68 例超重者与 30 例瘦的对照者的研究中,发现超重者的拟杆菌门相对丰度较高;在另一项包括 9 例肥胖者和 12 例瘦的受试者的研究中,发现两者中上述三种优势菌门没有显著差异;另一项包括 29 例肥胖者和 14 例瘦的受试者的研究中,发现拟杆菌门的相对丰度没有显著差异。上述研究的样本量小并且结果不一致,尚有待开展更多的临床试验,对肠道微生物菌群与人体组成之间的关系进行深入探讨。

尽管存在一些挑战,但已在人群中开展了饮食干预和移植研究。摄入卡路里增加(2400 kcal/d vs 3400 kcal/d,但主要营养素相似:24%蛋白质、16%脂肪、60%碳水化合物)仅 3 天后,较高热量摄入组的厚壁菌门数量增加,拟杆菌门数量减少,说明饮食可以改变肠道微生物菌群的组成。另一项针对 10 例健康个体的饮食干预研究表明,在给予高脂饮食后 24 小时内即可发生肠道微生物菌群的组成改变。

已证实减肥饮食也会使肠道微生物菌群发生改变。给予 18 例男性肥胖者低碳水化合物减肥饮食 4 周后,可观察到拟杆菌门无明显变化,但一些特定的厚壁菌门减少了。另一项研究中,给予 17 例男性肥胖者高蛋白、低碳水化合物饮食 4 周后,其拟杆菌门相对丰度降低。一项交叉研究结果证实了食物对肠道微生物组成的影响,11 例受试者接受为期 5 天的植物性或者动物性食物为主的饮食后,结果发现其肠道微生物菌群组成发生显著改变,能明确反映出碳水化合物饮食或蛋白质饮食的影响。上述研究显示的肠道微生物菌群改变是否仅仅归结于饮食结构的差异尚不清楚,并且肠道微生物菌群改变促进能量吸收与西方典型饮食结构之间的因果关系,以及其与体重增加之间的关系均有待探讨。从肠道微生物菌群的功能来看,其除了能够促进能量吸收外,还可促进黏液和抗菌肽的分泌,并通过代谢产物发挥信号作用,这些功能机制也会增加肥胖及其相关疾病的风险。

**案例五** 利用机器学习的方法,预测基因组上的变化对人体的特征/疾病/表型产生的影响

这是机器学习在生物大数据上应用的一个例子。那么它是如何实现的呢? 可以概括为两步:

(1) 确定与某个特征/疾病/表型相关的基因易感位点。

我们每个人所带的基因是差不多的,之所以有的人是卷发,而有的人是直发,就是因为基因发生了改变。所以严格来说,我们要找的是基因的"多态性"。

(2) 以这些基因易感位点数据作为输入变量,相关的特征/疾病/表型为响应变量,训练机器学习模型。

简单两步,但却蕴含着大数据、机器学习、统计学的精粹利用,现在逐一来分析。

### 1. 确定与某个特征/疾病/表型相关的基因易感位点

这一步如何做? 目前较流行的当属 GWAS,是指全基因组关联分析(Genome-wide association study),是一种对全基因组范围内的常见遗传变异基因总体关联分析的方法。

目前,科学家已经对糖尿病、冠心病、肺癌、前列腺癌、肥胖、精神病等多种复杂疾病进行了 GWAS 分析,并找到了疾病相关的多个易感位点,如附图 D-5 所示。

简单来说,塞一大堆的基因易感位点数据(几十万、几百万甚至上千万个易感位点)

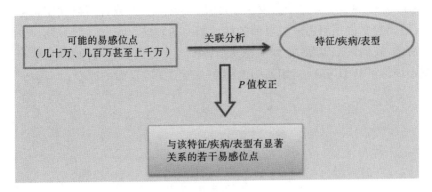

附图 D-5　疾病相关易感位点关联分析

和要分析的这个特征/疾病/表型数据,然后建立模型,分析找到存在显著关系的那个易感位点。

这有点类似于,我们有身高、学历、职业三个潜在影响变量,要从这三个变量中找出:哪个变量与收入存在显著关系,进而决定收入水平。这里身高、学历、职业三个变量就相当于易感位点(只不过我们的潜在易感位点有几十万甚至几百万,所以才是生物大数据),收入就相当于特征/疾病/表型。

模型可以选择卡方检验,或者 logistic 模型等(模型的选择取决于你的表型)。值得注意的是,这里的显著性水平不再是 0.05,因为几百万个位点的分析,5% 的显著性水平太低,此时要做 $P$ 值校正。

最终,我们选出了对这个特征/疾病/表型有决定作用的一个或多个基因易感位点。举一个例子,我们知道高血压是有遗传性的,既然有遗传学,就说明一定有基因的作用在里面,2009 年,在《自然·遗传学》的一篇论文中,作者就是用 GWAS 找到了与高血压相关的几个 SNP。这篇论文的名字也很直白:"Genome-wideassociation study identifies eight loci associated with blood pressure"。

### 2. 用机器学习模拟特征/疾病/表型的变化

通过第一步的 GWAS 分析,我们知道哪些基因组的变化会引起一些特征/疾病/表型的改变。

在此基础上,我们就可以构建机器学习的算法,以基因组数据为输入变量,以特征/疾病/表型的数据为输出变量,利用大规模的训练数据去训练模型,以预测基因组的突变如何改变细胞,进而改变动物和人体的表现。

生物创业公司 Deep Genomics 的第一个产品是 SPIDEX,就是预测基因组突变对 RNA 剪切的影响。

再举一个例子,有的人天生能喝酒,有的人一沾酒就脸红。这也是基因在起作用,酒精在人体先分解成有毒的乙醛,再通过乙醛脱氢酶分解成无害的乙酸。因此,乙醛脱氢酶的活性就决定了解酒能力。为什么每个人的乙醛脱氢酶活性能力不一样?这是因为人体 ALDH2 基因的 rs641 这个点发生了改变。同样，我们或许可以利用机器学习的算法，训练大规模数据去预测乙醛脱氢酶的活性能力的表现。

综上所述，我们用 GWAS 找到了与某个特征/疾病/表型相关的基因，然后在大规模样本数据中训练机器学习算法，用基因的突变去预测细胞层面的改变。

REFERENCES

参考文献

[1] Knights D，Kuczynski J，Charlson E S，et al. Bayesian community-wide culture-independent microbial source tracking[J]. Nature Methods，2011，8(9)：761.

[2] Metcalf J，Xu Z Z，Weiss S，et al. Microbial community assembly and metabolic function during mammalian corpse decomposition[J]. Science，2016，351(6269)：158-162.

[3] Pulse U G. Big Data for Development：Challenges and Opportunities[M]. Global Pulse White Paper，2012.

[4] Big Biological Impacts from Big Data[M]. Science，2014.

[5] Becker S，Hinton G. A self-organizing neural network that discovers surfaces in random-dot stereograms[J]. Nature，1992，355(6356)：161-163.

[6] Shenhav L，Thompson M，Joseph T A，et al. FEAST：fast expectation-maximization for microbial source tracking[J]. Nature Methods，2019，16(7)：627-632.

[7] Rosen M J，Davison M，Bhaya D，et al. Microbial diversity Fine-scale diversity and extensive recombination in a quasisexual bacterial population occupying a broad niche[J]. Science，2015，348(6238)：1019-1023.

[8] Navin N，Kendall J，Troge J，et al. Tumour evolution inferred by single-cell sequencing[J]. Nature，2011，472(7341)：90-94.

[9] Peng H，Tang J，Xiao H，et al. Virtual finger boosts three-dimensional imaging and microsurgery as well as terabyte volume image visualization and analysis[J]. Nature communications，2014，5：4342.

[10] Eliceiri K W，Berthold M R，Goldberg L G，et al. Biological imaging software tools[J]. Nature methods，2012，9(7)：697-710.

[11] Schneider C A, Rasband W S, Eliceiri K W. nih image to imageJ：25 years of image analysis[J]. Nature methods, 2012, 9(7):671-675.

[12] Rajaram S, Pavie B, Wu L F, et al. Pheno Ripper：software for rapidly profiling microscopy images[J]. Nature methods, 2012, 9(7):635-7.

[13] Wang J, Wang W, Li R, et al. The diploid genome sequence of an Asian individual[J]. Nature, 2008, 456(7218):60-65.

[14] Costello E K, Lauber C L, Hamady M, et al. Bacterial community variation in human body habitats across space and time[J]. Science, 2009, 326(5960):1694-1697.

[15] Consortium, HMJRS, Nelson K E, et al. A catalog of reference genomes from the human microbiome[J]. Science, 2010, 328(5981):994-999.

[16] Turnbaugh P J, Hamady M, Yatsunenko T, et al. A core gut microbiome in obese and lean twins[J]. Nature, 2008, 457(7228):480-484.

[17] Cho I, Yamanishi S, Cox L, et al. Antibiotics in early life alter the murine colonic microbiome and adiposity[J]. Nature, 2012, 488(7413):621-626.

[18] Qin J, Li R, Raes J, et al. A human gut microbial gene catalogue established by metagenomic sequencing[J]. Nature, 2010, 464(7285):59-65.

[19] Qin J, Li Y, Cai Z, et al. A metagenome-wide association study of gut microbiota in type 2 diabetes[J]. Nature, 490(7418):55-60.

[20] 周志华. 机器学习[M]. 北京：清华大学出版社,2017.

[21] 陈庆富. 生物统计学[M].北京：高等教育出版社,2011.

[22] 崔党群. 生物统计学[M]. 北京：中国科学技术出版社,1994.

[23] 范剑青,林希虹,刘军. 生物统计学和生物信息学最新进展[M]. 北京:高等教育出版社,2009.

[24] 明道绪. 田间试验与统计分析[M].2版.北京:科学出版社,2008.

[25] 徐端正. 生物统计在实验和临床药理学中的应用[M]. 北京:科学出版社,2004.

[26] 中国科学院计算中心. 概率统计计算[M]. 北京:科学出版社,1979.

[27] 朱明哲. 田间实验及统计分析[M].北京:农业出版社,1992.

[28] 杨纪珂,齐翔林. 现代生物统计[M]. 合肥:安徽科学技术出版社,1985.

[29] 上海师范大学数学系概率统计教研组. 回归分析及其试验设计[M].上海:上海教育出版社,1978.

[30] 莫惠栋. 农业试验统计[M]. 上海:上海科学技术出版社,1984.

[31] 刘来福,程书肖,李仲来. 生物统计[M].2版.北京:北京师范大学出版社,2007.

[32] Arumugam M, Raes J, Pelletier E, et al. Enterotypes of the human gut microbiome[J]. Nature, 2011, 473(7346):174-180.

[33] Alipanahi B, Delong A,Weirauch M T, et al. Predicting the sequence specificities

of DNA- and RNA-binding proteins by deep learning[J]. Nature Biotechnology, 2015，33(8):831-8.

[34] Zhou Z，Jiang Y，Wang Z，et al. Resequencing 302 wild and cultivated accessions identifiesgenes related to domestication and improvement in soybean[J]. Nature biotechnology，2015，33(4)：408.

[35] Cheng F，Sun R，Hou X，et al. Subgenome parallel selection is associated with morphotype diversification and convergent crop domestication in Brassica rapa and Brassica oleracea[J]. Nature genetics，2016，48(10)：1218.

[36] Poplin R，Chang P C，Alexander D，et al. A universal SNP and small-indel variant caller using deep neural networks[J]. Nature biotechnology，2018，36 (10)：983.

[37] Lillicrap T P，Cownden D，Tweed D B，et al. Random synaptic feedback weights support error backpropagation for deep learning[J]. Nature Communications，2016，7:13276.

[38] Eulenberg P，Niklas K，Blasi T，et al. Reconstructing cell cycle and disease progression using deep learning[J]. Nature Communications，2017，8(1):463.

[39] Remmert M，Biegert A，Hauser A，et al. HHblits：Lightning-fast iterative protein sequence searching by HMM-HMM alignment[J]. Nature Methods，2011，9 (2):173-175.

[40] Durbin R，Mitchison G. A dimension reduction framework for understanding cortical maps[J]. Nature，1990，343(6259):644-647.

[41] Sunagawa S，Coelho L P，Chaffron S，et al. Structure and function of the global ocean microbiome[J]. Science，2015，348(6237):1261359-1261359.

[42] Valles-Colomer M，Falony G，Darzi Y，et al. The neuroactive potential of the human gut microbiota in quality of life and depression[J]. Nature Microbiology，2019，4(4):623-632.

[43] Arumugam M，Raes J，Pelletier E，et al. Enterotypes of the human gut microbiome[J].Nature，2011，473(7346)：174-180.

[44] Vandeputte D，Kathagen G，D'hoe K，et al. Quantitative microbiome profiling links gutcommunity variation to microbial load［J］. Nature，2017，551 (7681)：507.

[45] Keane T M，Goodstadt L，Danecek P，et al. Mouse genomic variation and its effect on phenotypes and gene regulation[J]. Nature，2011，477(7364):289-294.

[46] Sladek R，Rocheleau G，Rung J，et al. A genome-wide association study identifies novel risk loci for type 2 diabetes[J]. Nature，2007，445(7130):881-885.

[47] Belsey M J，Pavlou A K. Marketspace：Leading therapeutic recombinant protein

sales forecast and analysis to 2010［J］. Journal of Commercial Biotechnology，2005，12(1):69-73.

［48］ Frantz S. Folding forecast［J］. Nature Reviews Drug Discovery，2002，1(11):843.